T0324707

Alexander von Humboldts Geniestreich

Links. Alexander von Humboldt, dargestellt mit dem Orden Pour le mérite für Wissenschaften und Künste (Friedensklasse). Stahlstich von Johann Leonard Raab um 1850 nach dem Portrait von Carl Begas von 1844 (gespiegelt). © Universitätsbibliothek Leipzig, Portraitstichsammlung, Nr. 23/236.

Rechts. Augustus Frederick, Herzog von Sussex, dargestellt mit dem Stern des Hosenbandordens. Gravüre von W. Skelton nach dem Portrait von James Lonsdale von 1824 aus: Pettigrew 1827, Frontispiz. Exemplar der © Universitätsbibliothek Leipzig, Sign. Bibliogr. 304:1,1.

Karin Reich • Eberhard Knobloch
Elena Roussanova

Alexander von Humboldts Geniestreich

Hintergründe und Folgen seines Briefes an den Herzog von Sussex für die Erforschung des Erdmagnetismus

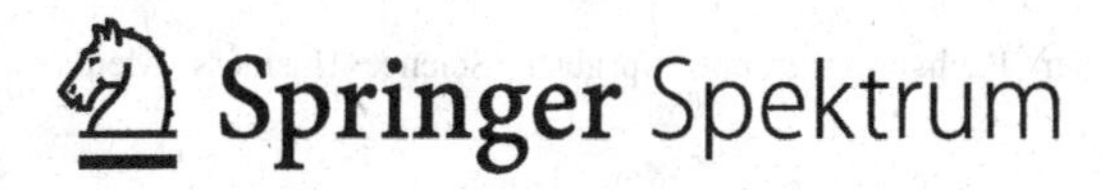

Karin Reich
FB Mathematik
Universität Hamburg
Hamburg
Deutschland

Elena Roussanova
Sächsische Akademie der Wissenschaften
zu Leipzig
Leipzig
Deutschland

Eberhard Knobloch
Institut für Philosophie, Literatur-,
Wissenschafts- u. Technikgeschichte
Technische Universität Berlin
Berlin
Deutschland

ISBN 978-3-662-48163-9
ISBN 978-3-662-48164-6 (eBook)
DOI 10.1007/978-3-662-48164-6

Die Deutsche Nationalbibliothek verzeichnet diese Publikation in der Deutschen Nationalbibliografie; detaillierte bibliografische Daten sind im Internet über http://dnb.d-nb.de abrufbar.

Springer Spektrum

Planung: Margit Maly

Gedruckt auf säurefreiem und chlorfrei gebleichtem Papier

Springer Berlin Heidelberg ist Teil der Fachverlagsgruppe Springer Science+Business Media (www.springer.com)

Vorwort

Briefe, die die Welt bewegten, gibt es sicher viele. Insbesondere sollte hier an den Brief vom 2. August 1939 erinnert werden, der an den Präsidenten der USA, Franklin Delano Roosevelt, gerichtet war. Autor des Briefes war im Wesentlichen Leó Szilárd, unterschrieben wurde dieser Brief von Albert Einstein. Es ging um Forschungsförderung in den USA. Die Folgen dieses Briefes sind hinreichend bekannt.

Der Brief, den Alexander von Humboldt am 23. April 1836 an Augustus Frederick, den Herzog von Sussex – damals Präsident der Royal Society of London –, richtete, war folgenschwer und der wichtigste Brief, den Humboldt in seinem langen Leben verfasst hatte. Dazu sei bemerkt, dass Humboldt wahrhaftig einer der eifrigsten Briefeschreiber gewesen ist, die es je gegeben hat. Auch in diesem Brief ging es um Forschungsförderung, und zwar in Großbritannien. Humboldt hatte sein Schreiben genau zum richtigen Zeitpunkt verfasst. Wie im Falle von Einsteins Brief, so löste auch Humboldts Brief eine Lawine von Forschungsaktivitäten aus. Es war dies ein beispielloser Erfolg! Im Gegensatz zu Einstein aber verfolgte Humboldt ein friedliches Ziel, nämlich den Ausbau und die Erweiterung der erdmagnetischen Forschungen in Großbritannien. Und dieses Ziel erreichte er nicht nur voll und ganz, ihm wurden in Großbritannien sogar mehr Wünsche erfüllt, als er gestellt hatte. Auch andernorts, so in den USA und in Russland, fand die Erforschung des Erdmagnetismus daraufhin neue bzw. weitere Unterstützung. Humboldts Brief konnte nur deshalb so erfolgreich sein, weil er sich im Jahre 1836 bereits auf die von Carl Friedrich Gauß und Wilhelm Weber in Göttingen erzielten Forschungen stützen konnte, die diese beiden Wissenschaftler seit 1832 betrieben.

Die Folgen dieses Briefes von Humboldt wurden bislang in der Literatur nur geahnt oder summarisch betrachtet, aber nicht im Detail untersucht. Das Ziel dieser Studie ist, diese Lücke zu schließen.

Vorbemerkungen

Editionsprinzipien

In der vorliegenden Monographie wird die Edition von vier Briefen vorgestellt. Der Brief von Alexander von Humboldt an den Herzog von Sussex vom 23. April 1836 (Anhang 1) sowie der Antwortbrief von Samuel Hunter Christie und George Biddell Airy vom 9. Juni 1836 (Anhang 2) wurden anhand der Originale neu ediert, so dass der hier vorgestellte Text nicht mit früheren Editionen identisch ist. Bei den Briefen von Humboldt an David Brewster vom 28. Mai 1836 (Abschn. 8.2) sowie an den Herzog von Sussex vom 29. Mai 1838 (Kap. 11) handelt es sich um eine Erstedition.

Die Briefe werden hier in der Schreibweise wiedergegeben, in der sie in dem jeweiligen Manuskript vorliegt. Im Einzelnen werden dabei folgende Richtlinien eingehalten:

- Groß- und Kleinschreibungen werden nicht geändert, orthographische Besonderheiten und die Originalinterpunktion werden beibehalten.
- In Briefen erwähnte Personennamen und Ortsbezeichnungen werden in der Schreibweise der jeweiligen Quelle wiedergegeben und nicht vereinheitlicht.
- Die Abbreviatur „&" wird nicht aufgelöst.
- Das Originallayout der Briefe und Dokumente wird nicht in allen Details nachgeahmt. Anreden, Briefunterschriften und dergleichen erscheinen meistens entweder linksbündig oder zentriert.
- Der Seitenwechsel in den Originalvorlagen wird durch die Seitenangaben in eckigen Klammern kenntlich gemacht.

Alle drei hier edierten, in französischer Sprache verfassten Briefe von Alexander von Humboldt sind auch in deutscher Übersetzung wiedergegeben. Die Übersetzungen stammen von Eberhard Knobloch.

Zitate aus den Briefen und Dokumenten

Briefe und Dokumente sowie Teile daraus, die aus der gedruckten Fassung übernommen werden, werden nach folgenden Richtlinien zitiert:

- Das Originallayout wird nicht immer eingehalten. In Kapitälchen oder kursiv gedruckte Eigennamen oder Bezeichnungen werden nicht immer als solche wiedergegeben.
- Der Absatzwechsel des Originals, soweit vorhanden und erkennbar, wird nicht immer kenntlich gemacht.
- Textergänzungen sowie Auflösungen von im Text stehenden Abkürzungen werden in eckige Klammern [ ] gesetzt, Textauslassungen werden durch [...] kenntlich gemacht.
- Passagen in französischer Originalsprache werden im Text in deutscher Übersetzung vorgestellt. Der französische Originaltext wird dann in einer Anmerkung wiedergegeben. Die Übersetzungen stammen von Eberhard Knobloch.
- Der Vermerk [sic] weist auf die authentische Schreibweise hin.
- Am Ende des Satzes bzw. des Nebensatzes wird das Fußnotenzeichen nach dem Satzzeichen gesetzt.

Zitierweise

Zitiert wird im Text und in den Anmerkungen nach dem Nachnamen des Autors. Die Jahreszahl bezieht sich stets auf das Erscheinungsjahr. Im Falle von Zeitschriften wird nicht der Jahrgang, sondern das Erscheinungsjahr des Bandes genannt. Sind von einem Autor mehrere Werke in einem und demselben Jahr erschienen, so werden beim Zitieren die Angaben um a, b usw. ergänzt, also etwa Beaufoy 1813a. Wenn ein mehrbändiges Werk, das während mehrerer Jahre erschien, vorliegt, werden nur die Erscheinungsjahre des ersten und des letzten Bandes angegeben, z. B. Erman 1833–1848. Beim Zitieren aus den mehrbändigen Werken werden die Angaben um die Nennung der Bandnummer ergänzt, z. B. Humboldt 1845–1862: 4.

Im Falle von zwei oder drei Autoren einer Abhandlung werden alle Namen angegeben, also etwa Humboldt/Biot 1804. Im Falle von Autoren mit gleichen Nachnamen werden die Angaben durch den jeweiligen Vornamen ergänzt, also etwa Ross John 1819 bzw. Ross James 1834.

Sowohl beim Zitieren im Text als auch in der Bibliographie wird zusätzlich auch auf die Werkausgabe, soweit vorhanden, verwiesen. In diesem Falle werden die Band- und die Teilbandzahl und nicht das Erscheinungsjahr des jeweiligen Bandes angegeben, z. B. Gauß–Werke: 11,2.

Gedruckte Briefwechsel werden unter Briefwechsel zitiert, z. B. Briefwechsel Humboldt–Gauß 1977. Beobachtungsprotokolle stehen unter Observations, z. B. Observations: St. Helena oder unter dem Herausgeber. Abhandlungen mit unbekanntem Verfasser werden unter Anonymus zitiert, z. B. Anonymus 1936.

Der Hinweis „siehe Kap." bzw. „siehe Abschn." bezieht sich stets auf die vorliegende Publikation.

Personendaten und Namen

Bei der ersten Erwähnung einer Person entweder im Text oder in den Anmerkungen werden die Lebensdaten genannt. Nur in wenigen Fällen, wenn die Textstellen weit auseinander liegen, erscheinen wiederholt die Lebensdaten. Russische und russifizierte Namen werden im Text gemäß der ISO-Transliteration des Kyrillischen (Russischen) ins lateinische Alphabet überführt wiedergegeben.

Auf ausführliche Personendaten bzw. biographischen Angaben wird weitestgehend verzichtet. Eine Ausnahme bilden die in den Briefen von Humboldt (Anhang 1) sowie von Christie und Airy (Anhang 2) genannten Personen. Für sie liefern die Kurzbiographien (Anhang 3.2) die relevanten Informationen. Hier werden die jeweiligen Personen mittels einer kurzen Charakterisierung im Lexikonstil vorgestellt.

Geographische Namen

Die Ortsbezeichnungen im Textteil und in den Anmerkungen werden meistens nach deutscher Rechtschreibung angeführt. Die russischen Ortsnamen erscheinen, wie sie im Duden (Duden 2000) stehen. Die Namen kleinerer Orte, die nicht im Duden vorkommen, werden so belassen, wie sie in der jeweiligen Vorlage geschrieben wurden. Die geographischen Namen in den Briefen von Humboldt (Anhang 1) sowie von Christie und Airy (Anhang 2) werden in der Schreibweise des jeweiligen Originals in einer Liste zusammengestellt (Anhang 3.1).

Literaturverzeichnis

Das Literaturverzeichnis führt nur diejenigen Titel auf, die tatsächlich herangezogen werden. Die bibliographischen Angaben lehnen sich an die Richtlinien, die im Abschnitt Zitierweise vorgestellt werden.

Wenn ein Exemplar einer Schrift in der ehemaligen Handbibliothek von Carl Friedrich Gauß – Gauß-Bibliothek, die in der Handschriftenabteilung der Niedersächsischen Staats- und Universitätsbibliothek Göttingen aufbewahrt wird, – vorhanden ist, so gibt es einen Hinweis darauf. Die Gauß-Bibliothek wird durch „GB" abgekürzt, die Angabe wird mit Signatur versehen, z. B. GB 741.

Personenverzeichnis

Da auf eine systematische mehr oder minder umfangreiche Charakterisierung aller im Text erwähnten Personen verzichtet wird, werden im Personenverzeichnis die Lebensdaten soweit wie möglich angegeben.

Danksagung

In erster Linie gebührt unser Dank Joanna MacManus und Fiona Keates vom Archiv der Royal Society. Beide haben keine Mühe gescheut, um uns mit Rat und Tat zur Seite zu stehen. Ferner möchten wir Ingo Schwarz von der Berlin-Brandenburgischen Akademie der Wissenschaften für seine mannigfachen Hilfestellungen und seine kompetenten Auskünfte ganz herzlich danken. Was die sinologische Seite betrifft, so schulden wir Paul Ulrich Unschuld und Hartmut Walravens ganz besonderen Dank. Wertvolle Hilfe leisteten uns auch Vera Enke vom Archiv der Berlin-Brandenburgischen Akademie der Wissenschaften, Florence Greffe von der Académie des Sciences – Institut de France und Genoveva Rausch vom Archiv der Bayerischen Akademie der Wissenschaften in München. Der Leiterin der St. Petersburger Filiale des Archivs der Russländischen Akademie der Wissenschaften Irina V. Tunkina sind wir für die wohlwollende Unterstützung sehr verbunden. Auch Elena L. Machotkina, Sergej S. Chicherin sowie Alexander Machotkin vom Geophysikalischen Hauptobservatorium in St. Petersburg standen uns freundlich zur Seite, wofür wir ihnen sehr dankbar sind. Susanne Dietel und ihren Kollegen von der Universitätsbibliothek Leipzig danken wir für wertvolles graphisches Material. Ferner möchten wir Günther Oestmann und Axel Wittmann für ihre Hilfe recht herzlichen Dank sagen. Wir genossen auch die Unterstützung seitens der Niedersächsischen Staats- und Universitätsbibliothek Göttingen, Bärbel Mund, Helmut Rohlfing und Johannes Mangei sei an dieser Stelle ganz herzlich gedankt. Und nicht zuletzt möchten wir unseren Dank auch gegenüber dem Springer-Verlag zum Ausdruck bringen, wo wir von Vera Spillner, Margit Maly sowie von Bettina Saglio bestens betreut wurden.

Vorspann

Adolph Theodor Kupffer: „En 1836, M. de Humboldt écrivit une lettre au président de la Société Royale de Londres, le duc de Sussex, pour réclamer la coopération du gouvernement anglais dans les observations magnétiques correspondantes, appuyant sur l'exemple que le gouvernement russe avait donné, et sur l'importance des travaux de M. Gauss, qui, répétés sur une grande échelle, promettaient les plus beaux résultats.

Le gouvernement anglais accéda aux propositions de M. de Humboldt, avec une libéralité qui n'a point d'antécédent dans l'histoire des sciences; et la plus gigantesque entreprise scientifique, qui ait jamais été conçue, fut organisée en peu de temps“ (Kupffer 1840, Sp. 172, vgl. Kupffer 1837–1846, année 1838, St. Pétersbourg 1840, S. 4–5).

Übersetzung:
1836 schrieb Herr von Humboldt einen Brief an den Präsidenten der Royal Society von London, den Herzog von Sussex, um für die Zusammenarbeit mit der englischen Regierung bei den korrespondierenden magnetischen Beobachtungen zu werben, indem er besonders das Beispiel hervorhob, das die russische Regierung gegeben hatte, und die Bedeutung der Arbeiten von Herrn Gauß, die die schönsten Ergebnisse versprachen, wenn sie in einem großen Maßstab wiederholt würden.

Die englische Regierung gab dem Vorschlag von Herrn von Humboldt mit einer Großzügigkeit statt, die keinen Vorgänger in der Wissenschaftsgeschichte hat. Und das gewaltigste wissenschaftliche Unternehmen, das jemals geplant wurde, wurde in kurzer Zeit organisiert.

Inhaltsverzeichnis

Abbildungsverzeichnis

Einleitung

1

Alexander von Humboldt (1769–1859) war in fast allen Naturwissenschaften bewandert und tätig. Auf dem Gebiet des Erdmagnetismus hatte er sich darüber hinaus ganz besondere Verdienste erworben. Einerseits leistete er selbst bedeutende Beiträge und andererseits versuchte er dank seiner Herkunft und seiner Stellung, an anderen einflussreichen Stellen für den Ausbau und die Intensivierung der globalen Erforschung des Erdmagnetismus zu werben.

Sein erstes Ziel war Russland, das Land, das sich damals über drei Kontinente erstreckte. Bereits 1825 und insbesondere seit 1829 versuchte er erfolgreich, den Bau von völlig neuen Forschungseinrichtungen für die Erforschung des Erdmagnetismus, den Magnetischen Observatorien, in die Wege zu leiten.[1] Seine ausschlaggebende Initiative aus dem Jahre 1839 war von Erfolg gekrönt. Humboldt konnte Kaiser Nikolaj I. (1796–1855, reg. ab 1825) überzeugen, sodass im Jahre 1849 die neue Institution, das Physikalische Hauptobservatorium in St. Petersburg, eingeweiht werden konnte.[2]

Humboldts zweites Ziel war Großbritannien mit seinem über viele Kontinente reichenden Empire. Am 23. April 1836 verfasste er einen Brief an Augustus Frederick, Herzog von Sussex (1773–1843), der damals Präsident der Royal Society of London war. Schon dessen Umfang – der Originalbrief ist 22 Seiten lang – macht deutlich, dass es sich um einen ganz besonderen Brief handelt. Die Absicht war, dass in Großbritannien, das bislang über kein einziges Magnetisches Observatorium verfügte, eine größere Anzahl von Magnetischen Observatorien, verteilt über das

[1] Von Jean La Roquette wird dieser Zusammenhang besonders hervorgehoben: „Nous croyons devoir faire remarquer que déjà le 16 novembre 1829, Humboldt prononçait, dans une séance extraordinaire de l'Académie des sciences de Saint-Pétersbourg, tenue en son honneur, un long discours en faveur du magnétisme terrestre en langue française que nous donnons dans ce recueil; et qu'il écrivait également en français, le 11 août 1839 à l'empereur Nicolas, que la Société royale de Londres délibérait encore sur ce qui depuis plusieurs années était exécuté par les ordres de ce souverain. Nous publierons également cette dernière lettre dans notre second volume" (La Roquette 1865, S. 446).

[2] Diese Institution existiert heute als Geophysikalisches Hauptobservatorium.

K. Reich et al., *Alexander von Humboldts Geniestreich*,
DOI 10.1007/978-3-662-48164-6_1

britische Empire, errichtet werden sollte. Dazu machte Humboldt in seinem Brief konkrete Vorschläge.

Dieser Brief steht in der folgenden Studie zwar im Zentrum, wobei es aber nicht nur um den Brief selbst geht, der hier erstmals auch in der Originaltranskription und in deutscher Übersetzung vorgestellt wird (siehe Anhang 1), sondern auch um die mit dem Brief unmittelbar in Zusammenhang stehenden weiteren Quellen. Die Antwort der Royal Society ließ nicht lange auf sich warten, sie trägt das Datum 9. Juni 1836. Der Erdmagnetiker Samuel Hunter Christie (1784–1865) und der Astronomer Royal George Biddell Airy (1801–1892) waren die Autoren dieses Briefes. Der Brief von Christie und Airy wurde zwar veröffentlicht, aber an einer nicht ganz leicht zugänglichen Stelle. So nahmen später nur wenige Autoren darauf Bezug. Im Folgenden soll auch dieser Brief in der Originaltranskription vorgestellt werden (Anhang 2). Erst auf der Basis dieser beiden Briefe ist es möglich zu analysieren, was Humboldts Wünsche waren, wie das Angebot der Royal Society lautete und schließlich, welche der Vorschläge tatsächlich umgesetzt und realisiert wurden. Es zeigt sich, dass 12 neue Magnetische Observatorien errichtet und eine Expedition in die Antarktis ausgerüstet wurden. Welch ein Erfolg!

In die Untersuchung wurden ferner zwei weitere, bislang unveröffentlichte Briefe von Humboldt aufgenommen, nämlich sein Brief an David Brewster vom 28. Mai 1836 (Abschn. 8.2) sowie sein Brief an den Herzog von Sussex vom 29. Mai 1838 (Kap. 11). Beide in französischer Sprache verfassten Briefe werden auch in deutscher Übersetzung wiedergegeben.

Erstmals wird in dieser Studie analysiert, welche Rolle hierbei Carl Friedrich Gauß (1777–1855) und Wilhelm Weber (1804–1891) in Göttingen spielten. Bislang war noch nie untersucht worden, welche Kontakte es schon vor 1836 zwischen dem Herzog von Sussex und Carl Friedrich Gauß beziehungsweise der Göttinger Sternwarte gab. In der Tat gab es überraschend viele und intensive Kontakte (siehe Abschn. 4.2), was sicher eine wichtige Voraussetzung für den Erfolg von Humboldts Brief war. Man kann und muss die Frage stellen, hätte Humboldts Brief ohne den bestehenden Göttinger Magnetischen Verein ähnlichen Erfolg gehabt? Man kann diese Frage getrost verneinen, der Erfolg von Humboldts Brief steht in engstem Zusammenhang mit Gauß' und Webers Aktivitäten in Göttingen. Göttingen war schon vorher eine zentrale Forschungsstätte, an der viele Fäden zusammenliefen. Dank dem Erfolg des Humboldtschen Briefes aber wurde es zum weltweiten Zentrum für alle Aktivitäten auf dem Gebiet des Erdmagnetismus. Auch die Daten aller neugebauten britischen Magnetischen Observatorien und von der von Großbritannien ausgerüsteten antarktischen Expedition landeten in Göttingen! Leider nur für allzu kurze Zeit, das lag aber nicht an Großbritannien, sondern an der Entlassung der Göttinger Sieben, zu denen auch Wilhelm Weber gehörte.

In Göttingen wurde sogleich das „Circular" der Royal Society vom 1. Juli 1839 veröffentlicht, wo ein Bericht über alle neu ins Leben gerufenen Aktivitäten gegeben wurde (siehe Anhang 5). Grundlage dieses Circulars war ein Schreiben von John Herschel (1792–1871), der Chairman of the Joint Physical and Meteorological Committee war (siehe Anhang 4). Diese Dokumente stehen in engstem Zusammenhang mit dem Brief von Humboldt und mit dem Brief von Christie und Airy und sollen hier, obwohl schon an anderer Stelle oder an anderen Stellen veröffentlicht, als gemeinsamer Block betrachtet, mit Kommentaren versehen zugänglich gemacht werden.

Humboldts Brief von 1836 zeigte darüber hinaus Folgen sowohl in den USA als auch in Russland. Auch dort wurden neue bzw. weitere neue Magnetische Observatorien errichtet.

Im Jahre 1839 versuchte Humboldt abermals, Großbritannien zu weiteren Aktivitäten anzuregen. Diesmal wandte er sich in einem Brief vom 12. Oktober 1839 an Lord Minto (1782–1859), den Chef der Admirality (siehe Abschn. 12.2). Humboldt wollte hiermit die Notwendigkeit einer genauen Untersuchung des Magnetischen Äquators sowie der Nulllinien, d. h. der Linien mit der Deklination Null, sowie den Bau von weiteren Magnetischen Observatorien in Südamerika und Indien anregen. Doch dieser Brief zeigte keine Wirkung mehr. So waren eben auch nicht alle von Humboldt geäußerten Wünsche in Großbritannien auf fruchtbaren Boden gefallen.

Nach dem Ende des Göttinger Magnetischen Vereins im Jahre 1843 waren es Großbritannien und Russland, die ihre vielfältigen und weitreichenden Aktivitäten, nun aber ganz und gar auf die nationale Ebene beschränkt, weiterverfolgten. Der große Aufbruch auf dem Gebiet der Erforschung des Erdmagnetismus ging in Großbritannien jedoch 1845 zu Ende, die Versammlung in Cambridge war zugleich ein Ende des Magnetical Crusade. Es wurden für längere Zeit keine weiteren neuen Magnetischen Observatorien gebaut, manche der neu eingerichteten wurden auch wieder geschlossen. Der große Aufbruch wich der finanziellen Realität und der Routine, zumindestens in Großbritannien. Die Situation in Russland sah besser aus.

Wie außerordentlich hoch Humboldts Brief an den Herzog von Sussex und die Antwort von Christie und Airy geschätzt wurden – beide aus dem Jahr 1836 –, kann man auch daraus ableiten, dass im Jahre 1936 die Inhalte dieser beiden Briefe ihren 100. Geburtstag in der angesehenen Zeitschrift „Nature" feiern konnten (Anonymus 1936).

2 Alexander von Humboldts Beiträge zum Erdmagnetismus

Es gibt keine ausführliche Studie, in der allein Humboldts Erkenntnisse auf dem Gebiet des Erdmagnetismus analysiert worden wären. Heinz Balmer widmet Humboldt in seinem Werk „Beiträge zur Geschichte der Erkenntnis des Erdmagnetismus" ein ausführliches Kapitel (Balmer 1956, S. 486–520) und es gibt zahlreiche kleinere Darstellungen, in denen spezielle Aspekte von Humboldts erdmagnetischen Forschungen mehr oder minder detailreich vorgestellt werden, zum Beispiel: Körber 1959; Cawood 1977, S. 560–567; Biermann 1978; Honigmann 1982 und 1984; Mundt/Kühn 1984; Kautzleben 1986, S. 75f; Malin/Barraclough 1991; Wiederkehr 1992, S. 63; Knobloch 2010, S. 10–13; Mandea/Korte/Soloviev/Gvishiani 2010; Reich 2011a; Reich/Roussanova 2012/2013, Part 1.[1]

2.1 Die Zeit von 1796 bis 1828

Schon während seines Studiums an der Bergakademie in Freiberg in den Jahren von 1791 bis 1792 machte Alexander von Humboldt erste Erfahrungen mit dem Erdmagnetismus und lernte die Beobachtungsmethoden kennen. Seine erste Publikation hierzu – sie betraf die magnetischen Eigenschaften des Serpentinsteins – erschien im Jahre 1796 (Humboldt 1796). Während seiner großen Amerikareise in den Jahren 1799 bis 1804 hatte Humboldt u. a. auch erdmagnetische Beobachtungen durchgeführt. Hierbei entdeckte er das Gesetz der veränderlichen Intensität der magnetischen Kräfte, das besagt, dass die magnetische Intensität vom magnetischen Äquator bis hin zu den magnetischen Polen zunimmt. Diese Erkenntnis hielt er für sein wichtigstes Ergebnis (comme résultat le plus important), das er auf seiner großartigen Reise erlangt hatte (Knobloch 2010, S. 11; Reich 2011a, S. 36–38). Kaum nach Paris zurückgekehrt formulierte er dieses Gesetz in einem Beitrag, den er zu-

[1] Zu weiteren Literaturhinweisen siehe die Sekundärliteraturdatenbank der Alexander-von-Humboldt-Forschungsstelle der Berlin-Brandenburgischen Akademie der Wissenschaften, Stichwort Geophysik: http://avh.bbaw.de/biblio/keyword.php?id=100826.

K. Reich et al., *Alexander von Humboldts Geniestreich*,
DOI 10.1007/978-3-662-48164-6_2

sammen mit Jean-Baptiste Biot (1774–1862) unter dem Titel „Sur les variations du magnétisme terrestre à différentes latitudes" veröffentlichte (Humboldt/Biot 1804).

Im Jahre 1805 unternahm Humboldt zusammen mit Joseph-Louis Gay-Lussac (1778–1850) eine Italienreise, bei der es vor allem darum ging, erdmagnetische Beobachtungen durchzuführen. So bestieg man im Juli 1805 gleich zweimal den Vesuv – nämlich am 20. Juli und am 28. Juli –, um die ebenfalls im Jahre 1804 vorgestellte Hypothese, dass die magnetische Intensität mit zunehmender Höhe abnehmen würde, zu überprüfen. Auf dem Rückweg nach Berlin kam Humboldt durch Göttingen, wo er vom 4. bis zum 7. November 1805 zusammen mit dem damaligen Professor für Physik, Johann Tobias Mayer (1752–1830), Inklinationsmessungen vornahm (Reich 2011a, S. 38, 40).

In Berlin angelangt, konnte Humboldt im Georgeschen Garten in der Friedrichstraße 140 während der Jahre von 1805 bis 1807 zahlreiche magnetische Deklinationsbeobachtungen durchführen, insgesamt waren es etwa 6.000 (Mundt/Kühn 1984, S. 8). Am 20. Dezember 1806 ereignete sich darüber hinaus ein Nordlicht, was in Berlin sehr ungewöhnlich ist (Reich 2011a, S. 39).

Ende des Jahres 1807 kehrte Humboldt nach Paris zurück, wo er mit Unterbrechungen bis 1827 blieb. Dort lernte er 1809 den Astronomen und Physiker François Arago (1786–1853)[2] kennen, mit dem er in den folgenden Jahren und Jahrzehnten eine herzliche wissenschaftliche Freundschaft pflegte, die bis zum Tode von Arago währte: „quarante ans de fraternité" (Arago 2003, S. 40). Arago hatte bereits 1810 mit regelmäßigen erdmagnetischen Beobachtungen begonnen, an denen auch Humboldt beteiligt war; man benutzte hierbei ein Gambeysches Instrument (Cawood 1977, S. 566). Im Jahre 1823 konnte man einen Magnetischen Pavillon errichten, der sich auf dem Gelände der Pariser Sternwarte befand (Reich 2011a, S. 41f). In demselben Jahr 1823 erhielt man Besuch von zwei Russen, die großes Interesse an der erdmagnetischen Forschung zeigten, Adolph Theodor Kupffer (1799–1865)[3] und Ivan Michajlovič Simonov (1794–1855).[4] Beide wirkten damals an der Universität Kasan, der östlichsten europäischen Universität (Reich/Roussanova 2011, S. 68). Nach Kasan zurückgekehrt, versuchten diese beiden jungen Wissenschaftler dort, die erdmagnetischen Beobachtungen fortzusetzen. So wurde nunmehr auch in Kasan im Jahre 1825 ein Magnetischer Pavillon eingerichtet und ein Gambeysches Instrument angeschafft, das dem Pariser Instrument vergleichbar war. Erste Beobachtungen in Kasan begannen im September 1825. Kupffer kam zu brisanten, vor allem die Nordlichter betreffenden Ergebnissen, die er alsbald veröffentlichte (Reich/Roussanova 2012/2013, Part 1, S. 6f). Kupffers Ergebnisse zeigten nämlich eine überraschend gute Übereinstimmung mit den Ergebnissen in Paris.[5]

Im Jahre 1827 kehrte Alexander von Humboldt – und diesmal mehr oder minder endgültig – nach Berlin zurück. Es gelang ihm, in dem Garten in der Leipziger

[2] Zu Arago siehe Anhang 3.2.

[3] Zu Kupffer siehe Anhang 3.2.

[4] Ivan Michajlovič Simonov, Astronom, Erdmagnetiker, studierte an der Universität Kasan, wo er 1814 Adjunkt, 1816 Außerordentlicher und 1822 Ordentlicher Professor für Astronomie wurde, von 1846 bis 1855 Rektor der Universität Kasan.

[5] Siehe Abschn. 7.3.

Straße 3 – das dortige Anwesen gehörte der Familie Mendelssohn – ein eigenes kleines Magnetisches Häuschen zu errichten und einzurichten, natürlich mit einem Gambeyschen Instrument.

Im folgenden Jahr, im September 1828, war Humboldt einer der Organisatoren der Versammlung deutscher Naturforscher und Ärzte in Berlin. Dieser Tagung war ein herausragender Erfolg beschieden. Hier trafen sich unter anderen auch Carl Friedrich Gauß, der bei Humboldt privat untergebracht war, Hans Christian Oersted (1777–1851), Wilhelm Weber, Gustav Peter Lejeune Dirichlet (1805–1855), Charles Babbage (1791–1871), Heinrich Wilhelm Dove (1803–1879). In Berlin lernten sich Gauß und Weber kennen, hier wurden die ersten Weichen für ihre zukünftige Zusammenarbeit gestellt. Bei dieser Gelegenheit führte Humboldt in seinem privaten Magnetischen Häuschen Gauß Inklinationsmessungen vor, in der Hoffnung, seinem Freund das Gebiet des Erdmagnetismus damit schmackhaft zu machen. In der Tat hatte Gauß damals noch kaum praktische Erfahrung auf dem Gebiet des Erdmagnetismus. Aber während Humboldt glaubte bzw. hoffte, damit Gauß erst einmal das Thema Erdmagnetismus nahe gebracht zu haben, musste Gauß dem allerdings widersprechen. Gauß behauptete in einem Brief an Humboldt vom 13. Juni 1833:

> Daß die unbedeutenden Versuche, die ich vor 5 Jahren bei Ihnen zu machen das Vergnügen hatte, mich der Beschäftigung mit dem Magnetismus zugewandt hätten, kann ich zwar nicht eigentlich sagen, denn in der That ist mein *Verlangen* danach so alt, wie meine Beschäftigung mit den exacten Wissenschaften überhaupt, also weit über 40 Jahre[6] (Briefwechsel Humboldt–Gauß 1977, S. 46; vgl. Knobloch 2010, S. 10–13).

Ein erster Nachweis von Gauß' Vorliebe für den Magnetismus stammt aus dem Jahre 1803 (Reich 2011a, S. 39).

Im Jahre 1829 konnte Humboldt eine zweite große Expedition unternehmen, die ihn nach Russland, vor allem nach Sibirien, führte. Er folgte hierbei einer Einladung von Kaiser Nikolaj I., der auch die Kosten für diese Reise übernahm. Am 12. April 1829 verließ Humboldt Berlin und kehrte am 28. Dezember 1829 zurück. Auch auf dieser Reise unternahm er zahlreiche erdmagnetische Beobachtungen, die er in seinem Brief an den Herzog von Sussex erwähnte (London-Original, S. 13).[7]

---

[6] Gauß besuchte von 1792 bis 1795 das Collegium Carolinum in Braunschweig, wo Eberhard August Wilhelm von Zimmermann (1743–1815) sein Lehrer in Mathematik und Naturlehre war. Zimmermann hatte 1786 einen Ruf an die Kaiserliche Akademie der Wissenschaften zu St. Petersburg erhalten, den er ablehnte, er wurde im Jahre 1794 Auswärtiges Ehrenmitglied. Die St. Petersburger Akademie hatte bereits in der zweiten Hälfte des 18. Jahrhunderts starkes Interesse an der Erforschung des Erdmagnetismus und an erdmagnetischen Beobachtungen gehabt. Im Jahre 1792 wurde von dieser Akademie ein Preis ausgesetzt, wobei die neueren erdmagnetischen Beobachtungen mit der Halleyschen Karte verglichen werden sollten. Den Preis erhielt 1795 Christian Gottlieb Kratzenstein (1723–1795), der erstmals eine Weltkarte mit Deklinationslinien zu Wasser und zu Lande vorstellen konnte. Mit Sicherheit wusste Zimmermann von diesem Ereignis. Ob er damals seinen Schüler Gauß darüber informiert hat, muss dahingestellt bleiben.

[7] Original des Briefes von Alexander von Humboldt an den Herzog von Sussex vom 23. April 1836, weiter London-Original, siehe Anhang 1.

2.2 Humboldts Magnetischer Verein: 1829–1834

Wieder in Berlin verwirklichte Humboldt eine neue Art der Beobachtungsmethode, nämlich die Methode der korrespondierenden, d.h. der synchronen Beobachtungen. Dazu war es nötig, mit seinen in größerer Entfernung lebenden Partnern einen festen Termin zu vereinbaren, an dem mit vergleichbaren Instrumenten gleichzeitig beobachtet wurde. Zunächst hielt man die beobachteten Daten in Form von Zahlentabellen bzw. Listen fest, so z. B. im Falle von gleichzeitigen Beobachtungen, die zwischen Paris und Kasan durchgeführt wurden. Die Methode der korrespondierenden Beobachtungen wurde insofern wesentlich verbessert, als man anschließend diese Listen in Form von Kurven graphisch veranschaulichte. Das Besondere an diesem Verfahren ist, dass damit die Parallelitäten der an verschiedenen Orten beobachteten Ereignisse anhand der Parallelitäten der Kurven sofort ins Auge fallen. Diese Methode eingeführt zu haben, ist allein Humboldts Verdienst.

Erste korrespondierende Beobachtungen, die wenigstens teilweise auch graphisch dargestellt wurden, stammten aus den Jahren 1829 und 1830. Mit dem Jahre 1829 beginnt der Humboldtsche Magnetische Verein. Kooperationspartner für den in Berlin lebenden Humboldt waren Ferdinand Reich (1799–1882) in Freiberg, Ivan Simonov in Kasan, Adolph Theodor Kupffer, der in der Zwischenzeit Kasan mit St. Petersburg vertauscht hatte, sowie Karl Friedrich Knorre (1801–1883) in Nikolajew am Asowschen Meer, ein Schüler des Astronomen Wilhelm Struve (1793–1864). Nikolajew verfügte dank der Initiative von Admiral Aleksej Samuilovič Grejg (1775–1845), der Kommandant der Schwarzmeerflotte war, seit 1820/21 über ein Marineobservatorium.[8] Humboldt erwähnte Grejg bereits in einem Brief aus Russland (Briefwechsel Humboldt–Russland 2009, S. 119), sowie auch in seinem Brief an den Herzog von Sussex (London-Original, S. 8). Es war Heinrich Wilhelm Dove, dem die erste Publikation mit graphischen Darstellungen zu verdanken war. Dove und Humboldt hatten sich erst 1828 anlässlich der Versammlung deutscher Naturforscher und Ärzte in Berlin kennengelernt und bereits 1829 konnte Dove die Universität Königsberg mit der Universität Berlin vertauschen.[9] Erste korrespondierende Beobachtungen, die von April 1829 bis Dezember 1829 in Berlin, Freiberg, St. Petersburg und Kasan angestellt worden waren, erschienen bereits 1829 im Band 17 der „Annalen der Physik und Chemie" und zwar in Form von ausklappbaren Tafeln, die unpaginiert dem Band angehängt waren. Diese Tafeln waren reine Zahlentabellen. Es war Dove, der diese Beobachtungen im Band 19 der „Annalen der Physik und Chemie" erläuterte und analysierte (Dove 1830, S. 364–386). Die Ergebnisse der Beobachtungen am 1. und 2. Oktober 1829, am 19. und 20. Dezember 1829 sowie am 4. und 5. Mai 1830 wurden dabei in Form von Kurven graphisch veranschaulicht. Die Parallelität der einzelnen Kurven untereinander ist wirklich bestechend, Dove selbst spricht vom „Parallelismus der Curven" (Dove 1830, S. 376f). Die zwei ersten dieser graphischen Darstellungen wurden auch bei Honigmann 1984, S. 66 abgedruckt, alle drei graphischen Darstellungen

[8] Zu Ferdinand Reich, Kupffer, Knorre und Grejg siehe Anhang 3.2.

[9] Zu Dove siehe Anhang 3.2.

in Reich/Roussanova 2012/2013, Teil 1, S. 12 wiedergegeben. Diese Publikation von 1830 war ohne Zweifel der Höhepunkt des Humboldtschen Magnetischen Vereins. Die in der Publikation von Dove und Humboldt ebenfalls erwähnten Daten aus Marmato, die Humboldts Freund Jean-Baptiste Boussingault (1802–1887) geschickt hatte (Briefwechsel Humboldt–Boussingault 2014, S. 23 und 286f), wurden für die graphische Darstellung nicht herangezogen. Diese Daten aus Marmato erwähnte Humboldt in seinem Brief an den Duke of Sussex (London-Original, S. 8).

Humboldt selbst hatte vom September 1830 bis März 1834 keine weiteren magnetischen Beobachtungen ausgeführt. Die russischen Stationen, das waren damals die Stationen in St. Petersburg, Kasan, Nikolajew, Sitka[10] und Peking, lieferten die zwischen 1829 und 1835 erhobenen Daten nicht mehr nach Berlin, sondern diese Daten wurden 1837 in Russland veröffentlicht (Kupffer 1837a und b). So kam es in den Jahren von 1831 bis 1834 lediglich zu einer Zusammenarbeit zwischen Berlin und Freiberg (Reich/Roussanova 2012/2013, Teil 1, S. 14).

Es muss erstaunen, dass François Arago in Paris, Humboldts wichtigster Freund, keine Beiträge zum Humboldtschen Magnetischen Verein geliefert hat. Dies verwundert umso mehr, da man bei Arago in seiner nachgelassenen Schrift „Erdmagnetismus“ lesen kann, dass er in der Zeit von 1820 bis 1835 insgesamt 52.599 erdmagnetische Beobachtungen ausgeführt hatte (Arago–Werke 1854–1860: 4, S. 379–460, insbesondere S. 412f). Darüber, warum Arago nicht bzw. nicht mehr mit Humboldt kooperierte, kann nur spekuliert werden (siehe hierzu Cawood 1977, S. 585f). Dass keine britischen Stationen am Humboldtschen Netzwerk beteiligt waren, lag einfach daran, dass es solche Stationen im britischen Empire noch nicht gab.

[10] Die russische Siedlung Neuarchangelsk (Novoarchangel'sk) befand sich auf der Insel Sitka, später Stadt Sitka.

3 Anfänge der erdmagnetischen Forschungen in Göttingen: 1832–1836

Gauß' Interesse am Erdmagnetismus, das, wie bereits oben berichtet, mindestens bis in das Jahr 1803 zurückreicht, drückte sich z. B. dadurch aus, dass er sich mit der einschlägigen Literatur auseinandersetzte. So bemühte er sich z. B. auch, die Publikationen Humboldts zum Thema Erdmagnetismus gleich nach ihrem Erscheinen studieren zu können (Reich 2011a, S. 39–41).

Da bereits der junge Gauß von Leonhard Eulers Arbeiten begeistert war (vgl. Reich 2005), ist es durchaus möglich, dass er auch die Eulerschen Veröffentlichungen über den Erdmagnetismus schon während seines Studiums in Göttingen zur Kenntnis nahm.

Als Gauß im Jahre 1807 als Professor der Astronomie an die Universität Göttingen berufen wurde, war der Erdmagnetismus kein Thema seiner Forschungen, abgesehen davon, dass noch am 28. März 1813 Gauß' väterlicher Freund Wilhelm Olbers (1758–1840) in einem Brief den Wunsch äußerte:

> Ich wünsche sehr, dass Sie [Gauß] die so anziehende und räthselhafte Theorie des Magnetismus unserer Erde bearbeiten mögen (Briefwechsel Gauß–Olbers 1900/1909: 1, S. 514).

Dies blieb auch so, solange Johann Tobias Mayer als Professor der Physik an der Universität Göttingen wirkte.

Erst mit dem Tode von Mayer am 30. November 1830 änderte sich die Situation. Im Herbst 1831 wurde Wilhelm Weber Mayers Nachfolger und damit Professor der Physik an der Universität Göttingen. Sowohl Gauß als auch Weber waren Neulinge auf dem Gebiet des Erdmagnetismus, der alsbald zu einem ihrer wichtigsten, gemeinsamen Forschungsthemen wurde. Zwischen Gauß und Weber entspann sich eine überaus glückliche und fruchtbare Freundschaft und Zusammenarbeit. Damit begann in der Erforschung des Erdmagnetismus eine neue Epoche.

1832 begannen Gauß und Weber mit den ersten gemeinsamen erdmagnetischen Beobachtungen (Reich 2012, S. 236f). Am 24. Dezember 1832 lag bereits Gauß' erste Publikation vor: In den „Göttinger Gelehrten Anzeigen" erschien die Anzeige seiner Schrift „Intensitas vis magneticae terrestris ad mensuram absolutam revocata" (Gauß 1832). Im Jahre 1833 erschien eine deutsche Übersetzung der

K. Reich et al., *Alexander von Humboldts Geniestreich,*
DOI 10.1007/978-3-662-48164-6_3

Langversion (Gauß 1833a) und 1841 endlich die Originalarbeit, nämlich die vollständige Version in lateinischer Sprache (Gauß 1841b), die aber bereits 1833 als Sonderdruck vorlag. Die hier von Gauß beschriebenen neuen Beobachtungsmethoden waren von fundamentaler Bedeutung und fanden – wenn auch erst im Laufe der Zeit – die ihnen gebührende Anerkennung (O'Hara 1984).

Ende des Jahres 1833 war das neu errichtete Magnetische Observatorium, das sich auf dem Gelände der Göttinger Sternwarte befand, fertiggestellt (Gauß 1834b). Im Hauptsaal war ein neuartiges Instrument, ein Magnetometer, aufgestellt, dessen Stab vierpfündig war. Gleichzeitig aber gab es in der Sternwarte ein Magnetometer mit einem 25-pfündigen Stab und in Webers Physikalischem Kabinett eines mit einem einpfündigen Stab (Gauß 1835a, S. 549). Damit hatte man die bestmöglichen Voraussetzungen geschaffen, um durch Vernetzung und Vergleiche möglichst genaue Beobachtungen zu erlangen. Im Januar 1834 konnten die ersten systematischen Beobachtungen durchgeführt werden, damit begann der Göttinger Magnetische Verein zu existieren. Gauß und Weber übernahmen von Humboldt dessen Methode der korrespondierenden Beobachtungen und perfektionierten diese im Laufe der Zeit. Erste – von Göttingen aus veranlassten – korrespondierende Beobachtungen fanden am 20. und 21. März 1834 statt. Es gab aber zunächst nur einen Partner, nämlich die Akademie-Sternwarte in Berlin, der Gauß' ehemaliger Schüler Franz Encke (1791–1865) vorstand. Dort hatte man bereits ein in Göttingen hergestelltes Magnetometer angeschafft. Mit dem Beginn der korrespondierenden Beobachtungen in Göttingen ging der Humboldtsche Magnetische Verein nahtlos in den Göttinger Magnetischen Verein über (Wiederkehr 1964; Schröder/Wiederkehr 2001, S. 1649–1652). Humboldt selbst kooperierte nicht mit Göttingen bzw. er konnte nicht kooperieren, da sein Gambeysches Instrument nicht mit den Göttinger Instrumenten kompatibel war. Ein Göttinger Instrument kam für Humboldt nicht in Frage.

Bereits im Jahre 1834 trat Hans Christian Oersted – d.h. Kopenhagen bzw. Dänemark – dem Göttinger Magnetischen Verein bei. Oersted war ein ganz neuer Partner auf dem Gebiet des Erdmagnetismus, denn er hatte sich früher kaum mit dem Erdmagnetismus beschäftigt. Am 3. Oktober 1834 ließ Oersted Gauß und Weber seine ersten magnetischen Beobachtungen zukommen, die er mit Hilfe eines in Göttingen neu erworbenen Instrumentes gemacht hatte. Er war und blieb einer der treuesten und renommiertesten Partner von Gauß und Weber (Reich 2013, S. 29–35). Das neu geschaffene Netzwerk des Göttinger Magnetischen Vereins von miteinander kooperierenden Partnern konnte in der Folgezeit erfolgreich ausgebaut werden. Zunächst jedoch waren es vor allem Freunde und frühere Studenten von Gauß, die sich daran beteiligten (Reich 2012, S. 237–242).

Es war von fundamentaler Bedeutung, als bereits im Jahre 1835 Russland, das ja schon mit Alexander von Humboldt auf der Basis von Gambeyschen Instrumenten kooperiert hatte, nunmehr alle seine Observatorien auf die Gaußschen Instrumente und Beobachtungsmethoden umstellte (Reich/Roussanova 2011, S. 86, 367–369). Das betraf die Observatorien in St. Petersburg, Kasan, Nikolajew, Peking und Sitka, dazu kamen noch Jekaterinburg, Nertschinsk und Barnaul.

Besondere Erwähnung verdient ferner die Berliner Sternwarte. Nicht ohne Unterstützung durch Humboldt konnte in Berlin eine neue Sternwarte – es war dies die zweite – gebaut werden, die im Jahre 1835 in Betrieb ging (Knobloch 2003). Dieser Sternwarte wurde ein neues Magnetisches Observatorium angegliedert, das mit in Göttingen hergestellten Instrumenten bestückt war (Reich 2011a, S. 43f).

Zunächst wurden die in Göttingen eingegangenen Beobachtungsergebnisse, sei es in den „Annalen der Physik", sei es in den „Astronomischen Nachrichten" veröffentlicht und kommentiert (Gauß 1834a, 1835b und 1835c). Was die korrespondierenden Beobachtungen betrifft, so konnte Gauß erstmals eine graphische Darstellung von fünf miteinander kooperierenden Beobachtungsorten vorstellen, nämlich Göttingen, Altona, Kopenhagen, Leipzig und Rom (Gauß 1835b).

Die Anfänge in Göttingen waren sehr vielversprechend, das geht auch aus Humboldts Brief an den Herzog von Sussex hervor (siehe Abschn. 7.7). Im Jahre 1836 wurde in Göttingen eine neue Zeitschrift gegründet, die „Resultate aus den Beobachtungen des magnetischen Vereins", deren erster Band 1837 erschien. Insgesamt sollten es sechs Bände werden (1837–1843). Damit erfüllte der Göttinger Magnetische Verein die Voraussetzungen, um sich zu einem weltumspannenden, internationalen Unternehmen, das über ein eigenes Publikationsorgan verfügte, entwickeln zu können. Bezeichnenderweise wurde der Göttinger Magnetische Verein im englischen Sprachraum häufig als „German Magnetic Association" bezeichnet.[1] Der Verein hatte aber seinen Sitz in Göttingen und hatte mit „deutsch" nichts zu tun.

[1] Siehe z. B. Anhang 4.

Augustus Frederick, Herzog von Sussex

4

4.1 Miszellen zur Biographie

Augustus Frederick wurde am 27. Januar 1773 im Buckingham House (später Buckingham Palace) als neuntes Kind und sechster Sohn von König George III. (1738–1820, reg. ab 1760) geboren,[1] der König von Großbritannien und Irland sowie Kurfürst und später König von Hannover war.[2] Am 10. Juli 1786 wurden Augustus Frederick, der damals erst 13 Jahre alt war, sowie sein älterer Bruder Ernst August (1771–1851) und sein jüngerer Bruder Adolphus Frederick (1774–1850) an der Universität Göttingen immatrikuliert (Selle 1937). In allen drei Fällen blieb der Vater ungenannt und es wurde kein Studienfach angegeben. Ernst August wurde später Herzog von Cumberland und 1837 König von Hannover. Adolphus Frederick wurde später Herzog von Cambridge. Im Jahre 1787 erschien in Göttingen folgende Widmung zu Augustus Fredericks 17. Geburtstag: „To His Royal Highness Prince Augustus the following verses on his birth day Jan. 27th. 1787 are addressd as a small tribute of respect by the English Gentlemen at Göttingen. [Göttingen 1787]".

In Göttingen hörte Augustus Frederick, der sein Logis bei J. C. Dietrich in der Prinzenstraße 2 hatte, u. a. Vorlesungen bei Georg Christoph Lichtenberg (1742–1799) (Joost 2004, S. 455). Wegen asthmatischer Anfälle musste Augustus Frederick im November 1788 zur Kur nach Hyères reisen, er kehrte im Mai 1789 nochmals nach Göttingen zurück. Im Frühjahr 1790 musste er abermals wegen Verschlechterung seines Gesundheitszustandes Göttingen verlassen. Er blieb mit Unterbrechungen bis 1796 in Italien. Im Jahre 1793 heiratete er Augusta Murray (1762–1830), Tochter des Adeligen John Murray, des 4. Earl of Dunmore. Die Ehe wurde jedoch 1794 nach dem Royal Marriage Act von 1772 für ungültig erklärt, weil sie nicht standesgemäß war. Dennoch lebte das Paar mindestens bis 1801 zusammen, aus der

[1] Der nachfolgenden biographischen Darstellung wurde vor allem der Artikel im „Oxford Dictionary of National Biography" zugrunde gelegt (Henderson 2004).

[2] George III. hatte insgesamt 15 Kinder.

K. Reich et al., *Alexander von Humboldts Geniestreich*,
DOI 10.1007/978-3-662-48164-6_4

Ehe gingen zwei Kinder hervor. 1801 wurde Augustus Frederick zum Herzog von Sussex und zum Earl of Inverness ernannt. Er hielt zahlreiche politische Reden, die veröffentlicht wurden. 1811 wurde er Großmeister einer berühmten Freimaurerloge. 1816 wurde er Präsident der Society of Arts. Im Jahr 1830 ernannte ihn wohl die Bayerische Akademie der Wissenschaften zu ihrem Ehrenmitglied.[3] Das „wohl" wurde eingefügt, weil keinerlei Hinweise über den Wahlakt des Jahres 1830 mehr existieren.[4]

Was die Royal Society anbelangt, so wurde Augustus Frederick am 22. Mai 1828 zum Fellow gewählt. Als im Jahre 1830 die Wahl des neuen Präsidenten der Royal Society anstand, gab es zwei Kandidaten, den Astronomen John Herschel sowie Augustus Frederick, Duke of Sussex. Letzterer gewann die Wahl und blieb bis 1838 Präsident der Royal Society. In dieser Funktion hatte er jährlich am 30. November eine „Address delivered at the anniversary Meeting of The Royal Society" zu halten, die noch am Jahresende veröffentlicht wurden. Sein Nachfolger in der Royal Society wurde wiederum ein Adeliger, nämlich Spencer Compton, der second Marquess of Northampton (1790–1851). Dieser interessierte sich vor allem für Geologie und war von 1838 bis 1848 Präsident der Royal Society.

Augustus Frederick heiratete am 2. Mai 1831 Cecilia Buggin (1783–1873), die später zur Herzogin von Inverness ernannt wurde. Diese Ehe blieb kinderlos. Der Duke of Sussex starb am 21. April 1843 im Kensington Palace in London. Er hinterließ eine große Bibliothek, die mehr als 50.000 Bände umfasste. Er konnte zahlreiche wertvolle Ausgaben, darunter auch Inkunabeln, sein eigen nennen. Besonders antike Schriften scheinen seine Vorliebe gewesen zu sein. Nach seinem Tod wurde seine Bibliothek mittels eines Katalogs erfasst und versteigert: Bibliotheca Sussexiana: catalogue of the library of the Duke of Sussex; (Auction Catalogue). Part 1–5. London 1844–1845.[5] Doch er sammelte nicht nur Bücher, Manuskripte, Autographen und wertvolle Musikdrucke, sondern auch Uhren, Pfeifen, Portraits, Silber- und Goldgegenstände.

Es ist höchst bemerkenswert, dass der Tod des Herzogs von Sussex auch in Deutschland wahrgenommen wurde. Am 15. Juli 1843 erschien in der „Illustrirten Zeitung" folgender Artikel „Der Tod des Herzogs von Sussex" (Anonymus 1843). Dort wurde hervorgehoben: „Seine Verdienste als Beschützer von Kunst und Wissenschaft und als Beförderer jeder wohltätigen Unternehmung sind des höchsten Ruhmes werth."

---

[3] Siehe http://www.badw.de/mitglieder/e_mit/index.html#1830.

[4] Laut Auskunft von Dr. Genoveva Rausch vom 18.12.2014 (Archiv der Bayerischen Akademie der Wissenschaften), kann man mit Hilfe der Quellen, die den Zweiten Weltkrieg überlebt haben, diese Wahl nicht mehr belegen. So ist weder der Tag bekannt, an dem die Wahl erfolgte, noch sind die Namen derjenigen erhalten, die den Vorschlag bei der Akademie eingereicht haben. Die noch vorhandenen Sitzungsprotokolle sind bislang noch nicht vollkommen erschlossen.

[5] Das in der Staatsbibliothek zu Berlin – Preußischer Kulturbesitz verzeichnete Exemplar ist Kriegsverlust.

4.2 Die Beziehungen zwischen Carl Friedrich Gauß und dem Herzog von Sussex: 1820–1836

Nachdem Augustus Frederick in Göttingen studiert hatte, war es naheliegend, dass seine Beziehungen zur Universität Göttingen auch nach seinem Studium aufrecht erhalten blieben und dass Carl Friedrich Gauß schon früh Kontakte zum Duke of Sussex pflegte. So schenkte der Herzog von Sussex im Jahre 1820 der Universität Göttingen, genauer gesagt der Sternwarte, eine besondere, von dem Londoner Instrumentenhersteller William Hardy[6] verfertigte Tertienuhr.[7] Gauß verfasste darüber einen kurzen Bericht, der in den „Göttingischen Gelehrten Anzeigen" veröffentlicht wurde:

> Auch von Sr. Königl. Hoheit dem Herzog VON SUSSEX erhielt die Universität einen Beweis seiner huldreichen Erinnerung, durch zwei Geschenke, welche Höchstdieselben der Sternwarte gemacht haben. Es bestehen diese in einer von HARDY in London verfertigten Tertienuhr, von einer besondern Einrichtung und vorzüglich schöner Arbeit, und in einem Apparat, den man ein verkehrtes Pendel[8] nennen könnte […] (Gauß 1820, S. 1865–1866; Gauß-Werke: 6, S. 435).

Es folgen detailreiche Beschreibungen der beiden Instrumente (Gauß 1820).[9]

Es sollte hier darauf hingewiesen werden, dass der Duke of Sussex Uhrensammler war. Nach seinem Tode wurde seine Sammlung mittels folgenden Kataloges zum Kauf angeboten: „Catalogue of the very celebrated and unique collection of regulators, clocks, chronometers, & watches; displaying most of the interesting features in the progress of the science of horology, as developed at different periods: many of the clocks are in superb cases of buhl and marqueterie, in the rich taste of Louis Quatorze; the property of His Royal Highness the Duke of Sussex, […] July 4th, 1843 […]."

---

[6] William Hardy († 12.11.1832) wirkte in London, Clerkenwell. Er stellte vor allem Präzisionsuhren und Chronometer her.

[7] Tertien sind die den Sekunden folgende Untereinheit im Sexagesimalsystem: Jede Stunde hat 60 Minuten (1. Untereinheit), jede Minute hat 60 Sekunden (2. Untereinheit) und jede Sekunde 60 Tertien (3. Untereinheit) usw. Laut Auskunft von Axel Wittmann vom 16.12.2014 ist eine Tertienuhr eine Art Taschen- bzw. Stoppuhr, an der man i. a. Minuten, Sekunden und sechzigstel Sekunden ablesen kann.

[8] Laut Auskunft von Axel Wittmann vom 16.12.2014 ist das verkehrte Pendel (in damaliger Bauart) ein am oberen Ende einer unten fest angebrachten Stahlstange befestigtes (kugelförmiges) Gewicht, welches also, wenn man es anstößt oder wenn man den unteren Punkt schnell seitlich auslenkt, zu schwingen beginnt und es z. B. gestattet, kurze Zeitintervalle nach Art eines Metronoms zu takten.

[9] Gleichzeitig erhielt die Göttinger Sternwarte von Augustus Fredericks älterem Bruder, dem Herzog von Clarence, damals Prinz William, eine Reihe sehr wertvoller Seekarten, die im Hydrographic Office in London hergestellt worden waren, geschenkt. Diese Seekarten, die bislang noch nicht vollständig bearbeitet sind, befinden sich in der Kartenabteilung der Staats- und Universitätsbibliothek Göttingen. Herzog von Clarence wurde 1830 als Wilhelm IV. König von Großbritannien und Hannover.

Abb. 4.1 Hardysche Uhr, die der Herzog von Sussex im Jahre 1826 der Göttinger Sternwarte zukommen ließ. Sammlung historischer Gegenstände am Institut für Astrophysik der Universität Göttingen, Sign. A. 192. Photographie von © Axel Wittmann.

Ob diese 1820 nach Göttingen geschickte Hardysche Uhr aus der Privatsammlung des Herzogs stammte oder ob dieser die Uhr beim Hersteller für die Göttinger Sternwarte eingekauft hatte, ist nicht bekannt.

Auch in der Folgezeit ließ der Herzog von Sussex der Göttinger Sternwarte bzw. Gauß wertvolle Instrumente zukommen, so im Jahre 1826. Diesmal war es eine von Hardy angefertigte Pendeluhr. Diese ist in der Tat heute noch in Göttingen vorhanden (vgl. Abb. 4.1). Zu erwähnen ist, dass bereits zwei Jahre früher, im Jahre 1824, der in Königsberg wirkende Astronom Friedrich Wilhelm Bessel (1784–1846) ebenfalls eine von Hardy angefertigte Pendeluhr vom Herzog von Sussex in Aussicht gestellt bekam (Briefwechsel Gauß–Schumacher 1860–1865: 1, S. 394).

Im Jahre 1830 bekam die Göttinger Sternwarte von demselben Gönner abermals ein „verkehrtes Pendel“ geschenkt, welches viermal größer war als das im Jahre 1820 geschenkte Pendel (Briefwechsel Gauß–Schumacher 1860–1865: 2, S. 247; Briefwechsel Gauß–Olbers 1900/1909: 2, S. 544). Ferner ließ der Herzog von Sussex im Jahre 1834 Göttingen ein besonderes Mikrometer[10] als Geschenk zukommen (Briefwechsel Gauß–Schumacher 1860–1865: 2, S. 348, 363f).

[10] Laut Auskunft von Axel Wittmann vom 16.12.2014 ist ein Mikrometer ein kleines mechanisches (z. B. ringförmiges oder aber mit verschiebbaren „Schneiden“ ausgerüstetes) Bauteil, das in den Brennpunkt eines Fernrohres eingesetzt wird („Okularmikrometer“), um kleine Distanzen am Himmel zu messen.

Umgekehrt hatte Gauß Ende des Jahres 1832 seine im Dezember erschienene Ankündigung seiner „Intensitas vis magneticae terrestris ad mensuram absolutam revocata" in den „Göttingischen Gelehrten Anzeigen" (Gauß 1832) – es war dies Gauß' erste Veröffentlichung zum Thema Erdmagnetismus – zugesandt, denn am 17. August 1836 ließ Gauß Heinrich Christian Schumacher (1780–1850) wissen:

> Der Societät [Royal Society of London] habe ich gar Nichts vorgelegt. Bloss dem Herzog von Sussex habe ich Ende 1832 einen Abdruck des Stücks der G. G. A. geschickt, das eine kurze Nachricht von meiner im December gehaltenen Vorlesung enthält (und auch in Ihren A. N. abgedruckt wurde). Diesen Artikel hatte der Herzog (vermutlich durch Herrn König[11]) in's Englische übersetzen lassen, und diese (beiläufig gesagt, sehr verstümmelte und zum Theil unrichtige Uebersetzung meines ersten Aufsatzes ist alles was der Societät vorliegt (Briefwechsel Gauß–Schumacher 1860–1865: 3, S. 109).

Diese englische Übersetzung wurde 1833 in „The London and Edinburgh Philosophical Magazine and Journal of Science" veröffentlicht (Gauß 1833b). Es ist eine bemerkenswerte Tatsache, dass Gauß gerade Augustus Frederick seine erste Veröffentlichung zum Thema Erdmagnetismus zukommen ließ. Das bedeutet, dass der Duke of Sussex zu den ersten gehörte, die Gauß über sein neues Forschungsgebiet, den Erdmagnetismus, informieren möchte. Die Beziehungen des Herzog von Sussex zu Göttingen und zu Gauß waren sicherlich ein wichtiger Baustein dafür, dass Humboldts Brief ein so großer Erfolg beschieden war.

Gauß besaß in seiner Bibliothek die Geburtstagsadresse des Duke of Sussex, die dieser am 30. November 1836 vor der Royal Society gehalten hat (Augustus Frederick 1836), was sicher kein Zufall sein dürfte. Dieser Band wird heute in der Gauß-Bibliothek in der Staats- und Universitätsbibliothek Göttingen aufbewahrt und trägt die Nummer 741. Allerdings hatte Augustus Frederick hier den Brief Humboldts gar nicht erwähnt.

[11] Charles Dietrich Eberhard König (1774–1851), aus Braunschweig stammender Geologe, war von 1830 bis 1837 Foreign Secretary of the Royal Society.

5 Zur Entstehungsgeschichte von Humboldts Brief an den Herzog von Sussex

Die ausführliche Erörterung der Entstehungsgeschichte von Humboldts Brief an den Herzog von Sussex ist Kurt-R. Biermann zu verdanken. Er veröffentlichte diese im Jahre 1963 (Biermann 1963). Allerdings waren damals die Briefwechsel Humboldts mit Encke,[1] Gauß[2] und Schumacher[3] noch nicht veröffentlicht, sondern nur in den Handschriftenabteilungen der Berliner Staatsbibliothek bzw. der Göttinger Staats- und Universitätsbibliothek zugänglich.

Biermann vertrat damals, im Jahre 1963, die Meinung, dass Humboldt in einem undatierten Brief an Franz Encke, der wohl Ende Januar oder Anfang Februar 1836 geschrieben worden sei, erstmals seinen Brief an den Herzog von Sussex erwähnte (Biermann 1963, S. 211). Dieser Brief Humboldts an Encke wird nach gegenwärtigem Kenntnisstand aber „wohl" auf den 24. April 1836 datiert (Briefwechsel Humboldt–Encke 2013, S. 170). Das bedeutet, dass die Datierung unsicher ist und die Aussage, dass dieser Brief die erste Quelle sei, als zweifelhaft angesehen werden muss.

In der Tat sandte Humboldt am 2. März 1836 ein Manuskript seines in französischer Sprache geschriebenen Briefes an Heinrich Christian Schumacher, den Herausgeber der „Astronomischen Nachrichten". Diesen Brief ergänzte Humboldt durch eine kleine deutsche Einleitung, die er – auf einem Zettel geschrieben – angeklebt hatte (Briefwechsel Humboldt–Schumacher 1979, S. 52–55). Schumacher setzte sich nunmehr mit Gauß in Verbindung und sorgte gleichzeitig für die sofortige Drucklegung von Humboldts Brief. Gauß erhielt von Schumacher sowohl einen ersten als auch einen zweiten Korrekturabzug des Briefes. Gauß bemühte sich in erster Linie, die falschen oder irrigen Aussagen von Humboldt zu korrigieren und sandte Schumacher am 29. und am 30. März seine Verbesserungen. Diese Wünsche ließ Schumacher Humboldt zukommen. Humboldt war zwar nicht glücklich über die Vorschläge, aber letztendlich akzeptierte er die Verbesserungen. Biermann

[1] Briefwechsel Humboldt–Encke 2013.

[2] Briefwechsel Humboldt–Gauß 1977.

[3] Briefwechsel Humboldt–Schumacher 1979.

K. Reich et al., *Alexander von Humboldts Geniestreich*,
DOI 10.1007/978-3-662-48164-6_5

zitierte ausgiebig aus den relevanten Briefwechseln und veröffentlichte auch eine Gegenüberstellung kritischer Stellen aus dem Entwurf des Briefes und der Publikation des Briefes (Biermann 1963, S. 223f). Die Auseinandersetzungen führten glücklicherweise nicht zu dauerhaften Beeinträchtigungen der freundschaftlichen Beziehungen zwischen Gauß und Humboldt und auch nicht zwischen Schumacher und Humboldt trotz der manchmal heftigen – sogar allzu heftigen – Worte, die vor allem Humboldt gebrauchte. Schumachers Veröffentlichung von Humboldts Brief erschien am 9. Mai 1836 in den „Astronomischen Nachrichten" (Humboldt 1836a), zusammen mit der nur wenige Zeilen umfassenden deutschsprachigen Einleitung, die Humboldt auf einem angeklebten Zettel Schumacher bereits am 2. März 1836 hatte zukommen lassen.

Es darf nicht unerwähnt bleiben, dass die Angelegenheit mit dem Brief an den Herzog sicherlich ein wichtiger Anlass dazu war, dass die lange Pause, die im Briefwechsel zwischen Haumboldt und Gauß seit dem 13. Juni 1833[4] währte, beendet wurde. Über die Gründe dieser Pause siehe Knobloch 2010 sowie Abschn. 2.1.

[4] Der Brief von Humboldt an Gauß vom 30. Juli 1836 folgte erst nach dreijährigem Schweigen. Zuletzt schrieb Humboldt Gauß am 17. Februar 1833. Der Brief von Gauß an Humboldt vom 13. Juni 1833 blieb wohl ohne Antwort.

6 Handschriftliche Abschriften des Briefes Humboldts an den Herzog von Sussex

Gegenwärtig sind zwei handschriftliche Abschriften des Briefes von Humboldt an Augustus Frederick, Duke of Sussex ermittelt, die eine befindet sich in London und die andere in St. Petersburg. Bei Humboldt konnten keine Hinweise gefunden werden, aus denen hervorgeht, wieviele Abschriften seines Briefes er hatte anfertigen lassen und an wen diese Abschriften geschickt wurden.

6.1 London

Das Original des Briefes von Humboldt ging an die Royal Society of London. Diese Handschrift, die 11 Blätter (22 Seiten) umfasst, wurde aber nicht von Humboldt geschrieben, sondern von einem Schreiber (siehe Abb. 6.1). Von Humboldt selbst stammt nur der letzte Satz und die Unterschrift auf der letzten Seite: „Le très-humble, très-obeissant et très dévoué serviteur Le B^n Al. de Humboldt.“ Am Ende des Briefes steht das Datum: 23. April 1836. Diese Handschrift, die im Folgenden als „London-Original“ bezeichnet wird, befindet sich heute im Archiv der Londoner Royal Society unter der Signatur AP 20 7. Sie liegt der im Anhang 1 vorgestellten Transkription zugrunde.

6.2 St. Petersburg

Ein weiteres Exemplar wird im Archiv der Russländischen Akademie der Wissenschaften in St. Petersburg aufbewahrt, und zwar im Nachlass von Adolph Theodor Kupffer unter der Signatur f. 32, op. 2, Nr. 57, l. 6–17 (siehe Abb. 6.2). Dieser Brief umfasst 12 Blätter (24 Seiten) und ist von einer anderen Hand als das Londoner Original geschrieben. Es gibt aber keine eigenhändige Unterschrift von Alexander von Humboldt. Am Ende des Briefes steht das Datum: April 1836.

Diese Version beginnt mit folgendem in deutscher Sprache verfassten Vorspann:

K. Reich et al., *Alexander von Humboldts Geniestreich*,
DOI 10.1007/978-3-662-48164-6_6

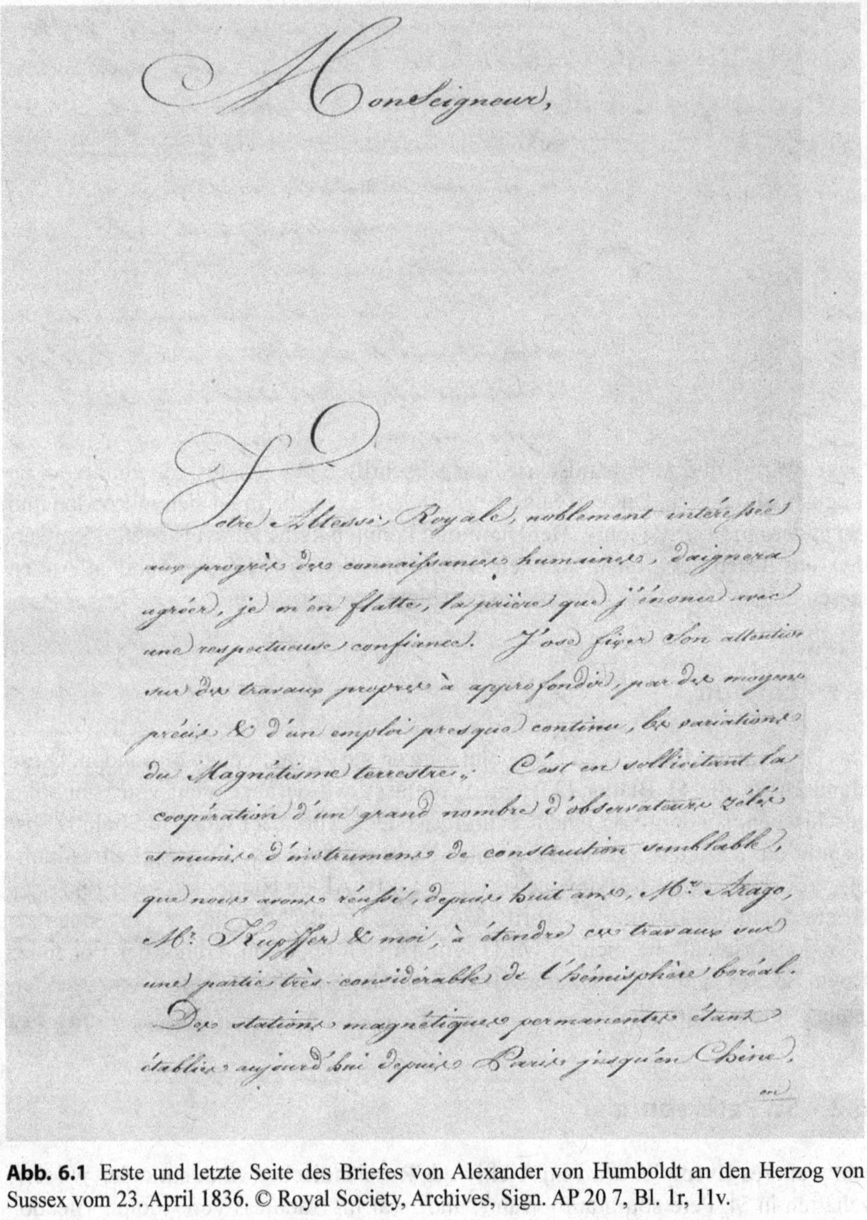

Monseigneur,

Votre Altesse Royale, noblement intéressée aux progrès des connaissances humaines, daignera agréer, je m'en flatte, la prière que j'énonce avec une respectueuse confiance. J'ose fixer son attention sur des travaux propres à approfondir, par des moyens précis & d'un emploi presque continu, les variations du Magnétisme terrestre. C'est en sollicitant la coopération d'un grand nombre d'observateurs zélés et munis d'instrumens de construction semblable, que nous avons réussi, depuis huit ans, Mr Arago, Mr Kupffer & moi, à étendre ces travaux sur une partie très-considérable de l'hémisphère boréal. Des stations magnétiques permanentes étant établies aujourd'hui depuis Paris jusqu'en Chine,

en

Abb. 6.1 Erste und letzte Seite des Briefes von Alexander von Humboldt an den Herzog von Sussex vom 23. April 1836. © Royal Society, Archives, Sign. AP 20 7, Bl. 1r, 11v.

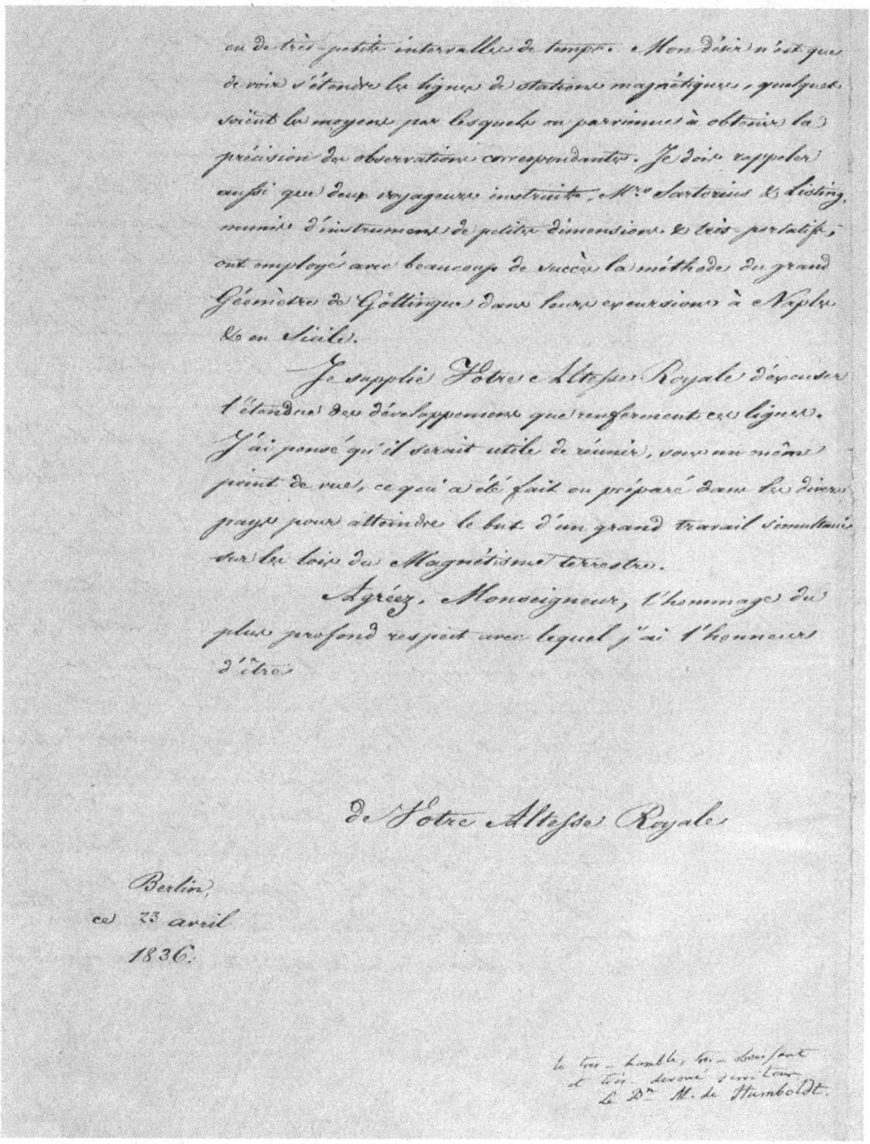

ou de très-petits intervalles de temps. Mon désir n'est que
de voir s'étendre les lignes de stations magnétiques, quelques
soient les moyens par lesquels on parviennes à obtenir la
précision des observations correspondantes. Je dois rappeler
aussi que deux voyageurs instruits, Mrs Sartorius & Listing,
munis d'instruments de petites dimensions & très-portatifs,
ont employé avec beaucoup de succès la méthode du grand
Géomètre de Göttingue dans leurs excursions à Naples
& en Sicile.

Je supplie Votre Altesse Royale d'excuser
l'étendue des développemens que renferment ces lignes.
J'ai pensé qu'il serait utile de réunir, sous un même
point de vue, ce qui a été fait ou préparé dans les divers
pays pour atteindre le but d'un grand travail simultané
sur les lois du Magnétisme terrestre.

Agréez, Monseigneur, l'hommage du
plus profond respect avec lequel j'ai l'honneur
d'être

de Votre Altesse Royale

Berlin,
ce 23 avril
1836.

le très-humble, très-obéissant
et très-dévoué serviteur
Le Bn A. de Humboldt.

Abb. 6.1 (Fortsetzung)

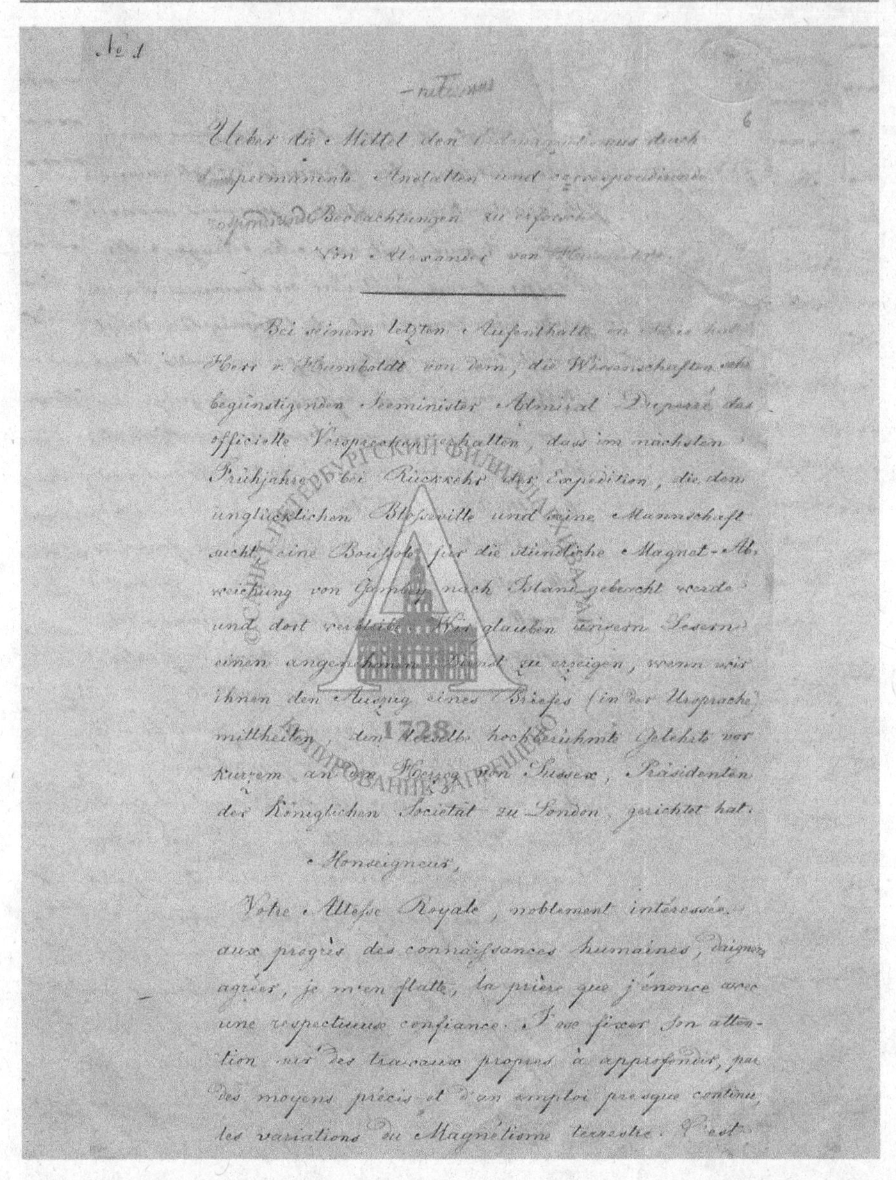

No 1

6

Ueber die Mittel den Erdmagnetismus durch permanente Anstalten und correspondirende Beobachtungen zu erforschen.
Von Alexander von Humboldt.

Bei seinem letzten Aufenthalte in [illegible] hat Herr v. Humboldt von dem, die Wissenschaften [illegible] begünstigenden Seeminister Admiral Duperré das officielle Versprechen erhalten, dass im nächsten Frühjahre bei Rückkehr der Expedition, die den unglücklichen Blosseville und seine Mannschaft sucht, eine Boussole für die stündliche Magnet-Abweichung von [illegible] nach Island gebracht werde und dort verbleibe. Wir glauben unsern Lesern einen angenehmen Dienst zu erzeigen, wenn wir ihnen den Auszug eines Briefes (in der Ursprache) mittheilen, den derselbe hochberühmte Gelehrte vor kurzem an den Herzog von Sussex, Präsidenten der Königlichen Societät zu London, gerichtet hat.

Monseigneur,

Votre Altesse Royale, noblement intéressée aux progrès des connaissances humaines, daignera agréer, je m'en flatte, la prière que j'énonce avec une respectueuse confiance. J'ose fixer son attention sur des travaux propres à approfondir, par des moyens précis et d'un emploi presque continu, les variations du Magnétisme terrestre. C'est

Abb. 6.2 Erste und letzte Seite einer Kopie des Briefes von Alexander von Humboldt an den Herzog von Sussex vom April 1836. St. Petersburger Filiale des Archivs der Russländischen Akademie der Wissenschaften, Sign. f. 32, op. 2, Nr. 57, l. 6r, 17v. © Санкт-Петербургский филиал Архива Российской Академии наук

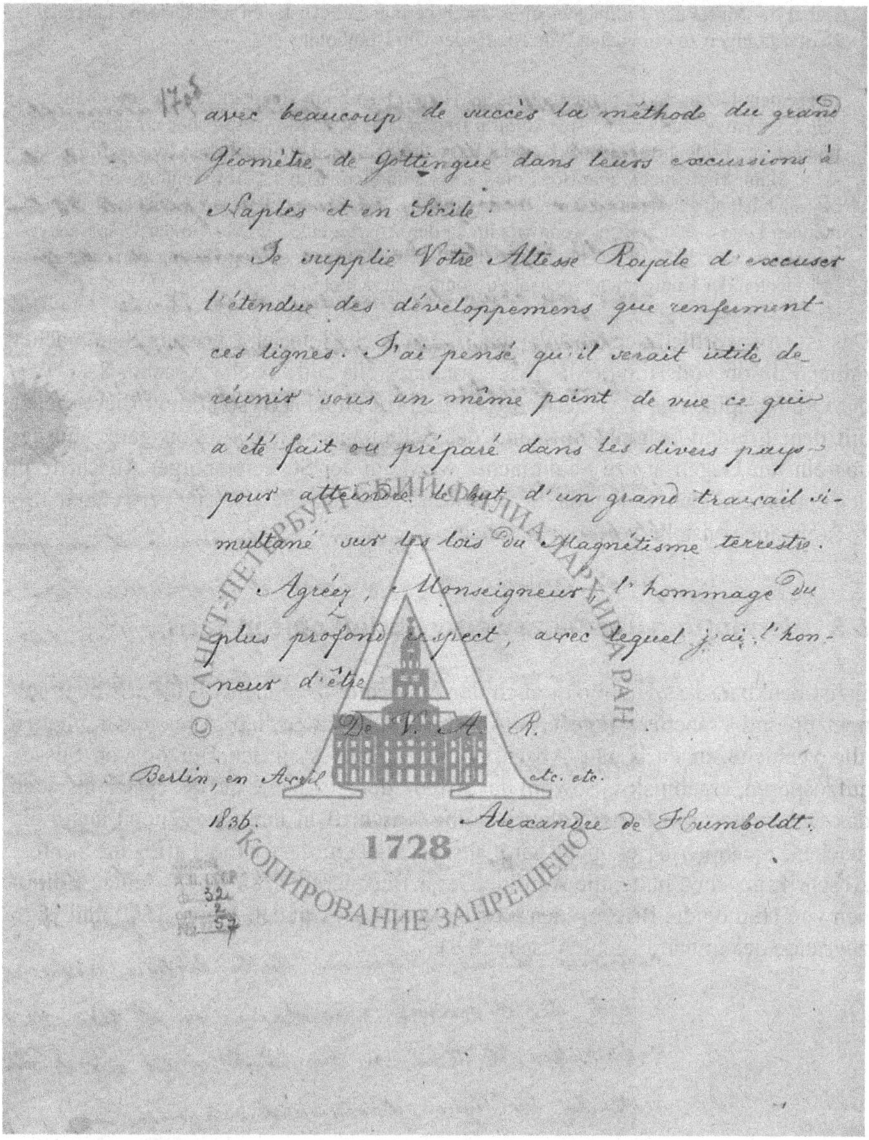

avec beaucoup de succès la méthode du grand
Géomètre de Gottingue dans leurs excursions à
Naples et en Sicile.

Je supplie Votre Altesse Royale d'excuser
l'étendue des développemens que renferment
ces lignes. J'ai pensé qu'il serait utile de
réunir sous un même point de vue ce qui
a été fait ou préparé dans les divers pays
pour atteindre le but d'un grand travail simultané sur les lois du Magnétisme terrestre.

Agréez, Monseigneur, l'hommage du
plus profond respect, avec lequel j'ai l'honneur d'être

De V. A. R.

Berlin, en Avril etc. etc.

1836. Alexandre de Humboldt.

Abb. 6.2 (Fortsetzung)

> Ueber die Mittel den Erdmagnetismus durch permanente Anstalten und correspondirende Beobachtungen zu erforschen. Von Alexander von Humboldt.
>
> Bei seinem letzten Aufenthalte in Paris hat Herr v. Humboldt von dem, die Wissenschaften sehr begünstigenden Seeminister Admiral Duperré das officielle Versprechen erhalten, dass im nächsten Frühjahre, bei Rückkehr der Expedition, die den unglücklichen Blosseville und seine Mannschaft sucht, eine Boussole für die stündliche Magnet-Abweichung von Gambey nach Island gebracht werde und dort verbleibe.[1] Wir glauben unsern Lesern einen angenehmen Dienst zu erzeigen, wenn wir Ihnen den Auszug eines Briefes (in der Ursprache) mittheilen, den derselbe hochberühmte Gelehrte vor kurzem an den Herzog von Sussex, Präsidenten der Königlichen Societät zu London, gerichtet hat.

Das ist wortwörtlich derselbe Vorspann, den auch Heinrich Christian Schumacher seiner Edition von Humboldts Brief vorangestellt hatte (siehe Abschn. 8.1). Was die Orthographie der St. Petersburger Abschrift anbelangt, so stimmt diese weder mit dem London-Original noch mit der Schumacherschen Edition ganz und gar überein. Im Gegensatz zu Schumacher wurde in der St. Petersburger Abschrift an den entsprechenden Stellen die Schreibweise „oi“ anstelle von „ai“ verwendet, also connoissance anstelle von connaissance.

6.3 Vermutung über eine weitere Briefkopie in Paris

Es ist denkbar, dass Humboldt auch der Académie des Sciences in Paris oder seinem Freund François Arago eine Abschrift zukommen ließ. Aber leider blieben alle Versuche, in Paris eine Abschrift dieses Briefes an den Herzog von Sussex aufzuspüren, ergebnislos. Sowohl das Archiv der Académie des Sciences[2] als auch das Observatoire in Paris[3] konnten keine Abschrift in ihren Beständen ausfindig machen. Dennoch ist es nicht ganz auszuschließen, dass es in Paris eine weitere Abschrift gegeben hatte, die Antoine César Becquerel (1788–1878) seinen Editionen von Humboldts Brief an den Herzog von Sussex in den Jahren 1840 und 1846 zugrunde gelegt hatte (siehe Abschn. 8.3).

[1] Das erwähnt Humboldt selbst in seinem Brief, siehe London-Original, S. 9f.

[2] Auskunft von Florence Greffe, Paris, Archives, Académie de Sciences – Institut de France, vom 2.6.2014.

[3] Auskunft der Bibliothèque de l’Observatoire de Paris vom 21.8.2014.

7 Inhalte von Humboldts Brief an den Herzog von Sussex

Da der Präsident der Royal Society aus königlichem Geblüte stammte, war es Alexander von Humboldt möglich bzw. vorbehalten, sich mit einem Schreiben an ihn zu wenden. Humboldt verstand es in geradezu perfekter Weise, mit den entsprechenden Ergebenheitsbezeugungen sein Anliegen vorzubringen.

Es ist unübersehbar, dass eine gewisse epische Breite Humboldts Brief auszeichnet. Er unterbreitet dem Duke of Sussex nicht nur sein Anliegen, sondern schreibt im Detail über die Vorgeschichte und vor allem über die Rolle, die seine eigenen Forschungen hierbei spielten. In nackten Zahlen ausgedrückt, es kommen in diesem Brief 58 Personen vor, deren Beteiligung an der Erforschung des Erdmagnetismus erwähnt wird (siehe Anhang 3.2). Ferner wurden mehr als 70 geographische Begriffe genannt: Städte, Länder, Flüsse, Staaten, Kontinente, Erdteile, Inseln usw. Darunter sind viele Standorte erdmagnetischer Forschung, seien es schon vorhandene oder für die Zukunft erwünschte (siehe Anhang 3.1). Es ging Humboldt um eine möglichst weitreichende, alle Aktivitäten und Gegenden umfassende Darstellung.

Im Folgenden sollen die wichtigsten Punkte etwas näher beleuchtet werden. Vieles, was er in diesem Brief berichtete, fand später in seinem „Kosmos" einen Niederschlag, meistens in noch ausführlicherer Form (Humboldt 1845–1862: 4, S. 48–149, 169–210).

7.1 Die Erfindung des Kompasses in China

Humboldts Geschichte des Erdmagnetismus reicht bis ins 12. Jahrhundert zurück; damals wurde in China der Kompass erfunden. Humboldt hatte seine Kenntnisse darüber Julius Klaproth (1783–1835) zu verdanken. Dieser hatte sich vor allem den orientalischen und asiatischen Sprachen gewidmet. Klaproth übersiedelte 1815 für den Rest seines Lebens nach Paris. Seinen Lebensunterhalt verdiente er allerdings mit einer Professur für asiatische Sprachen und Literaturen an der Universität in Berlin, die er Wilhelm von Humboldt (1767–1835) zu verdanken hatte und die er von 1816 bis zu seinem Lebensende bekleidete. Klaproth hatte im Jahre 1834 seine Schrift „Lettre à M. le Baron A. de Humboldt sur l'invention de la Boussole"

K. Reich et al., *Alexander von Humboldts Geniestreich*,
DOI 10.1007/978-3-662-48164-6_7

publiziert (Klaproth 1834), die Alexander von Humboldt 1836 seiner Darstellung zugrunde legte. Klaproth kommt dort auf das Pen ts'ao yen-i (Bencao yanyi 本草衍義) zu sprechen, eine Art von Arzneibuch. Der Verfasser ist der ansonsten unbekannte Medizinalbeamte K'ou Tsung-shih (Kou Zongshi 寇宗奭), der dieses Werk 1116 verfasst hatte. Veröffentlicht wurde es von dessen Neffen K'ou Yüeh im Jahre 1119 (Unschuld 1973, S. 75). Bei Julius Klaproth wurde der Magnet wie folgt beschrieben:[1]

> Der Magnet, sagt er, ist von kleinen, leicht rötlichen Spitzen (Haaren) bedeckt und seine Oberfläche ist übersät mit Unebenheiten. Er zieht das Eisen an und verbindet sich mit ihm; deshalb nennt man ihn im Volksmund den Stein, der das Eisen schlürft. Der Hi nan chy, der dunkelfarbige Stein ist auch ein Magnet von schwarzer Farbe. Wenn man eine Eisenspitze mit dem Magneten reibt, erhält sie die Eigenschaft, den Süden zu zeigen, dennoch weicht sie stets nach Osten ab und ist nicht gerade im Süden. Deshalb nimmt man einen neuen Baumwollfaden, den man anheftet, mittels ein wenig Wachs, groß wie die Hälfte eines Senfkorns, gerade in der Mitte des Eisens, das man auf diese Weise an einem Ort aufhängt, wo es keinen Wind gibt. Nun zeigt die Nadel beständig den Süden. Wenn man diese Nadel durch einen Docht hindurchgehen lässt, den man dann auf das Wasser setzt, zeigt sie ebenfalls den Süden, aber stets mit einer Abweichung zum Punkt 丙 ping,[2] das heißt, es sind 5/6 Süden, usw. (Klaproth 1834, S. 68f).[3]

Natürlich fehlt die Erfindung des Kompasses in China und dessen Weiterentwicklung auch nicht in Humboldts „Kosmos" (Humboldt 1845–1862: 4, S. 49–51, 169f).

7.2 Erdmagnetische Forschungen in Großbritannien

7.2.1 Erforschung des Erdmagnetismus im 17. und 18. Jahrhundert

England hatte bereits im 17. und 18. Jahrhundert großartige Beiträge zur Erforschung des Magnetismus und insbesondere des Erdmagnetismus geliefert, so erwähnte Humboldt die Namen Gilbert, Graham und Halley. William Gilbert (1544–

[1] Im Folgenden wird der französische Originaltext in deutscher Übersetzung wiedergegeben. Dieses Stück fehlt aber in Wittstein 1885, wo ja nur Auszüge aus Klaproths Darstellung vorgestellt werden. Humboldt war nur der französische Brief und nicht die Originalausgabe in chinesischer Schrift zugänglich.

[2] Auskunft von Hartmut Walravens: ping [in der heute verwendeten Pinying-Transkription: bing] 丙 ist die Nr. 3 der sog. Zehn Himmelsstämme.

[3] Im Original: „L'aimant, dit-il, est couvert de petites pointes (poils) légèrement rougeâtres, et sa superficie est parsemée d'aspérités. Il attire le fer, et se joint à lui; c'est pourquoi on l'appelle vulgairement la *pierre qui hume le fer*. Le *Hi nan chy*, ou la pierre bleue foncée, est aussi un aimant de couleur noire. Quand on frotte avec l'aimant une pointe de fer, elle reçoit la propriété de montrer le sud; cependant elle décline toujours vers l'est et n'est pas droite au sud. C'est pourquoi, on prend un fil de coton neuf qu'on attache, moyennant un peu de cire, gros comme la moitié d'un grain de moutarde, justement au milieu du fer, qu'on suspend de cette manière dans un endroit où il n'y a pas de vent. Alors l'aiguille montre constamment le sud. Si l'on fait passer cette aiguille par une mèche, qu'on pose ensuite sur l'eau, elle montre également le sud, mais toujours avec une déclinaison vers le point 丙 *ping*, c'est-à-dire, *est 5/6 sud*, etc. "

1603) hatte in der Tat im Jahre 1600 sein berühmtes Werk „De magnete, magneticisque corporibus, et de magno magnete tellure“ in London veröffentlicht. Dem Astronomen Edmond Halley (1656–1742) war die „Tabula Nautica“ zu verdanken, eine erste Karte mit Deklinationslinien, ein Meilenstein in der Geschichte des Erdmagnetismus.[4] Diese Karte wurde – wegen der Veränderlichkeit des Magnetfeldes – noch im 18. Jahrhundert mehrfach aktualisiert, unter anderem von englischen Autoren, wie z. B. dem Mathematiker, Astronomen und Physiker William Mountaine (ca. 1700–1779) und dem Mathematiker James Dodson (ca. 1705–1757),[5] die Humboldt aber nicht nannte. George Graham (ca. 1673–1751), der in erster Linie ein genialer Uhrenhersteller war, hatte in den Jahren 1722 und 1723 in London magnetische Beobachtungen gemacht, die in den „Philosophical Transactions“ veröffentlicht und interpretiert wurden (Graham 1724–1725a und b). Sein wichtigstes Ergebnis war, „dass die Abweichung sich ziemlich regelmässig von Stunde zu Stunde änderte, am meisten aber nachmittags zwischen 12 und 4 Uhr, am wenigsten abends von 6 bis 7“ (Balmer 1956, S. 489). Doch auch in den Jahren von 1745 bis 1748 machte Graham wieder erdmagnetische Beobachtungen, und zwar in seinem Haus in der Fleetstreet in London (Graham 1748). Diese Beobachtungen jedoch wurden von Humboldt nicht erwähnt.

7.2.2 Ende des 18. und erstes Drittel des 19. Jahrhunderts

Was spätere Beiträge zum Thema Erdmagnetismus anbelangt, so nannte Humboldt die Autoren George Gilpin (gest. 1810), Mark Beaufoy (1761–1827), Peter Barlow (1776–1862) und Samuel Hunter Christie. Gilpins magnetische Beobachtungen stammten aus den Jahren 1786 bis 1805 (Gilpin 1806). Beaufoy hatte sich seit 1813 mit dem Erdmagnetismus beschäftigt. Gleich in diesem Jahr gelang es ihm, ein verbessertes Magnetometer vorzustellen (Beaufoy 1813a).[6] Beaufoy hatte zunächst 1813 eine Möglichkeit in Hackney Wick magnetische Beobachtungen anzustellen, später ließ er sich in Bushey Heath (Hertfordshire) nieder, wo er seit 1816 über ein gut ausgestattetes, privates Observatorium verfügte. Dort widmete er sich in den Jahren 1819 und 1820 abermals magnetischen Beobachtungen.[7] François Arago erwähnte in seinen ausführlichen Darstellungen über den Erdmagnetismus voll Lob Beaufoys Beobachtungen und ließ seine Leser wissen:

---

[4] In der Staatsbibliothek zu Berlin – Preußischer Kulturbesitz wird ein Exemplar der „Tabula nautica“ aufbewahrt, Sign. Kart. W. 759. Vgl. Reich/Roussanova 2012, S. 139–141.

[5] „A correct chart of the terraqueous globe, on which are described Line's shewing the variation of the magnetic needle in the most frequented seas“ von William Mountaine und James Dodson (Mountaine/Dodson 1744/1756). Siehe hierzu Hellmann 1895, S. 20 sowie Reich/Roussanova 2012, S. 139f.

[6] Eine Abbildung des von Beaufoy neu konzipierten Magnetometers (Variation compass) befindet sich in Multhauf/Good 1987, S. 15.

[7] Seine Beobachtungsdaten veröffentlichte Beaufoy in Form von mehreren kurzen Beiträgen in den „Annals of Philosophy“, siehe Beaufoy 1813b, 1816, 1819 und 1820.

> Wenn ich mich nicht irre, gab es bisher in Europa nur einen einzigen Ort, das Observatorium von Bushey-Heath bei London, wo man die täglichen Veränderungen der Magnetnadel regelmäßig verfolgte (Arago–Werke 1854–1860: 4, S. 403).

Peter Barlow, der 46 Jahre lang als Assistent an der Royal Academy in Woolwich wirkte, veröffentlichte im Jahre 1833 eine vielbeachtete Arbeit mit dem Titel „On the present Situation of the Magnetic Lines of equal variation, and their Changes on the Terrestrial surface" (Barlow 1833). Diese wurde von einer ausgezeichneten Deklinationskarte, die sehr groß war, begleitet. Diese Karte „A Chart of Magnetic Curves of equal variation", die auf beobachteten Daten beruhte, diente später Gauß und Weber als wichtige Vergleichskarte für ihre im Jahre 1840 veröffentlichten Deklinationskarten (Gauß/Weber 1840, § 42), die auf berechneten – und nicht beobachteten – Werten basierten.

Wie Barlow, so war auch Christie an der Royal Military Academy in Woolwich tätig, wo er ab 1838 als Professor wirkte. Der Magnetismus war Christies Hauptarbeitsgebiet, seine Veröffentlichungen hierzu reichen bis in das Jahr 1821 zurück.

Allein der Brief Humboldts an den Duke of Sussex macht deutlich, dass England bzw. Großbritannien, was die erdmagnetische Forschung anbelangt, in dieser Zeit weder personell noch institutionell gut aufgestellt war. Es gab nur einzelne Personen, die sich dem Erdmagnetismus widmeten, aber keine Institutionen, deren Ziel die Erforschung des Erdmagnetismus gewesen wäre. So gab es auch kein einziges Magnetisches Observatorium als fest eingerichtete Beobachtungsstation. Sowohl die Royal Society und die East India Company als auch die diversen militärischen Einrichtungen unterstützten andere Schwerpunkte in ihren Forschungen. Das sollte sich erst durch die Magnetic Crusade ändern.

7.2.3 The Magnetic Crusade

Es war ein Meilenstein in der britischen Wissenschaft, als im Jahre 1831 die British Association for the Advancement of Science (BAAS) nach dem Vorbild der Gesellschaft deutscher Naturforscher und Ärzte gegründet wurde. Die Wahl des Herzogs von Sussex zum Präsidenten der Royal Society nämlich hatte John Herschel veranlasst, nach anderen Möglichkeiten Ausschau zu halten. In der Tat kam es nicht ohne Herschels Unterstützung zur Gründung der BAAS (Mawer 2006, S. 44), die in Zukunft eine sehr wichtige Rolle bei der Erforschung des Erdmagnetismus in Großbritannien spielen sollte.

Im September 1831 fand das erste Treffen der BAAS in York statt. Was den Erdmagnetismus anbelangt, so wurde im ersten Report festgehalten: „a series of observations upon the Intensity of magnetism in various parts of England be made", dabei sollte man den Methoden von Alexander von Humboldt und von Christopher Hansteen (1784–1873)[8] folgen (Cawood 1979, S. 500). Zur „Geomagnetic Lobby" gehörten neben einigen anderen vor allem Humphrey Lloyd,[9] John Herschel, James

[8] Zu Hansteen siehe Anhang 3.2.

[9] Humphrey Lloyd (1800–1881), Physiker, geboren in Dublin, studierte am Trinity College, wo er promovierte, 1824 wurde er dort Junior Fellow, 1831 Professor der Natur- und experimentellen

Clark Ross (1800–1862) sowie Edward Sabine (1788–1883).[10] Ohne Zweifel waren Lloyd und Sabine dabei die wissenschaftlichen Hauptakteure (ebenda, S. 494, 498).

Doch greifbare Ergebnisse wollten sich nicht einstellen, was vor allem daran lag, dass die Royal Society nicht in die Pläne miteingebunden werden konnte (ebenda, S. 502). So mussten die ersten Initiativen in den folgenden Jahren als Fehlschlag (failure) verbucht werden. Erst nach 1835 setzte ein allmählicher Wandel ein. Cawood mutmaßte deshalb sogar, dass es vielleicht Sabine gewesen ist, der Humboldt darum gebeten hatte, einen Brief an den Herzog von Sussex zu schreiben, um der erdmagnetischen Forschung in Großbritannien zu einem Aufschwung zu verhelfen:

> Indeed it appears to have been Sabine, a relative latecomer to the British Association, who persuaded Humboldt to write the letter while on a visit to Germany (Cawood 1979, S. 502).[11]

Auch innerhalb der Astronomie gab es ein Umdenken, einen Wandel.[12] Im Jahre 1835 wurde George Biddell Airy neuer Astronomer Royal – er war der Siebte in diesem Amt – und blieb dies bis 1881. Airy zeigte durchaus großes Interesse am Erdmagnetismus und leistete auch eigene wichtige Beiträge auf diesem Gebiet.

7.3 Erdmagnetismus und Polarlichter

Humboldt hatte in der Nacht vom 19. auf den 20. Dezember 1806 in Berlin ein Polarlicht beobachten können (Federhofer 2014, S. 267). In seinem Brief an den Herzog von Sussex erwähnte Humboldt das Phänomen der Polarlichter, das erstmals Olof (Olav) Hiorter (1696–1750) studiert hatte (London-Original, S. 5). In der Tat hatte Hiorter zusammen mit Anders Celsius (1701–1744) in Uppsala am 1. März 1741 eine denkwürdige Entdeckung gemacht:

> Das erstemal als ich einen Nordschein gegen Süden und zugleich die größere Aenderung der Magnetnadel bemerkte, war den 1 März 1741 des Abends, nachdem ich wohl verschiedenemal die Unordnung der Nadel gesehen, aber des trüben Himmels wegen keinen Nordschein beobachtet hatte. Als ich dieses nachgehends dem Herrn Pr[ofessor Celsius] berichtete, sagte er, er hätte ebenfalls dergleichen Störung unter eben solchen Umständen bemerket, aber solches nicht sagen wollen, um zu versuchen, ob ich (wie seine Worte lauteten) auf eben diese Gedanken fallen würde (Hiorter 1747, zit. nach Hiorter 1753, S. 36).

Hiorter kommt, nachdem er auch noch englische Beobachtungen herangezogen hatte, zu dem Schluss:

Philosophie. Seine wichtigsten Arbeitsgebiete waren die Optik und der Erdmagnetismus. Er war ein aktives Mitglied der British Association for the Advancement of Science und Mitglied des Göttinger Magnetischen Vereins. Unter seiner Ägide entstand 1837/1838 in Dublin das Magnetische Observatorium, das dem Trinity College angegliedert war.

[10] Zu Herschel, James Clark Ross und Sabine siehe Anhang 3.2.

[11] Die Alexander-von-Humboldt-Forschungsstelle der Berlin-Brandenburgischen Akademie der Wissenschaften verfügt über keinerlei Erkenntnisse hierzu. Der erste dort dokumentierte Brief von Sabine an Humboldt stammt aus dem Jahre 1839.

[12] Der fünfte Astronomer Royal war Nevil Maskelyne (1765–1811), ihm folgte John Pond (1811–1835) als sechster Astronomer Royal.

> Daß der Nordschein gewiß die höchste Begebenheit in unserer Luft ist, (welches auch andere aus tüchtigen Gründen dargethan haben,) ja so hoch und weit gegen den Himmel gestreckt, daß er auf einmal die Nadeln in Schweden und in England, in Upsal und in London, in einer Entferung von mehr als 130 schwedischen Meilen beunruhigen kann. [...] Daß die Nordscheine zum Theil, die größern monatlichen Abweichungen verursachen können, die man bisher beobachtet hat, weil man bemerket hat, daß die Nadel nach gewissen Nordscheinen nicht so bald als zu anderer Zeit wieder an die Stelle gekommen ist, die sie zuvor einnahm (zit. nach Hiorter 1753, S. 42).

Hiorter beendet seinen Bericht mit der Bemerkung, „daß die ganze Entdeckung einzig und allein dem seligen Herrn Professor Celsius zuzuschreiben ist" (ebenda, S. 44). Dass Nordlichter zu heftigen Bewegungen der Magnetnadel führten, konnte später von dem Astronomen Johan Carl Wilcke (1732–1796) nur bestätigt werden (Federhofer 2014, S. 273f).

Arago hatte darüber hinaus anlässlich einer Nordlichterscheinung im August 1825 behauptet, dass sich bereits einige Stunden vor der sichtbaren Erscheinung die Nordlichter durch Perturbationen der Magnetnadel ankündigten (Arago 1825). Über diese Aussage kam es zu einer Auseinandersetzung mit David Brewster (1781–1868)[13] in Edinburgh, der Aragos Vorhersage als „Prophezeihung" bezeichnete (Arago 1828). Arago hinterließ eine äußerst umfangreiche Schrift über das Nordlicht (Arago–Werke: 4, S. 461–592), in der er diesen Streit mit Brewster ausführlich schilderte (ebenda, S. 487–503). Doch hatte diese Meinungsverschiedenheit die Freundschaft zwischen Arago und Brewster nicht auf Dauer beschädigt, denn Arago gehörte zu den prominenten ausländischen Gästen, als im Jahre 1834 die British Association for the Advancement of Science in Edinburgh tagte.[14]

In seinem „Kosmos" präsentierte Humboldt folgende ausführlichere Darstellung:

> Das erste Bedürfniß *verabredeter gleichzeitiger* magnetischer Beobachtungen ist von Celsius gefühlt worden. Ohne noch des, eigentlich von seinem Gehülfen Olav Hiorter (März 1741) entdeckten und *gemessenen Einflusses* des Polarlichts auf die Abweichung zu erwähnen, forderte er Graham (Sommer 1741) auf mit ihm gemeinschaftlich zu untersuchen, ob gewisse außerordentliche Perturbationern, welche der stündliche Gang der Nadel von Zeit zu Zeit in Upsala erlitt, auch in derselben Zeit von ihm in London beobachtet würden. Gleichzeitigkeit der Perturbationen, sagt er, liefere den Beweis, daß die Ursach der Perturbation sich auf große Erdräume erstrecke und nicht in zufälligen localen Einwirkungen gegründet sei. [...] Als Arago erkannt hatte, daß die durch Polarlicht bewirkten magnetischen Perturbationen sich über Erdstrecken verbreiten, wo die Lichterscheinung des magnetischen Ungewitters *nicht* gesehen wird, verabredete er gleichzeitige stündliche Beobachtungen 1823 mit unserem gemeinschaftlichen Freunde Kupffer in Kasan, fast 47° östlich von Paris (Humboldt 1845–1862: 4, S. 173).

Diese hier erwähnten gemeinsamen Beobachtungen fanden aber nicht 1823, sondern 1825/1826 statt, sie wurden 1827 von Kupffer veröffentlicht (Kupffer 1827, S. 558–562). Kupffers Ergebnis lautete:

---

[13] Zu David Brewster siehe Abschn. 8.2.

[14] Report 1835, S. IXf, XXVf, XXX–XXXII.

> Diese Beobachtungen zeigen uns, daß eine innige Beziehung zwischen der Ursache der Nordlichter und der der unregelmäßigen Ausweichungen der horizontalen Magnetnadel da ist. Diese Ursache muß sich sehr weit erstrecken, weil sie zugleich auf die Nadeln in Paris und in Kasan einwirkt (ebenda, S. 561).

7.4 Humboldts magnetische Instrumente

Es war Humboldts Freund François Arago, der den Instrumenten, die der Pariser Instrumentenhersteller Henri Prudent Gambey (1787–1847) anfertigte, den ausschließlichen Vorzug gab. Sie galten als die besten Instrumente ihrer Zeit, die vor allem die in England gefertigen Instrumente übertrafen (Multhauf/Good 1987, S. 14).[15]

Humboldt hatte zunächst auch Instrumente von anderen Herstellern in Gebrauch (Brand 2002, S. 17), bis er durch Arago in Paris die Gambeyschen Instrumente kennen- und schätzen lernte. Humboldt übernahm diese Vorliebe Aragos ohne wenn und aber. So bediente er sich, nachdem er 1827 Paris verlassen hatte und nach Berlin zurückgekehrt war, fortan ebenfalls der Gambeyschen Instrumente, d.h. zunächst nur in seinem privaten kleinen Magnetischen Observatorium in der Leipziger Straße 3. Auch auf seiner Sibirienreise im Jahre 1829 hatte Humboldt ein Gambeysches Instrument im Gepäck (Brand 2008, S. 52f, Multhauf/Good 1987, S. 14; Honigmann 1982, S. 189–192). Wieder in Berlin wirkte Humboldt am Aufbau eines Magnetischen Vereins. Alle Mitglieder seines Magnetischen Vereins, sowohl die deutschen als auch die russischen, bedienten sich ebenfalls der Instrumente von Gambey (Multhauf/Good 1987, S. 14). Das war sozusagen die conditio sine qua non für eine erfolgreiche Zusammenarbeit. So wundert es nicht, dass Humboldt in seinem Brief an den Herzog von Sussex insgesamt siebenmal auf die Vorzüge der Gambeyschen Instrumente zu sprechen kommt.

7.5 Fortschritte in der Physik im ersten Drittel des 19. Jahrhunderts

Bereits in seiner großartigen Rede, die Humboldt am 16./28. November 1829 in der Kaiserlichen Akademie der Wissenschaften zu St. Petersburg gehalten hatte, kam er auf die großen Entdeckungen in der Physik zu sprechen:

> Die großen Entdeckungen von Oersted, Arago, Ampère, Seebeck, Morichini und Frau Sommerville haben die Wechselbeziehungen des Magnetismus mit der Elektrizität, der Wärme und dem Sonnenlicht offenbart (Briefwechsel Humboldt–Russland 2009, S. 279).

Sieben Jahre später formulierte er im Brief an den Herzog von Sussex etwas anders:

> Ein Teil der Naturphilosophie, deren theoretische Fortschritte so langsam seit zwei Jahrhunderten gewesen waren, hat einen lebhaften und von anderen Wissenschaften befruchteten

[15] Eine Abbildung eines „Declination compass by Gambey" aus den Sammlungen der Smithsonian Institution in Washington befindet sich in Multhauf/Good 1987, S. 18.

Glanz geworfen. So ist die Wirkung der großen Entdeckungen von Oersted, Arago, Ampère, Seebeck und Faraday auf die Natur der elektromagnetischen Kräfte gewesen (London-Original, S. 13).

Während Morichini[16] und Frau Sommerville[17] nicht mehr erwähnt wurden, kam nunmehr der glänzende Name Michael Faraday (1791–1867) hinzu. Faraday hatte 1831 das Induktionsgesetz entdeckt, ein Meilenstein in der Geschichte des Elektromagnetismus.

Im „Kosmos" wird dann zu dieser illustren Reihe noch der Name Gauß mit seinem unsterblichen Werk „Allgemeine Theorie des Erdmagnetismus" (Gauß 1839) hinzugefügt (Humboldt 1845–1862: 4, S. 66–71).

7.6 Expeditionen zur See und zu Lande im ersten Drittel des 19. Jahrhunderts

7.6.1 Expeditionen zur See

Expeditionen zur See waren eine ausgesprochen teure Angelegenheit und nur für die Nationen von Interesse, deren wirtschaftliches und politisches Wohlergehen sehr stark von der Seefahrt abhing. Die bedeutendste seefahrende Nation war zweifelsohne Großbritannien, aber auch Frankreich und vor allem Russland leisteten einen wichtigen Beitrag (Cawood 1977, S. 570–576). Während die Unternehmen, die von Großbritannien ausgingen, zunächst bevorzugt die arktische Region zu erkunden versuchten, hatte Russland seinen forschungsmäßigen Schwerpunkt an den eigenen Küsten und in der Antarktis. Für Großbritannien stand vor allem die Nordwestpassage im Vordergrund, die aber im 19. Jahrhundert nicht gefunden wurde. Erst Anfang des 20. Jahrhunderts gelang diese Entdeckung. Diesen Erfolg konnte sich der Norweger Roald Amundsen (1872–1928) sichern; seine Reise auf dem Schiff „Gjøa" währte von 1903 bis 1906.

Vor allem die Schiffsexpeditionen waren es, die damals bei den Zeitgenossen großes Interesse hervorriefen. So ist es auch nicht erstaunlich, dass die Berichte über diese Reisen, die die Kommandanten verfassten, oftmals alsbald ins Deutsche und in andere Sprachen übersetzt wurden und mehrere Auflagen erlebten.

Humboldt erwähnte in seinem Brief an den Herzog von Sussex durchaus nicht alle Expeditionen zur See, die damals in der zur Debatte stehenden Zeit stattfanden. Die Zusammenstellung in seinem „Kosmos" ist wesentlich vollständiger (Humboldt 1845–1862: 4, S. 62–72). In seinem Brief an Augustus Frederick erwähnte er nur die wichtigsten Expeditionen. Diese Seeexpeditionen werden in den nächsten drei Abschnitten im Detail dargestellt.

[16] Domenico Pini Morichini (1773–1816) war ein italienischer Mediziner.

[17] Mary Sommerville, 1804 verh. Greig, 1812 verh. Fairfax (1780–1872) war eine schottische Mathematikerin und Astronomin.

Unter französischem Kommando: Freycinet und Duperrey

Louis Freycinet (1779–1842) stand schon seit 1793 im Dienst der französischen Marine und hatte während der Jahre 1800 bis 1804 an einer Expedition nach Australien teilgenommen. Während der Jahre 1817 bis 1820 konnte er mit den Schiffen „L' Uranie" und „La Physicienne" um die Welt segeln. Sein umfangreicher Reisebericht erschien in einer Reihe von Bänden unter dem Titel „Voyage autour du monde" zwischen 1824 und 1844 in Paris (Freycinet 1824–1844). Darunter befand sich auch ein Band, der ganz dem Erdmagnetismus gewidmet war (Paris 1842).

Auf der Corvette „L'Uranie" wirkte Louis Isidore Duperrey (1786–1865) als Hydrologe. Er kommandierte von 1822 bis 1825 das Schiff „La Coquille", mit dem er um die Welt segelte und insbesondere den Südpazifik erforschte. Auch Duperrey verfasste einen mehrbändigen Reisebericht „Voyage autour du monde" (Duperrey 1826–1830). Duperrey schuf zahlreiche erdmagnetische Karten, die in den von Heinrich Berghaus (1797–1884) herausgegebenen „Physikalischen Atlas" Eingang fanden (Berghaus 1845). Dieser Atlas – ein Novum in seiner Art – begleitete Humboldts „Kosmos". Humboldts in Paris lebender Freund François Arago verfasste eine ausführliche Darstellung über „Die Reise der Urania" und über „Die Reise der Coquille" (Arago–Werke 1854–1860: 4, S. 107–177).

Unter britischem Kommando: John Ross, Parry, Franklin, Beechey

Die unter britischem Kommando stehenden Expeditionen hatten vor allem ein Ziel: Das Auffinden einer Nordwestpassage im Norden von Kanada. Sie hatten auch wissenschaftliches Personal an Bord, wobei erdmagnetische Beobachtungen zu deren Aufgaben gehörten (Bravo 1992).

John Ross

Geboren 1777 trat John Ross bereits im Alter von nur neun Jahren in die Royal Navy ein. Zunächst war er insbesondere an Schlachten gegen die Franzosen beteiligt. Im Jahre 1818 verließ John Ross, der nunmehr in den Rang eines Kommandanten aufstieg, England mit dem Ziel, mit seinen beiden Schiffen „Isabella" und „Alexander" die Nordwestpassage im Norden Kanadas zu erkunden. Er wurde dabei von seinem Neffen James Clark Ross und von William Edward Parry (1790–1855) begleitet. Diese Reise fand ihren literarischen Niederschlag in Form einer Monographie, die 1819 sowohl in englischer als auch in deutscher Sprache veröffentlicht wurde (Ross John 1819).

1829 konnte John Ross eine aus privaten Mittel finanzierte zweite Polarexpedition auf dem Schiff „Victory" unternehmen, an der auch sein Neffe James Clark Ross teilnahm. Ziel war die Erkundung der Umgebung des Nordpols, wobei man einen Magnetpol im Norden fand. Nachdem man mehrere Jahre im Eis gefangen war, gelang im Jahre 1834 die Rückkehr. Auch über diese Reise verfasste John Ross einen ausführlichen Bericht, der ins Deutsche übersetzt wurde (Ross John 1835).

William Edward Parry

William Edward Parry hatte, wie oben berichtet, an der von John Ross befehligten Expedition im Jahre 1818 teilgenommen, und zwar als Kommandant des kleineren

Schiffes „Alexander". Zu den Teilnehmern auf diesem Schiff gehörte damals auch Edward Sabine. Parry verfasste über diese Reise ein Tagebuch, das 1819 sowohl in Englisch als auch in deutscher Übersetzung veröffentlicht wurde (Parry 1819).

Die Erkundung der Nordwestpassage war auch das Ziel aller seiner weiteren Fahrten. Seine zweite Fahrt – die erste, die ganz unter seinem Kommando stand – führte William Parry in den Jahren 1819 und 1820 auf den Schiffen „Hecla" und „Griper" durch. Diese führte abermals in den Norden von Kanada, wiederum gehörte Edward Sabine zu den Teilnehmern. Auch über diese Reise veröffentlichte Parry einen ausführlichen Bericht, der in Englisch und in deutscher Übersetzung erschien (Parry 1821).

Parrys nächste Arktisexpedition erfolgte bereits in den Jahren 1821 bis 1823; kurz darauf erschien sein Bericht (Parry 1824). Es waren wiederum zwei Schiffe daran beteiligt, nämlich die „Hecla" und die „Fury". Seine dritte und letzte Expedition auf den Schiffen „Hecla" und „Fury" konnte Parry in den Jahren 1824 und 1825 durchführen, dabei erlitt das Schiff „Fury" Schiffbruch. Die gesamte Mannschaft konnte auf der „Hecla" heimkehren. Auch diese Reise fand in einer umfangreichen Publikation ihren Niederschlag (Parry 1826). Einer der Teilnehmer der dritten Fahrt Parrys war der Polarforscher Henry Foster (1796–1831). Foster leitete in den Jahren 1827 bis 1831 eine erste britische Expedition in die Antarktis, bei der er ums Leben kam.

John Franklin

Im Jahre 1818 verließen zwei Expeditionen England mit dem Auftrag, das Polarmeer bzw. die Nordwestpassage zu erkunden. Die eine unterstand dem Kommandanten John Ross (siehe Parrys erste Reise), die andere wurde von dem Kommandanten David Buchan (1780–1838) befehligt. An letzterer Expedition nahm John Franklin (1786–1847) teil, er war Kapitän der Brig „Trent". Auch Franklin war von dieser Reise so fasziniert, dass seine weiteren Expeditionen dem Auffinden der Nordwestpassage gewidmet waren. Seine zweite Forschungsreise während der Jahre 1819 bis 1822 auf dem Forschungsschiff „Prince of Wales" wäre beinahe zu einem Fiasco geworden: Die Mannschaft musste überwintern und wäre fast verhungert (Franklin 1823). Es gab berühmte Expeditionsteilnehmer, wie George Back (1796–1878) und Robert Hood (1796–1821). Dennoch fand schon drei Jahre später in den Jahren 1825 bis 1827 eine dritte Reise an die Küsten des Polarmeeres unter dem Kommando von John Franklin statt (Franklin 1828). Von Franklins vierter Polarreise in den Jahren 1845 bis 1847 kehrte niemand zurück, die zwei Schiffe „Terror" und „Erebus"[18] wie auch die gesamte Mannschaft blieben verschollen. Erst im September 2014 konnten Reste eines der Schiffe, nämlich des „Erebus", aufgefunden werden.

Frederick William Beechey

Frederick William Beechey (1796–1856) war im Jahre 1818 Seemann auf dem Schiff „Trent", das John Franklin befehligte und das unter dem Kommando von

[18] Erebus bedeutet Dunkel.

David Buchan stand. In den Jahren 1819/1820 nahm Beechey an Bord der „Hecla" an Parrys erster Reise ins Polarmeer teil. Nachdem er in der Zwischenzeit zum Kommandanten ernannt worden war, erhielt er im Jahr 1825 das Kommando über das Schiff „Blossom". Ziel war es, den Nordpazifik und den Nordatlantik zu erkunden. Diese Expedition währte bis 1828.

Unter russischem Kommando: Lütke

Friedrich Benjamin Lütke bzw. Fëdor Petrovič Litke (1797–1882) hatte bereits von 1817 bis 1819 an der dritten russischen Weltumsegelung teilgenommen,[19] die unter dem Kommando von Vasilij Michajlovič Golovnin (1776–1831) auf dem Schiff „Kamtschatka" stattfand. Während der Jahre 1821 bis 1824 leitete Lütke eine Expedition zur Erforschung der russischen arktischen Küstengewässer und von Kamtschatka, an der auch Pëtr Fëdorovič Anžu (Anjou) (1796–1869) und Ferdinand von Wrangel (1796–1879) teilnahmen. In seinem „Kosmos" hielt Humboldt fest:

> 1820–1824. Ferdinand von *Wrangel* und *Anjou* Reise nach den Nordküsten von Sibirien und auf dem Eismeere (Wichtige Erscheinungen des Polarlichts s. Th. II. S. 259) (Humboldt 1845–1862: 4, S. 66).

Von besonderer Bedeutung war Lütkes Weltumsegelung in den Jahren von 1826 bis 1829 auf den Schiffen „Senjavin" und „Moller" (Roussanova 2011a, S. 68f). Das war die vierte russische Weltumsegelung. Über diese Expedition veröffentlichte Lütke in den Jahren 1835/36 einen ausführlichen Reisebericht mit dem Titel „Voyage autour du monde" (Lütke 1835/1836). Humboldt erwähnte diese Reise und den daraus hervorgegangenen Bericht ebenfalls in seinem „Kosmos", wobei er darauf hinwies:

> Der magnetische Theil ist mit großer Sorgfalt bearbeitet 1834 von Lenz (Humboldt 1845–1862: 4, S. 67).

Emil Lenz (1804–1865), der an der Universität Dorpat (heute Tartu) studiert hatte, wurde 1835 ebenda Professor der Physik.

7.6.2 Expeditionen zu Lande: Russland

Russland war, und ist es heute noch, das größte Land auf der Erde. Seine Fläche ist größer als die sichtbare Oberfläche des Mondes, ließ Humboldt seine Zuhörer in St. Petersburg wissen (Briefwechsel Humboldt–Russland 2009, S. 275). Russland war in der Tat schon seit dem 18. Jahrhundert „das gelobte Land", was die Erforschung des Erdmagnetismus anbelangt. Diese Worte stammen von dem 1799 in Mitau (heute Jelgava) geborenen Adolph Theodor Kupffer, der im Jahre 1838 betonte:

[19] Die erste russische Weltumsegelung auf dem Schiff „Nadežda" war Adam Krusenstern in den Jahren 1803 bis 1806 zu verdanken. Die zweite russische Weltumsegelung erfolgte 1815 bis 1818 unter dem Kommando von Otto von Kotzebue (1787–1846) auf dem Schiff „Rjurik".

> Russland ist seit jeher das gelobte Land für Meteorologie und Magnetismus gewesen. Die Aufmerksamkeit aller Gelehrten des Auslandes, die sich mit diesem Gegenstande beschäftigen, war immer auf Russland gerichtet, und aus Russland hat man immer die Auflösung der wichtigsten Probleme, die Bestätigung oder die Wiederlegung [sic] der umfassendsten Hypothesen erwartet (zit. nach Rykačev 1900, S. 37*).

Es wurden bereits auf allen großen Expeditionen im 18. Jahrhundert, die der Erforschung Sibiriens dienten, auch erdmagnetische Beobachtungen gemacht (Roussanova 2011a, S. 56–67). Das riesige Reich sollte in jeder Hinsicht wissenschaftlich erforscht werden, auch der Erdmagnetismus spielte hierbei eine wichtige Rolle. Diese Tradition, die bis Anfang des 18. Jahrhunderts zurückreicht, wurde auch im 19. Jahrhundert fortgesetzt. Und stets war Sibirien mit seinen unermesslichen Weiten das Ziel. Es sollte aber nicht unerwähnt bleiben, dass damals auch Alaska noch zum russischen Territorium gehörte, genauer gesagt, der nordwestlichste Teil Nordamerikas war bis 1867 russisch.

Christopher Hansteen und Georg Adolf Erman: 1828–1830

Während Humboldts Expedition nach Sibirien im Jahre 1829 der russische Kaiser Nikolaj I. finanziert hatte, wurde die bereits 1828 beginnende Reise des norwegischen Astronomen und Physikers Christopher Hansteen vom schwedischen König finanziert. Ursprünglich wollte Hansteen diese Reise zusammen mit dem Mineralogen Balthasar Keilhau (1797–1858) unternehmen, da dieser jedoch verhindert war, sprang Christian Due (1805–1893), der Offizier, Hydrograph und Maler war, an seiner Stelle ein. Des Weiteren schloss sich der junge Deutsche Georg Adolf Erman (1806–1877) der norwegischen Gruppe an.[20] Zu Beginn der Reise war er erst 22 Jahre alt. Die Expedition von Hansteen war in viel stärkerem Maße als Humboldts Reise den erdmagnetischen Beobachtungen gewidmet. Hansteen, der die Meinung vertrat, dass es auf der Erde vier Magnetpole, zwei im Norden und zwei im Süden, geben würde, war auf der Suche nach einem dieser Magnetpole im Norden, den er in Sibirien vermutete.[21] Der Weg, den Hansteens Expeditionsgruppe nahm, war ähnlich dem Humboldtschen Reiseweg (Reich/Roussanova 2015b, Abschn. 2.10.2 und Anhang 2). Für eine Zeitlang begleitete auch Adolph Theodor Kupffer die Hansteensche Gruppe. Man gelangte bis Irkutsk und erreichte schließlich die am weitesten im Osten gelegene Stadt Kjachta. Erman hatte in Irkutsk die Gruppe verlassen und reiste weiter bis nach Kamtschatka, wo er mit der russischen Fregatte „Krotkij" nach Neuarchangelsk, einer russischen Siedlung auf der Insel Sitka in Alaska, San Francisco, Tahiti, Kap Horn, Rio de Janeiro, Portsmouth segelte. Schließlich landete er im September 1830 in der Hafenstadt Kronstadt vor St. Petersburg. Beide, sowohl Hansteen als auch Erman, verfassten ausführliche Reiseberichte, die teilweise erst sehr viel später veröffentlicht wurden (Hansteen 1854; Erman 1833–1848). Humboldt berichtete in seinem „Kosmos" über diese Expedition:

[20] Zu Christian Due und Georg Adolf Erman siehe Anhang 3.2.

[21] Zur Problematik der Anzahl der Magnetpole und der Definition eines Magnetpols siehe Good 1991, S. 159–164.

> 1828–1829. Reise von *Hansteen*, und *Due*, magnetische Beobachtungen im europäischen Rußland und dem östlichen Sibirien bis Irkutsk. 1828–1830. Adolf *Erman* Reise um die Erde durch Nord-Asien und die beiden Oceane, auf der russischen Fregatte Krotkoi. Identität der angewandten Instrumente, Gleichheit der Methode und Genauigkeit der astronomischen Ortsbestimmungen sichern diesem, auf Privatkosten von einem gründlich unterrichteten und geübten Beobachter ausgeführten Unternehmen einen dauernden Ruhm (Humboldt 1845–1862: 4, S. 68).

Daraus kann man entnehmen, dass auch Erman ein Instrument von Gambey für seine Beobachtungen benutzte, während Hansteen eigene Instrumente einsetzte (Enebak 2014).

Adolph Theodor Kupffer: 1829

Es war Alexander von Humboldt, der bereits 1804 die These aufgestellt hatte, dass die magnetische Intensität auf einem hohen Berg geringer als am Fuße des Berges sei (Reich 2011a, S. 37). In seinem „Kosmos" führte Humboldt dazu aus:

> Nimmt die Intensität der Erdkraft in uns erreichbaren Höhen bemerkbar ab? […] Meine eigenen Gebirgsbeobachtungen zwischen den Jahren 1799 und 1806[22] haben nur die Abnahme der Erdkraft mit der Höhe im ganzen *wahrscheinlich* gemacht, wenn gleich (aus den oben angeführten Störungs-Ursachen) mehrere Resultate dieser vermutheten Abnahme widersprechen (Humboldt 1845–1862: 4. S. 93–94).

Gleichzeitig mit der Russlandreise von Humboldt im Jahre 1829 wurde vom russischen Kaiser Nikolaj I. eine weitere Expedition finanziert, deren Ziel der Kaukasus war. Diese Expedition stand unter der Ägide von Adolph Theodor Kupffer, der von dem Dorpater Physiker Emil Lenz begleitet wurde. Kupffer verfasste eine ausführliche Reisebeschreibung mit dem Ttitel „Voyage dans les environs du mont Elbrouz dans le Caucase" (Kupffer 1830). Man wollte den höchsten Berg des Kaukasus (und Europas), den Elbrus (5.642 m), besteigen. Kupffer selbst erreichte den Gipfel zwar nicht, aber in der Tat konnte er Humboldts These bestätigen (Kupffer 1830, S. 69–90).[23]

In demselben Jahr 1829 gab es noch eine weitere äußerst spektakuläre Bergbesteigung. Friedrich Parrot (1791–1841) nämlich, Professor der Physik an der Universität Dorpat, erreichte, mit zahlreichen wissenschaftlichen Instrumenten ausgerüstet, das Gebiet des Ararat. Parrot gelang es tatsächlich, die Spitze des Berges – der Ararat ist 5.137 m hoch – zu erklimmen (siehe Reich/Roussanova 2011, S. 82, 574–577).

Humboldt erwähnte in seinem Brief an den Herzog von Sussex nur die Besteigung des Elbrus, aber nicht des Ararat.

---

[22] Im Jahre 1805 hatte Humboldt zusammen mit dem Chemiker Joseph Louis Gay-Lussac eine Italienreise unternommen, wobei man den Vesuv bestieg, um die These von der Abnahme der Intensität bei zunehmender Höhe zu überprüfen, siehe Reich 2011a, S. 38.

[23] Es gab auch Wissenschaftler, die Kupffers Ergebnis bezweifelten, siehe hierzu Humboldt 1845–1862: 4, S. 181f.

Georg Fuß und Alexander Bunge: 1830–1832

Die von 1830 bis 1832 währende Expedition in das Innere des asiatischen Kontinents verfolgte das Ziel, geographische Erkundungen, magnetische, barometrische, thermometrische, astronomische usw. Beobachtungen in Sibirien und in China durchzuführen. Es gab zwei Hauptakteure dieser Expedition: den Astronomen Georg Albert Fuß (1806–1854), Bruder des Ständigen Sekretärs der Akademie der Wissenschaften zu St. Petersburg Paul Heinrich Fuß, und den Arzt und Botaniker Alexander Bunge (1803–1890). Ein weiterer Expeditionsteilnehmer war der Hüttenverwalter und Bergingenieur Aleksej Ivanovič Kovan'ko bzw. Kowanko (1808–1870). Bunge und Humboldt hatten sich 1829 in Russland, nämlich in Barnaul, kennengelernt. Fuß und Bunge hielten sich vom Dezember 1830 bis zum Juni 1831 in Peking auf und zwar auf dem Gelände der Kaiserlich-Russischen Geistlichen Mission. Schon bald hegten sie den Plan, dort einen Magnetischen Pavillon einzurichten, der dann tatsächlich Ende des Jahres 1830 fertiggestellt werden konnte. Wie Peter Honigmann ausführt, erwähnte Humboldt später wiederholt, dass der Bau des Magnetischen Observatoriums in Peking auf seine Anregung zurückgegangen sei (Honigmann 1984, S. 75). Nach der Abreise von Fuß und Bunge übernahm Aleksej Kovan'ko die Aufgabe, regelmäßige magnetische Beobachtungen durchzuführen; er blieb sieben Jahre lang in Peking. Er erlernte die chinesische Sprache und erkundete China in naturwissenschaftlicher Hinsicht. Nachdem Fuß 1834 eine Kurzversion der Ergebnisse der Expedition in den „Astronomischen Nachrichten" veröffentlicht hatte (Fuß 1834), erschien im Jahre 1838 die Langversion (Fuß 1838), siehe hierzu Reich/Roussanova 2011, S. 82–84. In seinem „Kosmos" berichtete Humboldt:

> 1830. *Fuß* magnetische, astronomische und hypsometrische Beobachtungen [...] auf der Reise vom Baikal-See durch Ergi Oude, Durma und den, nur 2409 Fuß hohen Gobi nach Peking, um dort das magnetische und meteorologische Observatorium zu gründen, auf welchem *Kovanko* 10 Jahre lang beobachtet hat (Humboldt 1845–1862: 4, S. 70).

7.7 Entwicklungen in Göttingen

Die Schilderung der Entwicklungen in Göttingen nehmen etwa ein Fünftel des Umfangs von Humboldts Brief an den Herzog von Sussex ein. Humboldt erwähnte die Königliche Gesellschaft der Wissenschaften zu Göttingen in einem Atemzug mit dem Institut royal in Frankreich, genauer gesagt mit der Académie des Sciences, sowie der Kaiserlichen Akademie der Wissenschaften zu St. Petersburg (London-Original, S. 18). Damit ist klar, welche Stellung er Göttingen innnerhalb der internationalen Welt der Wissenschaften einräumte. Im Folgenden beschrieb Humboldt die Göttinger Einrichtungen zum Erdmagnetismus, den „Pavillon" sowie die besonderen, erst neu entwickelten Instrumente und deren Ablesung mittels eines Spiegels. An dieser Stelle muss bemerkt werden, dass Humboldt die Göttinger Einrichtungen erstmals im Jahre 1837 zu Gesicht bekam,[24] seine Beschreibungen beziehen sich also nur auf das, was er gehört und gelesen hatte. Während Humboldt Wilhelm Weber gar nicht erwähnt, spricht er vom „großen Geometer" Gauß. Was das Göttinger Netzwerk bzw. die Mitglieder des Göttinger Magnetischen Vereins anbelangt, so erwähnte Humboldt Kopenhagen, Altona, Braunschweig, Leipzig, Berlin sowie Mailand und Rom bzw. Neapel und Sizilien (London-Original, S. 20, 22). In Kopenhagen war es Hans Christian Oersted, der intensiv Anteil an den Göttinger Bestrebungen nahm. In Altona war Gauß' Freund Heinrich Christian Schumacher zuhause, der im Garten seines Wohnhauses in der Palmaille eine private, sehr gut ausgestattete Sternwarte besaß. Schumacher zeigte, allerdings nur am Anfang, Interesse an magnetischen Beobachtungen. Am 23./24. September 1834 befand sich Benjamin Karl Wolfgang Goldschmidt (1807–1851) in Braunschweig, wo er magnetische Beobachtungen durchführte.[25] Goldschmidt war seit 1834 Observator an der Göttinger Sternwarte. In Berlin wirkte Gauß' ehemaliger Schüler Franz Encke (siehe Kap. 3). In Leipzig war bereits 1816 Gauß' ehemaliger Schüler August Ferdinand Möbius (1790–1868) Außerordentlicher Professor der Astronomie an der dortigen Universität geworden. Möbius war eines der treuesten Mitglieder des Göttinger Magnetischen Vereins, von Anfang an führte er an der Leipziger Sternwarte eigene magnetische Beobachtungen aus, die er nach Göttingen sandte. Die von Humboldt erwähnten magnetischen Beobachtungen in Mailand, Rom, Neapel und Sizilien stehen mit Gauß' Schülern bzw. Studenten Johann Benedict Listing (1808–1882) und Wolfgang Sartorius von Waltershausen (1809–1876) in Verbindung. Beide hatten bei Gauß Vorlesungen über Erdmagnetismus gehört und waren schnell auch mit eigenen Beobachtungen in die Arbeitsmethoden und in die Ziele des Göttinger Magnetischen Vereins eingeweiht worden. Sartorius, der aus einem sehr begüterten Elternhaus stammte, konnte es sich leisten, seinen Studienfreund Listing zu einer Italienreise einzuladen, die von 1834 bis 1837 dauerte. Schon auf der Fahrt nach Italien machten die beiden an verschiedenen Orten magnetische Beobachtungen. In Italien war Mailand[26] mit seiner Sternwarte ein wichtiger Ort, danach folgten Rom, Neapel und schließlich Sizilien, wo man sich mehrere Jahre aufhielt (Reich 2012, S. 246–249).

Was die von Gauß und Weber neu entwickelten Instrumente, d.h. Magnetometer anbelangt, so nannte Humboldt die in Göttingen verwendeten Stäbe mit 4 und 25 Pfund, von den leichteren, einpfündigen Nadeln sprach er nicht.

Nicht nur Humboldt war der Meinung, dass die großen Stäbe eigentlich zu schwer, d.h. unhandlich seien. Aber Humboldt erwähnte auch die tragbaren Instrumente,[27] die Listing und Sartorius auf ihrer Italienreise mit sich führten. Hum-

[24] Alexander von Humboldt besuchte Göttingen im September 1837, als dort das 100-jährige Universitätsjubiläum gefeiert wurde (Reich 2011a, S. 45–47).

[25] Staats- und Universitätsbibliothek Göttingen, Cod. Ms. Magn. Verein 3 : 1834, Mappe September.

[26] Politisch gehörte Mailand damals zu Österreich.

[27] Wilhelm Weber verfasste folgende zwei Aufsätze über Magnetometer für Reisende: „Beschreibung eines kleinen Apparats zur Messung des Erdmagnetismus nach absolutem Maaß für Reisende" (Weber 1837) sowie „Das transportable Magnetometer" (Weber 1839a).

boldt möchte, wie aus seinem Schreiben an den Herzog von Sussex hervorgeht, die Entscheidung, welche Art von Instrumenten für zukünftige, noch zu errichtende Magnetische Observatorien die Besten seien, der Royal Society überlassen. Es besteht kein Zweifel darüber, dass Humboldt selbst den von Gambey hergestellten Boussolen den Vorzug gab (siehe hierzu auch Abschn. 7.4).

Humboldt kam auch auf den sogenannten Induktionsapparat zu sprechen (London-Original, S. 21). Wie aus der von Biermann veröffentlichten Analyse hervorgeht, hatte Humboldt das Magnetometer mit dem Induktionsapparat verwechselt (Biermann 1963, S. 216). In der Tat hatte Gauß diesen wie folgt erläutert:

> Ein solcher bei dem Apparat der Göttinger Sternwarte gebrauchter Inductor besteht in einer cylindrischen Rolle, im Lichten beinahe vier Zoll weit, um deren äussere Fläche ein mit Seide übersponnener Kupferdraht 3537 mal (in einer Länge von etwa 3600 Fuss) gewunden ist, dessen Enden mit der Kette in Verbindung gebracht sind. Zwei starke Magnetstäbe, jeder von 25 Pfund, sind zu Einem kräftigen Magnet verbunden. Das blosse Aufschieben der Rolle auf diesen Magnet bis zu dessen Mitte bewirkt in dem Draht, und der ganzen damit verbundenen Kette, mithin auch in den verschiedenen Multiplicatoren, welche Theile davon ausmachen, einen kräftigen galvanischen Strom, welcher also entsprechende Bewegungen in denjenigen Magnetnadeln hervorbringt, welche sich in den betreffenden Multiplicatoren befinden, und dessen Stärke durch die Magnetometer scharf gemessen wird. Der Strom dauert immer nur so lange, wie die Bewegung der Inductionsrolle (Gauß 1836, S. 41; Gauß–Werke: 5, S. 340).

Weber beschrieb später diesen Induktor in seinem Aufsatz „Der Inductor zum Magnetometer" in den „Resultaten aus den Beobachtungen des magnetischen Vereins im Jahre 1838" noch ausführlicher (Weber 1839b) und fügte eine Abbildung hinzu (vgl. Abb. 7.1).

Gleichzeitig veröffentlichte Weber noch eine Weiterentwicklung des Induktors, den sog. Rotationsinduktor (Weber 1839c).

Was die Beobachtungstermine anbelangt, so hatten Gauß und Weber in der Tat zunächst die von Humboldt vorgeschlagenen Termine übernommen. Dies waren an einem Termin 44 Stunden dauernde Beobachtungen, wobei jährlich sieben Termine wahrzunehmen waren (London-Original, S. 11, 21f). Aber schon bald änderte man in Göttingen die Termine, in Zukunft waren 24 Stunden dauernde Beobachtungen an sechs Terminen im Jahr vorgesehen. Humboldt erwähnt in seinem Brief an den Herzog (S. 20/21) „die letzten Samstage jedes Monats mit ungerade vielen Tagen". Hier musste Gauß korrigieren, um die Mitglieder des Göttinger Magnetischen Vereins nicht zu verwirren. In einer ebenfalls in den „Astronomischen Nachrichten" 1837 publizierten Note verbesserte er Humboldts Angabe. Wie Gauß und Weber bereits im November 1834 festgelegt hatten, waren nicht die Monate mit ungeraden vielen Tagen gemeint, sondern die ungeraden Monate, nämlich der erste, der dritte, fünfte, siebente, neunte und elfte (Gauß 1837a). Später wurde die Anzahl der Termine pro Jahr von sechs auf fünf und in den letzten beiden Jahren sogar auf vier Termine reduziert.[28]

[28] Für die Mitglieder des Göttinger Magnetischen Vereins waren für das Jahr 1837, wie bei Humboldt, 7 Termine angesagt, für 1838 waren dann 6 Termine, für 1839 5 Termine, und für die Jahre 1840 und 1841 je 4 Termine vereinbart worden, siehe Reich 2012, S. 244.

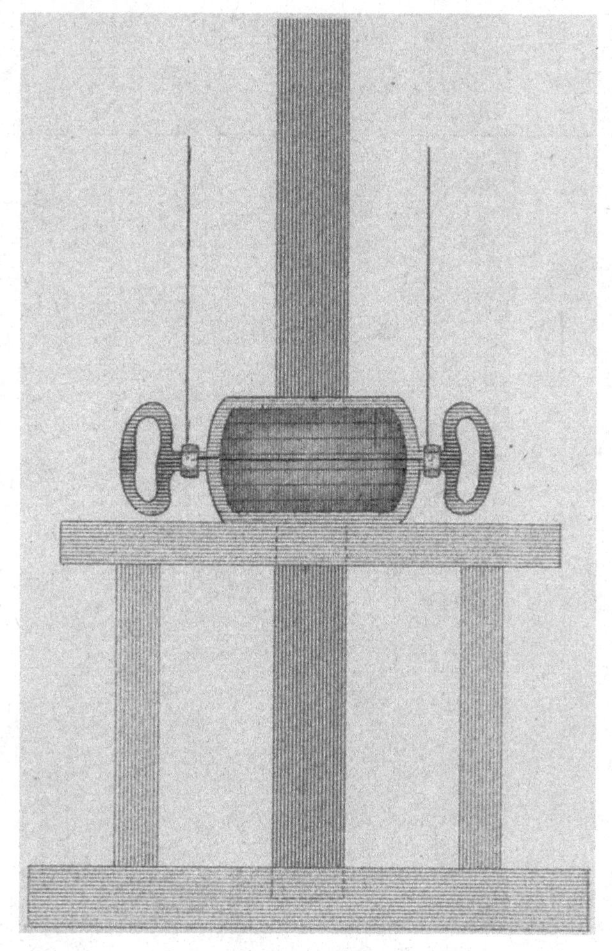

Abb. 7.1 Induktor von Wilhelm Weber (Weber 1839b, Fig. 8). Exemplar der © Staats- und Universitätsbibliothek Göttingen, Gauß-Bibliothek 230, Tafelband.

Auch hatten Gauß und Weber die von Humboldt neu eingeführte Methode der korrespondierenden Beobachtungen übernommen und im Laufe der Jahre perfektioniert. In der Tat nahmen an den korrespondierenden Beobachtungen zunehmend mehr Orte teil. So waren zum Beispiel an den Beobachtungen am 26./27. Februar 1841 16 Orte beteiligt (siehe Abb. 7.2), am 26./27. November 1841 20 Orte. Und für den Termin am 27./28. August 1841 brachten Gauß und Weber insgesamt 21 Kurven zu Papier![29]

Humboldt erwähnte in seinem Brief an den Herzog von Sussex die korrespondierenden Beobachtungen, die am 5. und 6. November 1834 in Kopenhagen und

[29] „Resultate aus den Beobachtungen des magnetischen Vereins im Jahre 1841", Tafel V: Nertschinsk, Barnaul, Catherinenburg, St. Petersburg, Upsala, Stockholm, Christiania, Copenhagen, Makerstoun, Breda, Brüssel, Göttingen, Berlin, Breslau, Cracau, Leipzig, Prag, Heidelberg, Kremsmünster, Genf, Mailand.

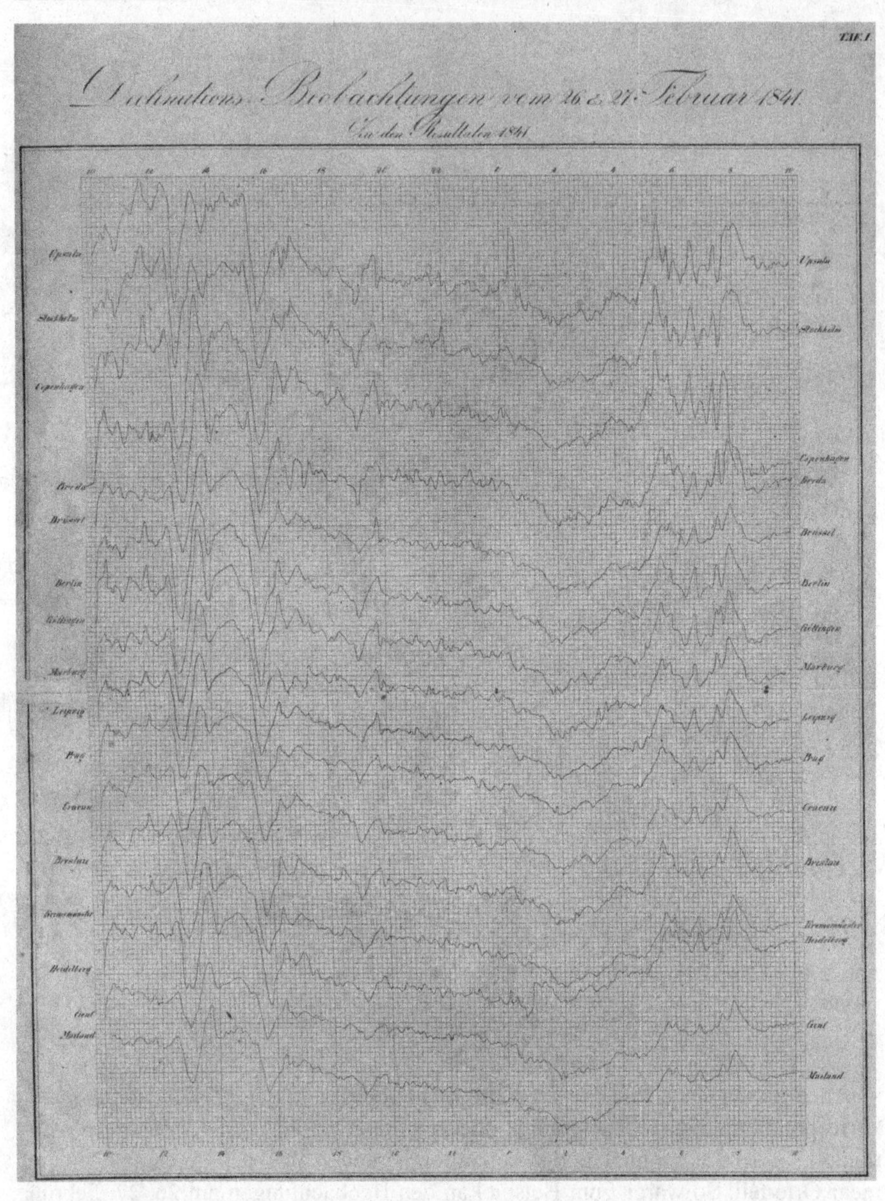

Abb. 7.2 Graphische Darstellung der korrespondierenden Deklinationsbeobachtungen am 26./27. Februar 1841. Folgende 16 Orte nahmen an den Beobachtungen teil: Upsala, Stockholm, Copenhagen, Breda, Brüssel, Berlin, Göttingen, Marburg, Leipzig, Prag, Cracau, Breslau, Kremsmünster, Heidelberg, Genf, Mailand. Aus: „Resultate aus den Beobachtungen des magnetischen Vereins im Jahre 1841", Tafel I. Exemplar der © Universitätsbibliothek Leipzig, Sign. Phys. 298-c.

Mailand ausgeführt worden waren. Gauß veröffentlichte die graphische Darstellung der Ergebnisse dieser Beobachtungen zweimal, einmal in den „Astronomischen Nachrichten" (Gauß 1835c) und ein weiteres Mal in Schumachers „Jahrbuch"

(Gauß 1836). Der auffallende Parallelismus der beiden Kurven wurde von Schumacher in seinem Jahrbuch umfangreich zur Kenntnis genommen und kommentiert,[30] siehe hierzu (Reich 2012, S. 240f).

7.8 Vorschläge für Standorte neu zu errichtender Magnetischer Observatorien

Im Jahre 1830 sprach Humboldt davon, dass vor allem auf der südlichen Hemisphäre der Neubau von Magnetischen Observatorien sehr wünschenswert wäre. Er nannte hierbei Neu-Holland, Kap der Guten Hoffnung,[31] Chile, Quito, Potosi[32] und schließlich auch noch Mexico (Dove 1830, S. 360).

In Großbritannien unterbreitete bereits im Jahre 1834 die British Association for the Advancement of Science Vorschläge, an vielen Stellen der Erde Magnetische und Meteorologische Observatorien, vor allem in den Kolonien, zu gründen. So empfahl das Committee of Recommendation im September 1834 auf der Tagung in Edinburgh:

> That it be represented to the Government of this country that the British Association conceive it would be of great service to science, if magnetical and meteorological observatories were established in several parts of the earth, furnished with proper instruments well constructed on uniform principles, and if provision were made for carful and continued observations at those places; – that in Great Britain and its colonies there are points favourable for such observations; and that it is the more desirable that the British nation should take a part in carrying them on, since a system of similar observations, as the Association is informed, has begun to be established in France[33] and its dependencies (Report 1835, S. XXXI).

Dieser Aufruf zeitigte aber keinerlei Wirkung, erst Humboldts Brief an den Herzog von Sussex war Erfolg beschieden.

In seinem Brief an den Herzog nannte Humboldt als gewünschte Standorte für Magnetische Observatorien Neu-Holland, Ceylon, die Insel Mauritius, das Kap der Guten Hoffnung sowie die Insel St. Helena,[34] einen Punkt auf der Ostküste Südamerikas und Quebec in Kanada (London-Original, S. 15f). Dies sind sieben Standorte. Nicht alle diese Wünsche gingen in Erfüllung, aber es wurden Observatorien an weiteren Orten errichtet, die Humboldt in seinem Brief nicht genannt hatte, so drei Standorte auf den Britischen Inseln und fünf Standorte in Indien bzw. Singapore (siehe Abschn. 10.1.1 und 10.1.2).

---

[30] Siehe Schuhmacher, Heinrich Christian: Jahrbuch für 1836. Stuttgart und Tübingen 1836, S. IV.

[31] Das Kap der Guten Hoffnung wurde im 19. Jahrhundert auf Deutsch als Vorgebirge der Guten Hoffnung bezeichnet.

[32] Potosi ist eine Stadt im südlichen Zentralbolivien.

[33] Diese Nachricht hatte offensichtlich François Arago mitgebracht, der 1834 an dieser Tagung in Edinburgh teilnahm, siehe Abschn. 7.3.

[34] Humboldt erwähnte an dieser Stelle, dass bereits John MacDonald magnetische Beobachtungen auf den Inseln Sumatra und St. Helena gemacht hatte, siehe MacDonald 1796 und 1798.

8 Publikationen von Humboldts Brief an den Herzog von Sussex vom 23. April 1836

Selbstverständlich wurde Humboldts Brief an den Herzog von Sussex in den Protokollen der Royal Society erwähnt, so am 5. Mai 1836: „A letter from Baron Humboldt addressed to His Royal Highness the President, and dated 23rd April, 1836, relating to a proposal for the cooperation of the Royal Society in carrying on a series of connected Magnetical Observations, was laid before the Council."[1] Im Folgenden sollen die einzelnen Publikationen von Humboldts Brief vorgestellt werden.

8.1 Heinrich Christian Schumacher: 1836

Die erste Veröffentlichung des Briefes an den Herzog von Sussex erfolgte – wie auch von Humboldt geplant – in den von Heinrich Christian Schumacher herausgegebenen „Astronomischen Nachrichten" (Humboldt 1836a), und zwar unter dem Titel „Ueber die Mittel den Erdmagnetismus durch permanente Anstalten und correspondirende Beobachtungen zu erforschen" (vgl. Abb. 8.1). Das fragliche Heft Nr. 306 enthält das Erscheinungsdatum „Altona 1836. Mai 9". Der veröffentlichte Brief selbst enthält kein genaues Datum. Festgehalten wird „Berlin, en Avril 1836", genau so, wie in der St. Petersburger Kopie. Der Beitrag hat folgenden Vorspann (vgl. Abschn. 6.2):

> Bei seinem letzten Aufenthalte in Paris hat Herr v. *Humboldt* von dem, die Wissenschaften sehr begünstigenden Seeminister Admiral *Duperré* das officielle Versprechen erhalten, daß im nächsten Frühjahre, bei Rückkehr der Expedition, die den unglücklichen *Blosseville* und seine Mannschaft sucht, eine Boussole für die stündliche Magnet-Abweichung von *Gambey* nach Island gebracht werde und dort verbleibe.[2] Wir glauben unsern Lesern einen angenehmen Dienst zu erzeigen, wenn wir Ihnen den Auszug eines Briefes (in der Ursprache) mittheilen, den derselbe hochberühmte Gelehrte vor kurzem an den *Herzog von Sussex, Präsidenten der Königlichen Societät zu London*, gerichtet hat (Humboldt 1836a, Sp. 281).

[1] Minutes of the Council of the Royal Society (1832–1846), S. 106.

[2] Das schreibt Humboldt selbst in seinem Brief, siehe London-Original, S. 9f.

K. Reich et al., *Alexander von Humboldts Geniestreich*,
DOI 10.1007/978-3-662-48164-6_8

ASTRONOMISCHE NACHRICHTEN.
№. 306.

Ueber die Mittel den Erdmagnetismus durch permanente Anstalten und correspondirende Beobachtungen zu erforschen.

Von *Alexander von Humboldt.*

Bei seinem letzten Aufenthalte in Paris hat Herr *v. Humboldt* von dem, die Wissenschaften sehr begünstigenden Seeminister Admiral *Duperré* das officielle Versprechen erhalten, daſs im nächsten Frühjahre, bei Rückkehr der Expedition, die den unglücklichen *Blosseville* und seine Mannschaft sucht, eine Boussole für die stündliche Magnet-Abweichung von *Gambey* nach Island gebracht werde und dort verbleibe. Wir glauben unsern Lesern einen angenehmen Dienst zu erzeigen, wenn wir ihnen den Auszug eines Briefes (in der Ursprache) mittheilen, den derselbe hochberühmte Gelehrte vor kurzem an den *Herzog von Sussex, Präsidenten der Königlichen Societät zu London*, gerichtet hat.

Monseigneur,

Votre Altesse Royale, noblement interessée aux progrès des connoissances humaines, daignera agréer, je m'en flatte, la prière que j'énonce avec une respectueuse confiance. J'ose fixer Son attention sur des travaux propres à approfondir, par des moyens précis et d'un emploi presque continu, les variations du *Magnétisme terrestre.* C'est en sollicitant la coopération d'un grand nombre d'observateurs zélés et munis d'instrumens de construction semblable, que nous avons réussi, depuis huit ans, Mr. *Arago,* Mr. *Kupffer* et moi, à étendre ces travaux sur une partie très-considerable de l'hémisphère boréal. Des *stations magnétiques* permanentes étant établies aujourd'hui depuis Paris jusqu'en Chine, en suivant vers l'est les parallèles de 40° à 60°, je me crois en droit, Monseigneur, de solliciter par Votre organe le concours puissant de la Société Royale de Londres pour favoriser cette entreprise et pour l'agrandir en fondant de nouvelles stations, tant dans le voisinage de l'équateur magnétique que dans la partie tempérée de l'hémisphère austral.

Un objet aussi important pour la Physique du Globe et pour le perfectionnement de l'art nautique est doublement digne de l'intérêt d'une Société qui, dès son origine, avec un succès toujours croissant, a fécondé le vaste champ des sciences exactes. Ce seroit avoir peu suivi l'histoire du développement progressif de nos connoissances sur le *Magnétisme terrestre* que de ne pas se rappeler le grand nombre d'observations précieuses qui ont été faites à différentes époques et qui se font encore dans les Iles Britanniques et dans quelques parties de la zone équinoxiale soumises au même Empire. Il ne s'agit ici que du désir de rendre ces observations plus utiles, c'est-à-dire plus propres à manifester de grandes lois physiques, en les coordonnant d'après un plan uniforme et en les liant aux observations qui se font sur le continent de l'Europe et de l'Asie boréale.

Ayant été vivement occupé dans le cours de mon voyage aux Régions équinoxiales de l'Amérique, pendant les années 1799—1804, des phénomènes de l'intensité des forces magnétiques, de l'inclinaison et de la déclinaison de l'aiguille aimantée, je conçus, au retour dans ma patrie, le projet d'examiner la marche des *variations horaires de la déclinaison* et les *perturbations* qu'éprouve cette marche, en employant une méthode que je croyois n'avoir point encore été suivie sur une grande échelle. Je mesurai à Berlin dans un vaste jardin, surtout à l'époque des solstices et des équinoxes, pendant les années 1806 et 1807, d'heure en heure (souvent de demi-heure en demi-heure) sans discontinuer pendant quatre, cinq ou six jours et autant de nuits, les changemens angulaires du méridien magnétique. Mr. *Oltmanns*, avantageusement connu des astronomes par ses nombreux calculs de positions géographiques, voulut bien partager avec moi les fatigues de ce travail. L'instrument dont nous nous servions, étoit une *lunette aimantée* de Prony, susceptible de retournement sur son axe, suspendue d'après la méthode de *Coulomb*, placée dans une cage de verre et dirigée sur une mire très-éloignée dont les divisions, éclairées pendant la nuit, indiquoient jusqu'à six ou sept secondes de variation horaire. Je fus frappé en constatant la régularité habituelle d'une *période nocturne*, de la fréquence des perturbations, surtout de ces oscillations dont l'amplitude dépassoit toutes les divisions de l'échelle, qui se répétoient souvent aux mêmes heures avant le lever du soleil et dont

13r Bd. 19

Abb. 8.1 Erste Veröffentlichung des Briefes von Alexander von Humboldt an den Herzog von Sussex in den „Astronomischen Nachrichten" (Humboldt 1836a, hier Sp. 281–282). Exemplar der © Universitätsbibliothek Leipzig, Sign. Astron. 154.

In der Tat könnte das von Schumacher hier gebrauchte Wort „Auszug" zu Missverständnissen führen. Der veröffentlichte Brief stimmt nämlich wortwörtlich mit dem in London befindlichen Original überein, er wurde also nicht, wie man vermuten könnte, gekürzt. Aber es gibt Abweichungen hinsichtlich der Schreibweise.

a) Schumacher verwendet die Schreibweise „ai“ anstelle vom früher in Gebrauch befindlichen „oi“, so z. B. Schumacher: connaissance (Sp. 281); London-Original: connoissance (S. 1), und öfter.
b) Ferner steht bei Schumacher „tems“ (z. B. Sp. 284), während im London-Original „temps“ steht (S. 6) und öfter.
c) Schumacher: pied (Sp. 284), London-Original: pié (S. 7) und öfter.
d) Auch schreibt Schumacher stets „et“; in der Londoner Handschrift steht stattdessen in den meisten Fällen „&“.
e) Es kommen Abweichungen hinsichtlich der Groß- und Kleinschreibung vor: Schumacher: „Amiral“ (Sp. 285), London-Original: „amiral“ (S. 9) und öfter
f) Abweichungen in den Akzenten, z. B. Schumacher „côtes“ (Sp. 285), London-Original: „cotes“ (S. 9); Schumacher: „ile“ (Sp. 288), London-Original: „ île“ (S. 15);
g) Schumacher: „Iles“ (Sp. 282), London-Original: „Isles“ (S. 2).
h) Abweichungen in der Zeichensetzung: Kommata und Strichpunkte stimmen nicht unbedingt überein.
i) Schumacher verwendet Kursivierungen, die im Londoner Original kein Pendant haben.
j) Im London-Original kommen Unterstreichungen vor, die in der Schumacherschen Edition kein Pendant haben.
k) Schumacher verwendet gelegentlich Abkürzungen, die im Original nicht stehen, z. B. Schumacher „S.M.“ (Sp. 284), London-Original „Sa Majesté“ (S. 6), Schumacher: „V.A.R.“ (Sp. 292), London-Original „Votre Altesse Royale“ (S. 22).
l) Unterschiedliche Verwendung von Bindestrichen: Schumacher: très-voisin“ (Sp. 286), London-Original: „très voisin“ (S. 11). Schumacher: „1822–1825“ (Sp. 288). London-Original: „1822 à 1825“ (S. 16).
m) Apostrophe: Schumacher: „que ainsi“ (Sp. 284), London-Original: „qu’ainsi“ (S. 8).
n) hochgesetzte Buchstaben: Schumacher „Mr.“ (Sp. 281), „Mrs.“ (Sp. 286, „St.“ (Sp. 284); London-Original: „M^{r}.“ (S. 1), „M^{rs}.“ (S. 12), „S^{t}.“ (S. 6) und öfter.
o) Schumacher „4^{h}“ (Sp. 286), London-Original „4^{hs}“ (S. 11).

8.2 David Brewsters Übersetzung ins Englische: 1836

David Brewster (1781–1868) war ein herausragender Physiker, der insbesondere auf dem Gebiet der Optik wirkte. Er hatte in Edinburgh studiert und lebte zunächst ohne feste Einkünfte als Privatgelehrter von seinen wissenschaftlichen Erkenntnissen. 1808 wurde er Fellow der Royal Society of Edinburgh. In demselben Jahr übernahm Brewster die Redaktion der „Edinburgh Encyclopedia“. Von 1819 bis 1826 gab er zusammen mit Robert Jameson (1774–1854) das „Edinburgh Philosophical Journal“ heraus, danach wurde er Herausgeber des „Edinburgh Journal of Science“ und schließlich Mitherausgeber des „London and Edinburgh Philosophical Magazine“. 1815 wurde er Fellow der Royal Society in London, die ihn in demselben Jahr mit der Copley-Medaille auszeichnete. 1826 wurde er Mitglied der Königlichen Gesellschaft der Wissenschaften in Göttingen und 1827 der Königlich Preußischen Akademie der Wissenschaften zu Berlin.

Erst im Jahre 1838 bekam Brewster eine Stelle an einer Universität, und zwar in St. Andrews, wobei er keine Lehrverpflichtung zu erfüllen hatte. Schließlich wurde er 1859 Principal and Vice-Chancellor of the University of Edinburgh (Morrison-Low 2004).[3]

Brewster und Humboldt hatten sich sicher schon frühzeitig kennengelernt und standen in Briefwechsel. So gibt es in der Alexander-von-Humboldt-Forschungsstelle in Berlin mehrere Briefe aus der Zeit von 1832 bis 1853, die Brewster und Humboldt miteinander wechselten.[4]

Im Zusammenhang mit Humboldts Schreiben an den Duke of Sussex ist vor allem Humboldts Brief vom 28. Mai 1836 an David Brewster von großem Interesse. Hier nämlich bat Humboldt um Veröffentlichung seines Briefes an Augustus Frederick in einer der von Brewster herausgegebenen Zeitschriften. Wegen der Bedeutung dieses Briefes soll dieser hier sowohl in der französischen Originalsprache als auch in deutscher Übersetzung wiedergegeben werden.

Brief von Alexander von Humboldt an David Brewster vom 28. Mai 1836 (Potsdam).

Transkription anhand einer Kopie des Briefes, die in der Alexander-von-Humboldt-Forschungsstelle der Berlin-Brandenburgischen Akademie der Wissenschaften vorhanden ist.[5]

Monsieur

C'est un devoir bien doux à remplir, Monsieur, que de Vous offrir mes affectueux remercîmens de l'obligeante notice que Vous avez bien voulu me donner par Votre lettre en date du 16 mai, de l'accueil dont S. A. R. Mr le Duc de Sussex a daigné honorer lex voeux que j'ai osé exprimer relativement aux stations magnétiques. J'espère que par Votre ancienne amitié pour moi, Vous voudrez bien calmer ceux qui seroient tentés de trouver ma démarche importune. J'ai cru remplir un devoir et faire une chose utile aux progrès des sciences physiques. Quoique la lettre que j'ai soumise à S. A. R. étoit assez lisiblement écrite, j'ai pourtant cru qu'un exemplaire imprimé pourroit en faciliter la lecture. Vous m'obligeriez beaucoup, mon respectable ami, si peutêtre Vous trouviez occasion de faire réimprimer quelque part, dans un de Vos journaux littéraires, cette lettre en anglais ou en français.

Agréez, je Vous supplie, l'expression de la haute considération avec laquelle j'ai l'honneur d'être

Monsieur
Votre très-humble et
très-obéissant serviteur
Alexandre de Humboldt.
Potsdam,
ce 28 mai 1836.

[3] Brewster wurde im Jahre 1847 mit dem Preußischen Orden Pour le mérite für Wissenschaften und Künste (Friedensklasse) ausgezeichnet.

[4] Nach Auskunft der Alexander-von-Humboldt-Forschungsstelle in der Berlin-Brandenburgischen Akademie der Wissenschaften sind dort 6 Briefe bekannt: Brewster an Humboldt 27.6.1832, Humboldt an Brewster 28.5.1836, Brewster an Humboldt 1846, Brewster an Humboldt vor dem 19.2.1847, Brewster an Humboldt 1.3.1847 und Brewster an Humboldt 26.3.1853.

[5] Das Original des Briefes sollte sich im British Museum in London befinden, Sign. Cat. Add.32441, Fol. 314. Dort aber ist dieser Brief nicht (mehr) nachweisbar. Der Standort des Originalbriefes ist unbekannt.

In deutscher Übersetzung:

Mein Herr,

Es ist eine sehr süße Pflicht zu erfüllen, mein Herr, Ihnen meine tief empfundenen Danksagungen für den verbindlichen Bericht darzubieten, den Sie mir freundlicherweise durch Ihren Brief mit Datum vom 16. Mai gegeben haben, für die Aufnahme mit der Ihre Königliche Hoheit, der Herzog von Sussex, geruht hat, die Wünsche zu ehren, die ich gewagt habe, hinsichtlich der magnetischen Stationen auszudrücken. Ich hoffe, dass Sie auf Grund Eurer alten Freundschaft für mich freundlicherweise diejenigen beruhigen werden, die versucht wären, mein Anliegen aufdringlich zu finden. Ich habe geglaubt, eine Pflicht zu erfüllen und eine nützliche Sache für die Fortschritte der physikalischen Wissenschaften zu tun. Obwohl der Brief, den ich Ihrer Königlichen Hoheit vorgelegt habe, recht leserlich geschrieben war, habe ich dennoch geglaubt, dass ein gedrucktes Exemplar die Lektüre erleichtern könnte. Sie würden mich sehr verpflichten, mein verehrungswürdiger Freund, wenn Sie vielleicht eine Gelegenheit fänden, diesen Brief irgendwo in Englisch oder in Französisch in einer ihrer literarischen Zeitschriften nachdrucken zu lassen.

Empfangen Sie, bitte, den Ausdruck meiner Hochschätzung, mit der ich die Ehre habe, mein Herr,

Ihr sehr untertäniger und sehr gehorsamer Diener
Alexander von Humboldt zu sein.
Potsdam, den 28. Mai 1836.

Es dauerte nicht lange, schon im Juli 1836 erschien die Übersetzung von Humboldts Brief ins Englische: „Letter from Baron von Humboldt to His Royal Highness the Duke of Sussex, K. G., President of the Royal Society of London, on the Advancement of the Knowledge of Terrestrial Magnetism, by the Establishment of Magnetic Stations and corresponding Observations" (Humboldt 1836b). Der Erscheinungsort war die damals von David Brewster, Richard Taylor (1781–1858) und Richard Phillips (1767–1840) herausgegebene Zeitschrift „The London and Edinburgh Philosophical Magazine and Journal of Science".

Brewster hatte dafür gesorgt, dass der ganze Text übersetzt wurde, also keine Kürzungen vorgenommen wurden. In der Publikation wurde erwähnt: „We translate this letter from Schumacher's Astronomische Nachrichten, No. 306, which has been kindly communicated to us for the purpose." Welcher Person die Übersetzung zu verdanken war, wurde nicht gesagt. Es könnte also durchaus auch Brewster selbst gewesen sein.

Sowohl der Magnetismus als auch der Erdmagnetismus gehörten zu Brewsters eigenen Arbeitsgebieten, hatte er doch im Jahre 1831 ein umfangreiches Werk dem Magnetismus gewidmet (Brewster 1831) und im Jahre 1837 den entsprechenden Artikel für die 7. Auflage der „Encyclopaedia Britannica" veröffentlicht, der unter dem Titel „A Treatise of Magnetism" auch als Monographie erschien (Brewster 1837).

8.3 Antoine César Becquerel: 1840, 1846

Antoine-César Bécquerel (1788–1878), geboren in Châtillon-sur-Loing am 7. März 1788, besuchte die École centrale de Fontainebleau, wo er dank eines sehr guten Mathematiklehrers die Mathematik zu schätzen lernte, sowie das Lycée Henri IV in

Paris, wo er Augustin-Louis Cauchy (1789–1857) kennenlernte, mit dem er ein Leben lang befreundet war. 1806 wurde Becquerel Schüler der École polytechnique, ihm stand sowohl eine zivile als auch eine militärische Karriere offen. 1808 wurde er als Élève-sous-lieutenant du génie an die École d'application in Metz geschickt, die er 1809 als Lieutenant du second verließ. In der Folgezeit diente er unter dem General Suchet in Spanien. 1813 verließ er die Armee als Capitaine et Chevalier de la Légion d'honneur, wobei er aber 1814 nochmals für kurze Zeit im Einsatz war. Becquerel wurde Sous-Inspecteur an der École polytechnique. Erst jetzt begann er sich den Wissenschaften zu widmen, zunächst der Mineralogie. Die elektrischen Eigenschaften der Mineralien führten ihn zur Elektrizitätslehre und zum Magnetismus. 1828 wurde er Professor de physique appliquée à l'histoire naturelle am Muséum national d'histoire naturelle in Paris. Am 20. April 1829 wurde er Membre de la section physique générale der Pariser Académie des Sciences. Am 18. Februar 1835 wurde Becquerel zum korrespondierenden Mitglied der Königlich Preußischen Akademie der Wissenschaften zu Berlin gewählt, der Vorschlag stammte von dem Mineralogen Eilhard Mitscherlich (1794–1863) und dem Physiker Paul Erman (1764–1851).[6] Auch wurde Becquerel am 27. April 1837 Foreign Member der Royal Society of London. Im Jahre 1837 bekleidete Becquerel bei der Académie des Sciences das Amt des Vizepräsidenten und 1838 wurde er deren Präsident. Er veröffentlichte 529 wissenschaftliche Werke, darunter auch zahlreiche Lehrbücher. Becquerels Verdienste auf dem Gebiet der Physik sind so gewaltig, dass sein Name auf gleicher Stufe zusammen mit den Namen André-Marie Ampère und François Arago genannt werden muss (Barral 1879).

Im Jahre 1834 begann Becquerel sein sechsbändiges Werk „Traité expérimental de l'électricité et du magnétisme" zu veröffentlichen, dessen sechster und letzter Textband im Jahre 1840 erschien.[7] In diesem präsentierte Becquerel auch eine Edition von Humboldts Brief an den Herzog von Sussex: „Lettre de M. de Humboldt à S. A. R. monseigneur le duc de Sussex, président de la Société royale de Londres, sur les moyens propres à perfectionner la connaissance du magnétisme terrestre par l'établissement de stations magnétiques et d'observations correspondantes" (Becquerel 1834–1840: 6, S. 435–449). Von dieser Edition wurde bislang in der Rezeption von Humboldts Brief an den Duke of Sussex keinerlei Notiz genommen.

Im Jahre 1846 erschien Becquerels umfangreiche Monographie „Traité complet du magnétisme". In diesem Werk wurde wiederum der Brief von Humboldt an den Herzog von Sussex auf den Seiten 435 bis 449 abgedruckt, wie schon 1840. Auch in diesem Werk – wie schon in der 1840 erschienenen Ausgabe – wurden keinerlei Angaben zur Quelle gemacht. Von dieser zweiten Edition nahm bereits ein späterer Autor Notiz, nämlich Cawood in seinem Aufsatz „The Magnetic Crusade" (Cawood 1979, S. 505).

---

[6] Archiv der Berlin-Brandenburgischen Akademie der Wissenschaften, PAW (1811–1945) II-V-110, Bl.42, 43.

[7] Als siebter Band fungiert der „Atlas pour la seconde partie du 5 volume, le 6 volume et le 7 volume" [sic]. Paris 1840. Das in der Staatsbibliothek zu Berlin – Preußischer Kulturbesitz befindliche Exemplar mit der Signatur 2°My 5268 umfasst 28 Blätter.

Interessanterweise stimmt Becquerels veröffentlichte Version des Briefes von Humboldt an den Duke of Sussex nicht vollständig mit der überein, die Schumacher in seiner Edition in den „Astronomischen Nachrichten" präsentierte. Es gibt Abweichungen hinsichtlich der Orthographie, der Akzente, der Zeichensetzung usw. Es gibt aber auch Abweichungen vom Wortlaut, und zwar an folgenden drei Stellen:

a) Becquerel S. 435: la prière que je lui adresse avec une respectueuse confiance. Schumacher Sp. 281: la prière que j'énonce avec une respectueuse confiance.
b) Becquerel S. 446: cette lettre à la Société royale qu'elle préside, Schumacher Sp. 289: cette lettre à la Société illustre que vous présidez,
c) Becquerels Text endete mit „Je dois rappeler en finissant, que deux voyageurs instruits, MM. Sartorius et Listing, munis d'instruments de petites dimensions et très portatifs, ont employé avec beaucoup de succès la méthode du grand géomètre de Gœttingue dans leurs excursions à Naples et en Sicilie." Becquerel hatte dabei „Je dois rappeler aussi" durch „Je dois rappeler en finissant" ersetzt. Den letzten Absatz, d. h. das Briefende, hatte Becquerel ganz weggelassen.

Natürlich könnte Becquerel diese Änderungen – sie sind ja nur geringfügig – selbst ersonnen haben. Er könnte aber auch eine andere Vorlage benutzt haben, die diese Änderungen bereits enthielt. So ist nicht ganz auszuschließen, dass ihm als Präsidenten der Académie des Sciences eine weitere Kopie von Humboldts Original-Brief zur Verfügung stand (siehe hierzu Abschn. 6.3).

8.4 Jean de La Roquette: 1865

Für die folgende Darstellung wurde die Biographie von Limouzin-Lamothe, einem der zwei Herausgeber des „Dictionnaire de Biographie Française" zugrunde gelegt, der La Roquette im Alphabet unter „Dezos" einreihte und nicht, wie sonst üblich, unter La Roquette (Limouzin-Lamothe 1967).

Jean Bernard Marie Alexandre Dezos de La Roquette (1784–1868), Sohn eines Offiziers, wurde am 31. Oktober in Castelsarrasin im Département Tarn-et-Garonne geboren. Während der französischen Revolution emigierte La Roquette nach Paris, wo er in der Verwaltung tätig war, und zwar als Chef de bureau à la caisse d'amortissement und später als Directeur de correspondance à l'administration des fonds des pays conquis. Im Jahre 1814 wurde er Capitaine d'état-major de la garde nationale de Paris. Während Napoleons 100 Tage währender Herrschaft befehligte er „une compagnie de volontaires royalistes". Bis 1825 wirkte er als Redakteur im Kabinett. La Roquette ist seit 1819 durch viele Publikationen hervorgetreten, die oftmals geographischen und historischen Inhalts waren. Zeitweise war er Chefredakteur des „Bulletin de la Société de géographie". Er war Mitglied sehr vieler, vor allem geographischer Gesellschaften, so in Paris, London, New York, Genf, St. Petersburg, Madrid, Lissabon, Kopenhagen und Norwegen. La Roquette starb am 9. August 1868 in Paris.

Der Korrespondenz Alexander von Humboldts widmete sich La Roquette erst in fortgeschrittenem Alter. So erschien 1865 unter seiner Ägide Humboldts „Correspondance scientifique et littéraire", in der er auch Humboldts Brief an den Herzog von Sussex veröffentlichte: „Alex. de Humboldt A S. A. R. Le Duc de Sussex, Président de la Société Royale de Londres" (La Roquette 1865, S. 338–357). La Roquette kannte Schumachers Edition in den „Astronomischen Nachrichten" aus dem Jahre 1836 sowie die ebenfalls 1836 erschienene englische Übersetzung. Aber er erwähnte an keiner Stelle Becquerels Editionen aus den Jahren 1840 und 1846. La Roquette wusste nicht, in welcher Sprache Humboldt seinen Originalbrief geschrieben hatte, sei es in Deutsch, Englisch oder Französisch:

> Man sieht weder, warum das „*Philosophical Magazine*" diese Mitteilung der Royal Society in London nicht *unmittelbar* erhalten hat, noch in welcher Sprache der Originalbrief geschrieben wurde. Wäre das in Englisch, in Deutsch oder in Französisch?[8] (La Roquette 1865, S. 446).

So präsentierte La Roquette eine Übersetzung des englischen Textes ins Französische. Eine Übersetzung der Übersetzung ergibt natürlich nicht den Originaltext, und so klingt La Roquettes Text ganz anders als der von Humboldt geschriebene Brief.

Posthum, im Jahre 1869, wurde noch ein weiterer Band mit ausgewählter Korrespondenz von Humboldt, vorbereitet von La Roquette, veröffentlicht (La Roquette 1869).

8.5 Ernst Schering: 1887

Ernst Christian Julius Schering (1833–1897) wurde am 13. Juli im Forsthaus Sandbergen bei Bleckede an der Elbe (Kreis Lüneburg) geboren. Er studierte am Polytechnikum in Hannover und an der Universität Göttingen, wo Carl Friedrich Gauß sein Lehrer war. Im Jahre 1857 promovierte Schering mit einer Arbeit „Zur mathematischen Theorie electrischer Ströme: Beweis der allgemeinen Lehrsätze der Electrodynamik insbesondere der Inductionslehre aus dem electrischen Grundgesetze", ein Jahr später habilitierte er sich mit der Arbeit „Ueber die conforme Abbildung des Ellipsoids auf der Ebene". 1860 wurde er Außerordentlicher und 1868 Ordentlicher Professor für Mathematik und Mathematische Physik an der Universität Göttingen. Schering oblag die Herausgabe der Gauß–Werke im Auftrage der Königlichen Gesellschaft der Wissenschaften zu Göttingen. Unter Scherings Ägide erschienen die Bände 1 bis 6 in den Jahren 1863 bis 1874, wobei die Bände 1 bis 5 in den Jahren 1870 bis 1880 noch eine zweite Auflage erlebten. Am 30. April 1877 hielt Schering die berühmte Festrede „Carl Friedrich Gauss' Geburtstag nach hundertjähriger Wiederkehr" (Schering 1877). Schering starb am 2. November 1897 in Göttingen (Wittmann 2009).

[8] Original: „On ne voit pas pourquoi le *Philosophical Magazine* n'a pas obtenu *directement* cette communication de la Société royale de Londres, ni en quelle langue la lettre originale a été écrite; serait-ce en anglais, en allemand ou en français?"

Im Jahre 1887 wurde Scherings Beitrag „Carl Friedrich Gauss und die Erforschung des Erdmagnetismus" in den „Abhandlungen der Königlichen Gesellschaft der Wissenschaften zu Göttingen" veröffentlicht (Schering 1887). Dies war Scherings Beitrag zur Feier des 150-jährigen Bestehens der Georgia Augusta, der Universität Göttingen, die 1737 unter der Ägide des britischen Königs George II. August (1683–1760, reg. ab 1727), der zugleich auch Kurfürst von Braunschweig-Lüneburg war, gegründet worden war. In dieser Abhandlung Scherings, die 79 Seiten umfasst, befindet sich auch ein abermaliger Abdruck von Humboldts Brief an den Duke of Sussex (Schering 1887, S. 9–21). Es handelt sich hierbei um einen Wiederabdruck des Briefes in französischer Sprache in der Form, wie ihn Schumacher 1836 veröffentlicht hatte (siehe Abschn. 8.1). Schering selbst machte keinerlei Angaben bezüglich der dem Brief zugrunde gelegten Quelle. Er bemerkte lediglich:

> Zur Darstellung der Entwicklung der Lehre vom Erdmagnetismus vor Gauss mag uns der Brief dienen, welchen Alexander von Humboldt zur Empfehlung der Errichtung von magnetischen Observatorien in den Englischen Colonieen [sic] an den Herzog von Sussex schrieb. Dieser für die Förderung der Wissenschaften begeisterte Herr war Praesident der Royal Society of London und Vice-Patron of the Royal Society of London; er hatte als Prinz Augustus Frederic von 1786 bis 1791 in Göttingen studirt[9] und bethätigte sein Wohlwollen für diese Universität unter Anderem auch dadurch, dass er im Jahre 1826 der Sternwarte eine von Hardy verfertigte ausgezeichnete astronomische Pendel-Uhr schenkte,[10] welche noch gegenwärtig die Haupt-Uhr in Göttingen ist (Schering 1887, S. 9).

8.6 Exkurs: Johann Lamont: 1840

Johann Lamont (1805–1879), ursprünglich John Lamont, wurde in Schottland geboren. 1817 kam er nach Regensburg, wo er seine Ausbildung im dortigen Schottenkloster erhielt. 1827 wurde er Gehilfe an der Sternwarte in Bogenhausen bei München; dort machte er schnell Karriere. So wurde er 1828 Adjunkt, 1833 kommissarischer und 1835 offizieller Direktor der Sternwarte. Im August/September 1839 bekam Lamont Besuch von Adolph Theodor Kupffer und Wilhelm Weber. Diese beiden Wissenschaftler konnten Lamont überzeugen, sodass im Jahre 1840 auf dem Gelände der Bogenhausener Sternwarte ein Magnetisches Observatorium errichtet wurde; dieses war durch einen unterirdischen Gang mit der Sternwarte verbunden. Bereits im August 1840 wurde dort mit den regelmäßigen Beobachtungen begonnen (Häfner/Soffel 2006, S. 14, 16, 66–84; Reich/Roussanova 2011, S. 370). Festzustellen ist aber, dass Lamont mit dem Göttinger Magnetischen Verein nicht kooperierte. Vor allem mit Weber gab es in den folgenden Jahren heftige Auseinandersetzungen wegen der Instrumente, d.h. wegen des Gewichts der verwendeten Magnetstäbe (Reich/Roussanova 2014a, S. 104f). Im Jahre 1853 wurde Lamont Professor für Astronomie an der Universität München.

In der dritten Ausgabe seines Jahrbuches, die 1840 erschien, veröffentlichte Lamont unter „Nachrichten" drei Berichte mit den Erdmagnetismus betreffenden Inhal-

[9] Siehe Abschn. 4.1.

[10] Siehe Abschn. 4.2.

ten, einen über die Sternwarte in Trevandrum in Südindien (siehe Abschn. 10.1.2), einen über Neue Magnetische Observatorien und einen über die Magnetischen Beobachtungen auf der Mailänder Sternwarte (Lamont 1840, S. 236–249).

Was seinen zweiten Bericht anbelangt, so begann Lamont seine Ausführungen wie folgt:

> *Neue magnetische Observatorien.* Eine merkwürdige Epoche in der Entwicklung des Erdmagnetismus bildet die in neuester Zeit unternommene Errichtung correspondirender magnetischer Observatorien, wodurch die Erdkugel gleichsam mit einem magnetischen Netze überzogen werden soll. Um dieses grossartige Unternehmen und den zu erwartenden Erfolg richtiger beurtheilen zu könnnen, wird es zweckmässig seyn, den Zusammenhang dessen, was gegenwärtig beabsichtigt wird, mit vorausgehenden Ereignissen und Veranlassungen kurz anzudeuten (Lamont 1840, S. 238).

Im Anschluss daran kommt Lamont auf Humboldts Brief an den Herzog von Sussex zu sprechen, den er teilweise wortwörtlich übersetzte und teilweise in Paraphrase und sehr gekürzt wiedergab (ebenda, S. 238–241). Lamont beschloss diese Ausführungen mit folgender Bemerkung:

> Diese gewichtvolle Anregung blieb nicht ohne den gewünschten Erfolg. Die grossartigen Maassregeln, wodurch das Britische Gouvernement den Vorstellungen der königl. Societät entsprechend, die Untersuchung des Erd-Magnetismus zu fördern beschlossen hat, werden am besten aus folgenden insbesondere den Astronomen des Continents zugestellten Circular (in englischer Sprache) entnommen werden können (Lamont 1840, S. 241).

Es folgt nunmehr eine Übersetzung des Circulars ins Deutsche (ebenda, S. 241–245), siehe hierzu Anhang 5, in dem der Text in der englischen Originalsprache wiedergegeben wurde.

9 Christies und Airys Antwortschreiben vom 9. Juni 1836

9.1 Präliminarien

Humboldt selbst hielt seinen Brief an den Herzog von Sussex für eine „Bombe",[1] so in einem Brief an Encke, der vor dem 23. April 1836 verfasst worden ist:

> Es liegt mir am Herzen, ehe ich meine Bombe an die Kön[igliche] Societät absende (Briefwechsel Humboldt–Encke 2013, S. 169).

Die Antwort aus London ließ nicht lange auf sich warten. Die Autoren dieses Schreibens vom 9. Juni 1836 waren Samuel Hunter Christie und George Biddell Airy. Zunächst sollen die beiden Autoren vorgestellt werden.

9.1.1 Samuel Hunter Christie

Samuel Hunter Christie (1784–1865) studierte Mathematik am Trinity College in Cambridge.[2] 1806 wurde er zunächst Third mathematical Master an der Royal Military Academy in Woolwich; nach einer Umstrukturierung wurde er 1807 fifth mathematical Master, 1810 fourth, 1820 third, 1821 second und schließlich 1830 first mathematical Master. Im Jahre 1838 wurde er zum Professor für Mathematik ernannt, er blieb dies bis 1854. Die Royal Academy in Woolwich besaß damals eine beachtliche Anzahl großartiger Wissenschaftler und verfügte über sehr gut ausgestattete Laboratorien. Zeitweise gehörten z. B. Michael Faraday und Peter Barlow zu Christies Kollegen. So benutzte Faraday 1831 für seine berühmt gewordenen Experimente zur Induktion einen magnetischen Apparat von Christie.

Nachdem Christie 1826 Fellow der Royal Society geworden war, veröffentlichte er zahlreiche Beiträge in den „Philosophical Transactions". Christies wichtigstes

[1] Das Fachwort „Bombe" in der Bezeichnung „Sprengkugel" gibt es seit dem 17. Jahrhundert. Im 19. Jahrhundert entstanden Bezeichnungen wie Bombenerfolg, Bombenrolle, die aber vom jiddischen „pompe", pomphaft, abstammen.

[2] Zur Biographie von Christie siehe James 2004.

K. Reich et al., *Alexander von Humboldts Geniestreich*,
DOI 10.1007/978-3-662-48164-6_9

Forschungsgebiet war der Magnetismus. Im Jahre 1833 veröffentlichte er im Auftrage der British Association for the Advancement of Science den Bericht über den momentanen Stand der Kenntnisse auf dem Gebiet des Erdmagnetismus „Report on the state of our knowledge respecting the Magnetism of the Earth" (Christie 1834). Christie präsentierte hier einen Streifzug durch die Geschichte der Erforschung des Erdmagnetismus, der im 13. Jahrhundert beginnt. Dabei wurde das Hauptaugenmerk auf Großbritannien gelegt. Er kommt auf die gegenwärtigen Geophysiker wie Barlow, Sabine und Airy, aber auch auf Kupffer und Hansteen zu sprechen. Den krönenden Abschluss bildet ein Blick auf Gauß, wobei Christie auch einige Skepsis bezüglich der Schwierigkeiten bei der praktischen Anwendung äußert. Im letzten Satz verleiht er dann der Hoffnung Ausdruck, dass in Greenwich reguläre magnetische Beobachtungen gemacht werden sollten:

> Of all the data requisite for determining the laws which govern the phaenomenon of the variation, the time of the maxima und their magnitude are most important. I trust that ere long the important desideratum will be supplied of a regular series of magnetical observations in the national Observatory of Great Britain (Christie 1834, S. 130).

Dieser Aufruf, ein nationales Magnetisches Observatorium in Großbritannien zu gründen, zeigte damals keinerlei Wirkung.

9.1.2 George Biddell Airy

Der 17 Jahre jüngere George Biddell Airy (1801–1892) hatte ebenfalls am Trinity College in Cambridge studiert. 1826 übernahm er den hochberühmten Lucasian Chair of Mathematics in Cambridge, den er aber nur für kurze Zeit innehatte. 1828 wurde er Professor für Astronomie und Experimentelle Philosophie sowie Leiter der neu errichteten Sternwarte in Cambridge. Im Jahre 1835 wurde er als siebter Astronomer Royal Direktor des Royal Greenwich Observatory. Es war Airy, der dafür sorgte, dass sofort, bereits im Jahre 1837, in Greenwich ein Magnetisches Observatorium errichtet wurde (siehe Abschn. 10.1.1). 1851 wurde er Präsident der British Association for the Advancement of Science. Es fehlte Airy nicht an akademischen Ehren, so wurde er z. B. 1834 Korrespondierendes Mitglied der Königlich Preußischen Akademie der Wissenschaften zu Berlin, 1836 Mitglied der Royal Soceity, 1840 Korrespondierendes Mitglied der Kaiserlichen Akademie der Wissenschaften zu St. Petersburg, 1851 Auswärtiges Mitglied der Königlichen Societät der Wissenschaften zu Göttingen. Von 1871 bis 1873 fungierte er als Präsident der Royal Society of London. Im Jahre 1854 wurde Airy mit dem Preußischen Orden Pour le mérite für Wissenschaften und Künste (Friedensklasse) ausgezeichnet.

9.2 Handschrift und Druckversion

Die Handschrift der von Christie und Airy verfassten Antwort mit dem Datum 9. Juni 1836 ist noch im Archiv der Royal Society vorhanden, sie umfasst 18 Seiten (vgl. Abb. 9.1) sowie eine kleine Anmerkung „Report on Baron Humboldt on Magnetic Observations. Read to the Council June 9. 1836".

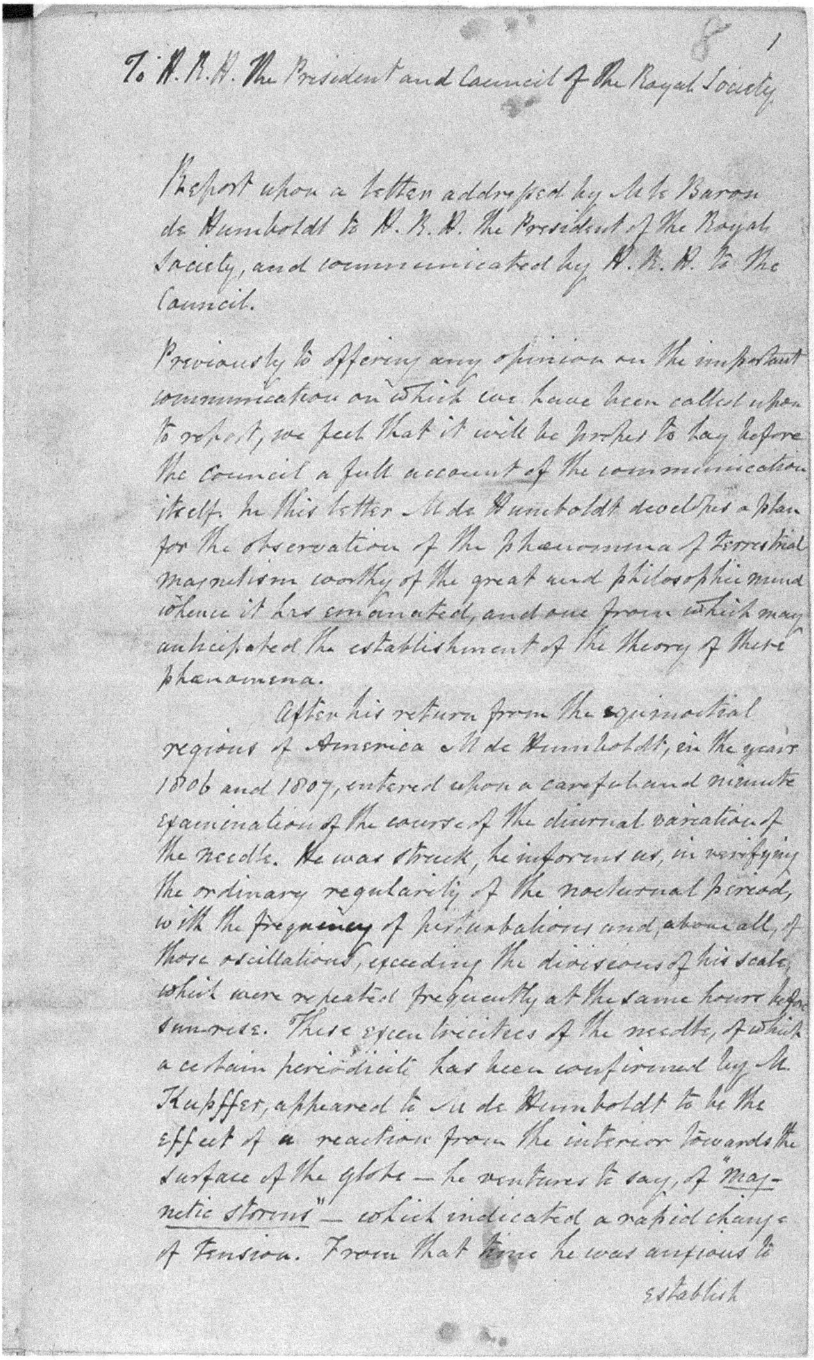

8 1

To H.R.H. the President and Council of the Royal Society

Report upon a letter addressed by M. le Baron de Humboldt to H.R.H. the President of the Royal Society, and communicated by H.R.H. to the Council.

Previously to offering any opinion on the important communication on which we have been called upon to report, we feel that it will be proper to lay before the Council a full account of the communication itself. In this letter M. de Humboldt developes a plan for the observation of the phenomena of Terrestrial magnetism worthy of the great and philosophic mind whence it has emanated, and one from which may anticipated the establishment of the theory of these phenomena.

After his return from the equinoctial regions of America M. de Humboldt, in the year 1806 and 1807, entered upon a careful and minute examination of the course of the diurnal variation of the needle. He was struck, he informs us, in verifying the ordinary regularity of the nocturnal period, with the frequency of perturbations and, above all, of those oscillations, exceeding the divisions of his scale, which were repeated frequently at the same hour before sunrise. These eccentricities of the needle, of which a certain periodicity has been confirmed by M. Kupffer, appeared to M. de Humboldt to be the effect of a reaction from the interior towards the surface of the globe – he ventures to say, of "magnetic storms" – which indicated a rapid change of tension. From that time he was anxious to

establish

Abb. 9.1 Erste und letzte Seite des Antwortbriefes von Samuel Hunter Christie und George Biddell Airy an Alexander von Humboldt vom 9. Juni 1836. © Royal Society, Archives, Sign. AP 20 8, S. 1, 18.

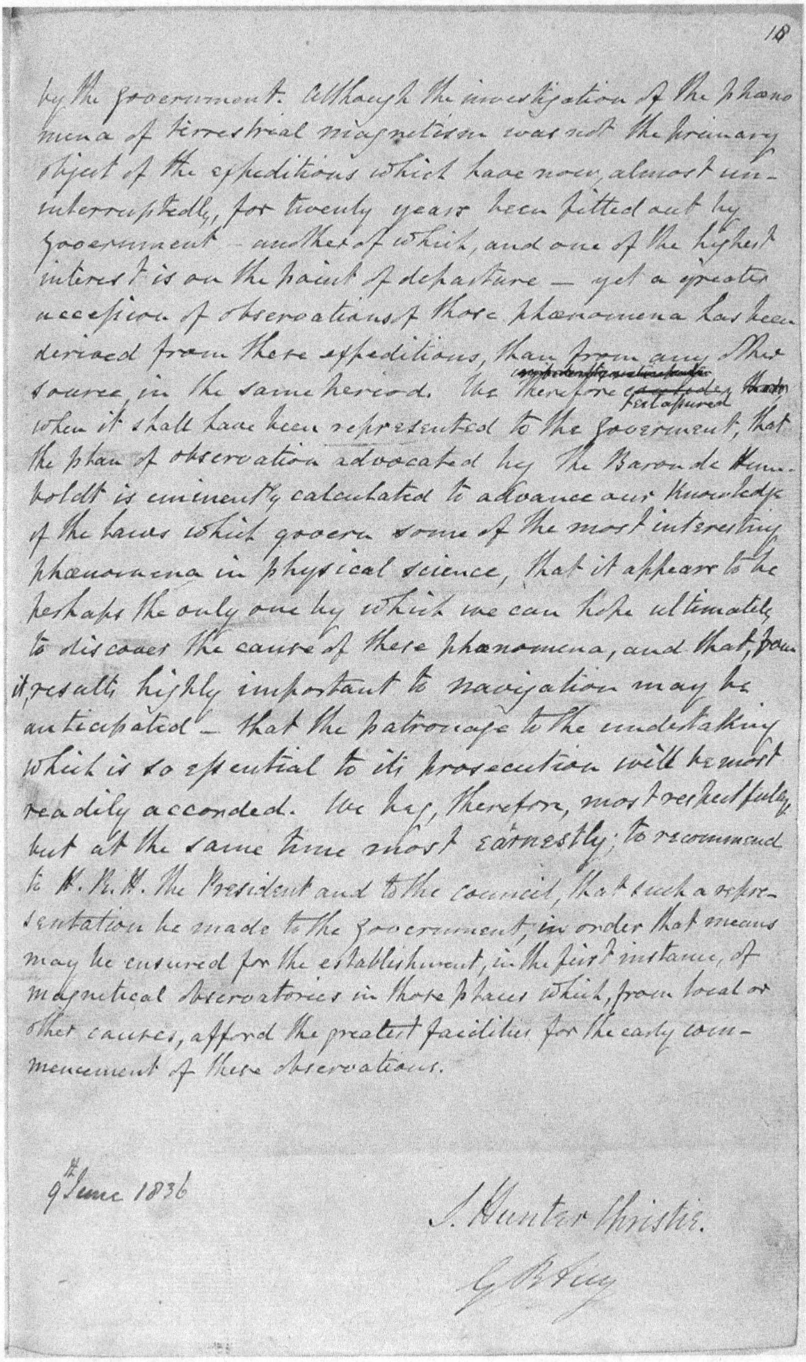

18

by the Government. Although the investigation of the phænomena of terrestrial magnetism was not the primary object of the expeditions which have now, almost uninterruptedly, for twenty years been fitted out by Government – another of which, and one of the highest interest is on the point of departure – yet a greater accession of observations of those phænomena has been derived from these expeditions, than from any other source in the same period. We therefore ~~conclude that~~ feel assured when it shall have been represented to the Government, that the plan of observation advocated by the Baron de Humboldt is eminently calculated to advance our knowledge of the laws which govern some of the most interesting phænomena in physical science, that it appears to be perhaps the only one by which we can hope ultimately to discover the cause of these phænomena, and that, from its results highly important to navigation may be anticipated – that the patronage to the undertaking which is so essential to its prosecution will be most readily accorded. We beg, therefore, most respectfully but at the same time most earnestly, to recommend to H.R.H. the President and to the council, that such a representation be made to the Government, in order that means may be ensured for the establishment, in the first instance, of magnetical observatories in those places which, from local or other causes, afford the greatest facilities for the early commencement of these observations.

9th June 1836

S. Hunter Christie.

G B Airy

Abb. 9.1 (Fortsetzung)

In den Protokollen der Royal Society wurde am 9. Juni 1836 vermerkt:

> A Report from the Committee appointed to consider the letter from Baron Humboldt, addressed to His Royal Highness the President, was presented and read to the Council.
> Resolved, – That this Report be received, and ordered to be read to the Society, and printed in its Proceedings: and also that 250 extra copies of it be printed.
> Resolved, – That a Committee be appointed to consider the best means of carrying into effect the measures recommended in the above Report, and to draw up an estimate of the expense which would be requisite for each Observatory: and that such Committee consist of the Treasurer and Secretaries, the Astronomer Royal, Mr. Christie, Mr. Lubbock,[3] and Mr. Whewell;[4] with power to add to their numbers.
> A letter was read from Mr. Pentland,[5] offering his earnest cooperation in the objects contemplated in Baron Humboldt's letter, during his residence in South America, having been appointed Council-General to the Republic of Bolivia.
> Resolved, – That the Thanks of the Council be given to Mr. Pentland for his obliging offer, and that his letter be referred to the above Committee.[6]

Im darauffolgenden Jahr 1837 wurde das Schreiben von Christie und Airy an Humboldt unter dem folgendem Titel veröffentlicht: „Report upon a Letter addressed by M. le Baron de Humboldt to His Royal Highness the President of the Royal Society, and communicated by His Royal Highness to the Council" (Christie/Airy 1837). Dieses Antwortschreiben vom 9. Juni 1836 erschien auch als Sonderdruck, jedoch ohne Jahresangabe, d.h. wohl 1836. Die Staatsbibliothek zu Berlin – Preußischer Kulturbesitz, verfügt über einen derartigen Sonderdruck, der die Signatur My 3000-8 trägt. Dieser in Berlin vorhandene Sonderdruck hat kein Titelblatt und umfasst 11 Seiten.

Der Originaltext des Antwortbriefes von Christie und Airy an Humboldt vom 9. Juni 1836 wird in der vorliegenden Studie erstmals präsentiert, siehe Anhang 2 (weiter Christie/Airy-Original). Die gedruckte Version stimmt mit der Handschrift nicht vollständig überein. Alle Abweichungen wurden in der Edition des Originaltextes in den Fußnoten festgehalten. Es sind in der Regel nur kleinere Varianten, die keine wesentlichen Veränderungen des Textes darstellen. Lediglich am Anfang der S. 15 des Originalmanuskriptes wurde ein längerer Absatz eingeschoben, der nur in der Druckversion vorhanden ist. Hier ist Joseph Barclay Pentland erwähnt, dessen Namen auch in den oben erwähnten Protokollen steht.

---

[3] John William Lubbock, third Baronet (1803–1865), Astronom und Bankfachmann.

[4] William Whewell (1794–1866), britischer Philosoph, 1818 Assistant mathematics Tutor in Cambridge, 1828 ebenda Professor für Mineralogie, 1838 Professor für Moralphilosophie und 1841 Master of Trinity.

[5] Joseph Barclay Pentland (1797–1873), von 1836 bis 1839 britischer Generalkonsul in La Paz, siehe Anhang 3.2.

[6] Minutes of the Council of the Royal Society (1832–1846), S. 110f.

9.3 Inhalt

Im ersten Teil (Christie/Airy-Original, S. 1–8) werden die Inhalte des Humboldtschen Briefes rekapituliert, wobei die Reihe der von Humboldt aufgezählten aus England stammenden Erdmagnetiker, nämlich Gilpin, Beaufoy, Canton, sowie die Kapitäne Sabine, Franklin, Parry, Foster, Beechey, James Ross und Robert Hood (siehe London-Original, S. 12) noch durch die Namen des Marineoffiziers Sir George Back und des Astronomen George Fisher (1794–1873) ergänzt wird (Christie/Airy-Original, S. 4).[7]

Im zweiten Teil wird die eigene Meinung der Unterzeichner vorgestellt „we have now to offer our opinion upon the subject it embraces“ (Christie/Airy-Original, S. 9). Die Autoren lassen keinen Zweifel daran, für wie überaus wichtig sie beide Humboldts Anliegen halten. Nur sorgfältige Beobachtungen würden den Kenntnisstand zu erweitern erlauben. Und erst daraus könnten dann die Gesetze abgeleitet werden. Wie diese auch immer aussehen mögen, es sei eine der ureigensten Aufgaben der Royal Society, die sich „for the promotion of natural knowledge“ auf die Fahnen geschrieben hat, für die Vermehrung der Beobachtungsdaten Sorge zu tragen. Die Royal Society könne sich diesen Wünschen Humboldts gegenüber nicht taub stellen. Die Ungenauigkeit der Instrumente könne nur verbessert werden, indem man standardisierte Instrumente in festen Stationen einsetze. Auch müssten die Beobachtungsorte deutlich vermehrt werden. Das wäre auch für eine verbesserte Navigation vonnöten, denn Schiffe seien ohne die den Magnetismus beeinflussende Eisenteile nicht denkbar. Diese Maßnahmen könnten auch zu verbesserten erdmagnetischen Karten führen.

Was die Standorte für neu zu erbauende Magnetische Observatorien anbelangt, so nennen Christie und Airy als ersten Ort Quebec bzw. Montreal. Auf alle Fälle müsste ein Standort in möglichst großer nördlicher Breite gefunden werden, vielleicht in der Nähe der Hudson Bay, dem Fort Resolution oder am großen Sklavensee. Auch Nova Scotia oder Neufundland kämen dafür in Frage. Ferner sollte auch die Regierung der USA die Humboldtschen Vorschläge ernst nehmen und drei oder mehr Einrichtungen für magnetische Beobachtungen errichten. Als Vorbild hierfür könne Russland dienen, das sozusagen über eine Fülle von Observatorien im äußersten Nordosten verfüge. Diese sollten durch zahlreiche Stationen im Nordwesten ergänzt werden.

Was Humboldts Vorschläge New Holland, Ceylon, Mauritius, das Kap der Guten Hoffnung, St. Helena und Orte an der Ostküste Südamerikas anbelangt, so wollen Christie und Airy diese Vorschläge nur unterstützen. In der Tat sollte man Van Diemens Land den Vorzug gegenüber Paramatta geben, wo schon ein astronomisches Observatorium existiere, da Van Diemens Land wesentlich südlicher liege. Es fällt hierbei der Name Hobart, die Hauptstadt von Van Diemens Land, als möglicher Standort.

Auch die Island of Ascension (heute: Ascension Island) wäre eine gute Wahl, liege die Insel doch in der Nähe des magnetischen Äquators. Allerdings sei die

[7] Zu Back und Fisher siehe Anhang 3.2.

ganze Insel, wie auch St. Helena, vom Vulkanismus geprägt, was wiederum einen Einfluss auf den Erdmagnetismus ausübe bzw. ausüben könne. Auch könne man an eine Station in der Bucht von Benin in Westafrika denken, in die der Fluss Niger einmünde. Aber dort sei das Klima so ungünstig, dass man diesen Standort nicht empfehlen möchte. Was Indien anbelangt, fielen Humboldts Vorschläge auf fruchtbaren Boden, es werden die Städte Calcutta, Agra und Madras als mögliche Standorte genannt. Man ist sicher, dass die East India Company entsprechende Pläne unterstützen würde.

Auch Gibraltar und die Ionischen Inseln böten gute Standorte. Ferner könne man, Freiberg vergleichbar, an eine Beobachtungsstation tief unter der Erde in den Bergwerksschächten von Cornwall denken. Leicht mit Instrumenten auszustatten wären Neufundland, Canada, Halifax, Gibraltar, die Ionischen Inseln, St. Helena und Ceylon, auch Mauritius sei hier zu nennen. Ebenso sei die Niederlassung am Swan River in Westaustralien ein sehr wünschenswerter Standort. Zu nennen sei ferner das Kap der guten Hoffnung, wo sich gerade John Herschel aufhalte, der eine Zusammenarbeit sicher nicht verweigern würde. Gleichzeitig sollten an allen magnetischen Stationen auch meteorologische Beobachtungseinrichtungen aufgestellt werden, denn solche Beobachtungen an diesen Standorten seien sehr wertvoll, um die atmosphärischen Phänomene besser verstehen zu können.

Auch Gauß und Göttingen sowie die dort entwickelten Instrumente sind im Antwortschreiben von Christie und Airy thematisiert. Man äußert einige Vorbehalte gegen schwere Magnetstäbe, erstens weil kleine Schwankungen vielleicht nicht schnell genug wahrgenommen werden könnten und zweitens, weil so schwere Magnetstäbe auch die entsprechende Umgebung beeinflussen könnten, sodass Interferenzen aufträten. So müsse der Vorschlag, welche Instrumente an den neuen Stationen benutzt werden sollen, wohl überlegt sein, auch die Kosten spielten dabei eine Rolle. Nachdem schon Frankreich, Preußen, Hannover, Dänemark und Russland über fest eingerichtete magnetische Beobachtungsstationen verfügen, dürfe die „first maritime and commercial nation of the globe“ dem nicht nachstehen. Es sei ganz klar, dass eine derartige Einrichtung nicht von einzelnen Personen oder Institutionen gestemmt werden könne, sondern dass es dazu der Unterstützung durch die jeweilige Regierung bedürfe. Deshalb solle die britische Regierung nicht zögern, ein derartiges Unternehmen, wie die Gründung zahlreicher Magnetischer Observatorien, zu unterstützen. Den Nutzen hätten die Wissenschaften einerseits, aber auch die Navigation werde davon sehr profitieren.

Sodann kommen die beiden Autoren auf die Bedeutung von Expeditionen zu sprechen, gemeint sind stets Expeditionen zur See. Bislang seien zwar anlässlich zahlreicher Expeditionen dort auch magnetische Beobachtungen durchgeführt worden, dies aber sei nie ein wichtiges Ziel der bisherigen Expeditionen gewesen. Dennoch seien es gerade die Expeditionen gewesen, die wichtige Beobachtungsdaten hätten liefern können. Konkrete Vorstellungen werden hier aber nicht erwähnt.

Man kommt zu dem Schluss, dass die Pläne von Humboldt für unsere Kenntnisse über die Gesetze, denen die Phänomene gehorchen, von großer Bedeutung seien, sodass vielleicht die Ursache des Phänomens des Erdmagnetismus entdeckt werden könne, von dem Nutzen für die Navigation ganz zu schweigen. Christie und Airy bitten daher mit allem nötigen Respekt und Ernst, den Präsidenten der Royal Society und das Gremium, das Regierungsvorschläge unterbreitet, die nötigen Mittel für die Einrichtung von Magnetischen Observatorien an solchen Orten bereitzustellen, die dafür besonders geeignet sind, um dort so schnell wie möglich mit den Beobachtungen beginnen zu können.

Fazit ist, dass keine Vorschläge für auf den Britischen Inseln zu errichtende Magnetische Observatorien gemacht wurden. Was Übersee anbelangt, so schließt man sich im wesentlichen Humboldts Vorschlägen an, zieht aber noch weitere Vorschläge bezüglich möglicher Standorte in Erwägung. Es wurde zwar die Bedeutung von Expeditionen für magnetische Beobachtungen erwähnt, aber konkrete Vorschläge wurden hier nicht vorgestellt.

9.4 Reaktionen von Humboldt und Gauß

Humboldt hatte das Antwortschreiben von Christie und Airy offensichtlich zügig erhalten, denn am 30. Juli 1836 ließ er Gauß wissen:

> Es freut mich, daß der Anstoß, den ich durch meinen *magnetischen* Brief an den Herzog von Sussex in London gegeben, die königliche Societät endlich aus ihrem Winterschlafe und *Somnambulismus* erweckt hat. Der Antrag ist sehr, sehr freundlich aufgenommen und der lange schon gedruckte Bericht von Airy und Christie, den mir der englisch-deutsche Herr König unter dem 8. d. M. schickt, schlägt weit mehr Stationen in der Südsee, Ost- und West-Indien vor, als ich zu erwarten wagte. [...] Der Report (11 Seiten lang vom 9. Juni) schlägt zunächst als leicht zu errichtende Stationen vor: Neufundland, Halifax, Gibraltar, die Jonischen Inseln, St. Helena, Paramatta, Mauritius, Madras, Ceylon und Jamaica.[8] Die Kön. Societät soll Geld vom Gouvernement fordern und dem Gouvernement wird es vorläufig als grosse Schande vorgehalten, wenn es taub bleibe. Zur Berathung über Wahl, Anfertigung und Vergleichung der Instrumente (man geht auf stündliche und absolute Abweichung, Inclination und Intensität, auch auf meteorologische gleichzeitige Beobachtungen aus) soll ein eigenes Comittée ernannt werden. Pentland,[9] der zum General-Consul in Bolivia ernannt ist und den auf mein Gesuch Lord Palmerston mit Instrumenten reichlich versieht, soll Apparate aufstellen an der Südsee-Küste und auf 9000 Fuß Höhe. Das klingt alles sehr schön. Es gährt: möge es mehr als Schaum geben. Über Ihren Apparat will man noch nicht sich erklären, da ich ihn doch so sehr empfohlen, „the method adopted by Mr. Gauß being already before the Royal Society in a memoir which has been communicated by him, it is necessary here to enter into the explication given by Mr. de Humboldt." Am Ende (p. 10) kommt wieder vor: „We may, however, in the mean time" (ehe das Comittée die Instrumente gewählt hat) „offer a remark on the apparatus of Mr. Gauß." Da wird denn sonderbar albern behauptet, daß so vortrefflich auch sehr schwere Magnete die regelmässige stündliche Bewegung angeben mögen, so würden sie doch nicht für plötzliche Perturbationen empfänglich genug sein. „We apprehend that the great weight of the needles would prevent their recording the sudden and extraordinary changes in the direction of the magnetic force, which are, probably, due to atmospheric changes." Darauf eine andere

[8] Allerdings erwähnten Christie und Airy in ihrem Antwortschreiben Jamaica nicht als möglichen Standort, dies ist ein Irrtum Humboldts. Jamaica wurde erst in der gedruckten Version als möglicher Standort hinzugefügt (Christie/Airy 1837, S. 425).

[9] Zu Pentland siehe Anhang 3.2.

> „very serious objection", daß so wirksame mächtige Magnetstäbe zu weit umher wirken!! Und das Aufstellen anderer Apparate unmöglich machen. Hat man denn in London nicht gelesen, was bereits von Ihren Apparaten geleistet ist, wie gerade der Parallelismus der Curven sich auf die Perturbationen (sudden changes) bezieht. Verzeihen Sie, theurer Freund, die Flüchtigkeit dieser Zeilen und erhalten Sie Ihrem wärmsten Verehrer die Gewogenheit, auf die er so stolz ist (Briefwechsel Humboldt–Gauß 1977, S. 50–52).

In seiner Antwort von Anfang August 1836 hakte Gauß, was die Kritik an seinen schweren Magnetstäben anbelangt, nach, und schilderte Humboldt im Detail, welche Stäbe er ab 1831 ausprobiert habe und zu welchen Ergebnissen er gekommen sei:

> Indessen will ich Ihnen nicht verschweigen, daß ich selbst zu Anfang (1832) erst furchtsam zum Gebrauch schwererer Stäbe, als bis dahin gebraucht waren, fortschritt. Ich habe in den ersten Monaten des Jahres 1831 eine fast unzählbare Menge Versuche mit kleinern Nadeln von wenigen Lothen gemacht, wagte mich erst später an Einpfündige, noch später an 2 und 4 pfündige und erst 1834 an 25pfündige.[10] In ein unbekanntes Land tritt man immer erst mit einiger Schüchternheit, erst unter dem Schirm der *Erfahrung* gewinnen wir *festen* Fuß, und vertauschen die *dunkeln* einschüchternden Besorgnisse gegen eine helle klare Zuversicht. In der That zeigt mir nur die *Erfahrung* täglich den ganz unermeßlichen Vorzug der schweren Stäbe und ihre augenblickliche höchste Empfindlichkeit für *reelle* Ursachen.
> Wenn freilich die Committée nur solche „sudden and extraordinary changes *which are due to atmospheric changes*" im Sinne hat, so hat sie ganz recht, daß die schweren Stäbe dafür lange nicht so empfindlich sind, wie die leichten, nemlich für die *localen* Einflüsse, die die Atmosphere mechanisch durch Bewegung ausübt. Aber dann wäre es allerdings albern, dies wie einen Grund *gegen* schwere Stäbe zu betrachten; es ist gerade der Hauptgrund *dafür*, denn diese localen (im Zimmer, wo man beobachtet, residirenden) Einflüsse der Atmosphere sind gerade das, was man *vermeiden* will und was, weil es bei leichten Nadeln fast gar nicht ganz vermieden werden kann, diese unbrauchbar macht (Briefwechsel Humboldt–Gauß 1977, S. 54).

Auch ließ Gauß Humboldt wissen, dass die in dem Brief an den Herzog von Sussex erwähnten Beobachtungstermine des Göttinger Magnetischen Vereins einen Fehler enthielten, siehe hierzu Abschn. 7.7.

Im August bekam Gauß von seinem in Altona wirkenden Freund Heinrich Christian Schumacher ein Exemplar von Christies und Airys Antwort zugesandt:

> Ich sende Ihnen, mein theuerster Freund, mein so eben erhaltenes Exemplar. Es ist Unsinn über ihren Apparat darin. Möchten Sie mir nicht ein paar ostensible Worte darüber schreiben (wenn Sie nicht direct an Airy schreiben mögen), die ich ihm gleich senden werde? (Briefwechsel Gauß–Schumacher 1860–1865: 3, S. 107).

Gauß antwortete am 17. August 1836 in einem sehr ausführlichen und viele Seiten umfassenden Brief (ebenda, S. 108–112), indem er abermals seine Meinung und seine Erkenntnisse zu allen ihn betreffenden Punkten des Antwortbriefes von Christie und Airy vorstellte, siehe hierzu Biermann 1977, S. 11f.

[10] Anmerkung von Gauß in einer Fußnote: „Wir haben jetzt auch 50pfündige Stäbe erhalten, die wir jedoch schwerlich aufhängen, sondern hauptsächlich als Streichmittel gebrauchen werden."

10 Auswirkungen von Humboldts Brief

Humboldts Brief an den Herzog von Sussex vom 23. April 1836 sorgte weltweit für eine Aufbruchstimmung, was die Erforschung des Erdmagnetismus anbelangt, und dies nicht nur in Großbritannien, sondern auch in anderen Ländern wie z. B. in den USA, deren Kooperation ja bereits in dem Brief von Christie und Airy erwähnt wurde (siehe Christie/Airy-Original, S. 13). Auch in Russland kam es zu neuen Impulsen, die im Zusammenhang mit Humboldts Brief zu sehen sind (siehe Abschn. 10.4). In ganz besonderem Maße aber profitierte Göttingen von dieser neuen Lage, denn Göttingen entwickelte sich nach Humboldts Brief zu einem Zentrum, zu dem wissenschaftlichen Mittelpunkt fast aller Unternehmungen auf dem Gebiet des Erdmagnetismus. Überall, weltweit, verwendete man „Göttingen mean time", und dies auch dann noch, als es das Zentrum Göttingen schon lange nicht mehr gab.[1]

10.1 Unter dem Einfluss von Großbritannien neu gebaute Magnetische Observatorien

Waren früher in Großbritannien die Vorschläge, feste erdmagnetische Stationen ins Leben zu rufen, auf taube Ohren gestoßen, so hatte sich nunmehr das Klima geändert. Auf der siebten Versammlung der British Association for the Advancement of Science im September 1837 in Liverpool konnte Edward Sabine erklären:

> Viewed in itself and in its various relations, the magnetism of the earth cannot be counted less than one of the most important branches of the physical history of the planet we inhabit; and we may feel quite assured, that the completion of our knowledge of its distribution on the surface of the earth, would be regarded by our cotemporaries and by posterity as a fitting enterprise of a maritime people; and a worthy achievement of a nation which has ever sought to rank foremost in every arduous undertaking (Sabine 1838, S. 85).

[1] Z. B. von den Brüdern Hermann, Adolph und Robert Schlagintweit während ihrer von Großbritannien und der East India Company, finanzierten Expedition nach Indien und Hochasien in den Jahren 1854–1858 (Schlagintweit 1861, S. 313 und öfter).

K. Reich et al., *Alexander von Humboldts Geniestreich*,
DOI 10.1007/978-3-662-48164-6_10

Es war vor allem Edward Sabine, der hinter allen neuen Einrichtungen stand und diese koordinierte (Collier 2013). Er verstand es mit seinem Talent für Organisation, dass nunmehr alle Institutionen in Großbritannien, die als Kooperationspartner in Frage kamen, an einem Strang zogen: allen voran die Royal Society, aber eben auch die British Association for the Advancement of Science, die East India Company, die Army und die Royal Navy bzw. die Admiralität. Insgesamt wurden 12 neue Magnetische Observatorien geschaffen, drei auf den Britischen Inseln, fünf in Indien und Singapore, ein in Kanada und drei in Übersee durch die Ross-Expedition. Bemerkenswert ist, dass Humboldt in seinem Brief an den Herzog von Sussex gar keine Magnetischen Observatorien auf den britischen Inseln und in Indien bzw. Singapore vorgeschlagen hatte, seine für magnetische Beobachtungen gewünschten Orte lagen bevorzugt in der südlichen Hemisphäre. Großbritannien, das vorher, was feste Beobachtungsstationen anbelangt, ein Niemands- bzw. ein Null-Land war, überholte damit sogar Russland, das mit seinen zunächst acht Stationen vorher unangefochten den ersten Platz eingenommen hatte. Großbritannien wurde damit zu einem Partner bzw. Konkurrenten von Russland, wo man nach 1838 sogar über zehn feste Stationen verfügte.

Eines hatten alle die neu gegründeten, britischen Beobachtungsstationen gemeinsam, sie waren nicht nur für erdmagnetische, sondern auch für meteorologische Beobachtungen zuständig und dies weltweit. Das bedeutete also nicht nur einen ungeheueren Aufschwung auf dem Gebiet des Erdmagnetismus, sondern auch auf dem Gebiet der Meteorologie.

In Großbritannien gab es kein Zentrum, in dem die Daten koordiniert und ausgewertet worden wären. Folglich gab es auch keine Zeitschrift, die diese Aufgabe übernommen hätte. Fast jede Station veröffentlichte ihre Daten in einer besonderen Reihe, darüber hinaus wurden gelegentlich auch die Daten von einem oder mehreren Orten in wissenschaftlichen Zeitschriften veröffentlicht. Aber – und das ist bemerkenswert – die einzelnen britischen Stationen lieferten die beobachteten Daten nach Göttingen, solange dort der Magnetische Verein existierte.

10.1.1 Auf den Britischen Inseln: Dublin, Greenwich, Makerstoun

Irland: Dublin

Die zwei bedeutendsten Erdmagnetiker in Großbritannien in den 1830er Jahren waren Humphrey Lloyd und Edward Sabine, beide waren in Dublin geboren. So war es naheliegend, dass als erster Standort Dublin ausgewählt wurde, als es um den Bau eines neuen Magnetischen Observatoriums in Großbritannien ging. Humphrey Lloyd wirkte schon seit 1831 als Professor der Experimentalwissenschaften am Trinity College in Dublin. Sabine beschrieb die Details wie folgt:

> The respect and consideration with which the Baron von Humboldt's letter was received in all parts of the United Kingdom, bear unquestionable testimony to the judgment of the illustrious individual by whom this appeal was adventured. In the spring 1837, the University of Dublin, at the instance of Dr. Lloyd, at that period Professor of Natural Philosophy in the

University, voted the necessary funds for the establishment of an Observatory, in which all the researches connected with the sciences of terrestrial magnetism and meteorology might be systematically conducted (Observations: Toronto, S. 10).

Und Humphrey Lloyd ließ seine Leser wissen:

The attention of scientific men in this country having been drawn to the importance of a systematic study of the phenomena of Terrestrial Magnetism, by the letter of Humboldt to the President of the Royal Society, in 1836, the Board of Trinity College resolved, in the Spring of 1837, to establish a complete Observatory in connexion with the University, in which the laws of Terrestrial Magnetism and Meteorology should be investigated by means of regular observations. The building was commenced in the summer of the same year; and I was immediately authorized to procure the necessary instruments (Observations: Dublin, Bd. 1, S. V).

Schon 1837 wurde damit begonnen, auf dem Gelände des Trinity Colleges in Dublin ein Magnetisches Observatorium zu errichten, 1838 war der Bau, der an einen griechischen Tempel erinnert, vollendet (vgl. Abb. 10.1).

Dieses Observatorium galt als Vorbild für alle die Magnetischen Observatorien, die unter der Ägide der East India Company in Indien und in Singapore gegründet wurden. Alle diese Observatorien erhielten, was die Instrumente anbelangt, eine vergleichbare Ausstattung.

Im Jahre 1840 wurde eine Reihe gegründet, in der die Beobachtungsdaten veröffentlicht wurden, nämlich die „Observations made at the magnetical and meteorological observatory at Trinity College, Dublin“. Der erste Band für die Jahre 1840 bis 1843 erschien mit großer Verspätung in Dublin im Jahre 1865. Der zweite Band, der die Beobachtungsdaten der Jahre 1844 bis 1850 enthielt, kam 1869 heraus (Observations: Dublin).

Da Lloyd, was die verwendeten Instrumente anbelangt, eigene Wege ging (Good 2007, Good 2008, S. 298f), veröffentlichte er eine ausführliche Beschreibung aller in Dublin im Einsatz befindlichen Instrumente (Lloyd 1842 und 1843). Die von Lloyd entwickelten Instrumente, die mit den Göttinger Instrumenten kompatibel waren, kamen auch in den anderen britischen Magnetischen Observatorien zum Einsatz.

England: Greenwich

Nur kurze Zeit später wurden in Greenwich Maßnahmen ergriffen, um auch dort ein Magnetisches Observatorium einzurichten. Da war es sehr günstig, dass 1835 George Biddell Airy, der seit 1828 als Professor der Astronomie in Cambridge wirkte, zum neuen, siebten Astronomer Royal gewählt wurde. Es war doch Airy, der das Antwortschreiben der Royal Society mitunterschrieben hatte (siehe Kap. 9). Über die Aktivitäten in Greenwich berichtete Airy später:

In consequence of a representation of the Board of Visitors of the Royal Observatory to the Lords Commissioners of the Admirality, an additional space of ground on the south-east side of the existing boundary of the Observatory grounds was inclosed from Greenwich Park for the site of a Magnetic Observatory, in summer of 1837. In the spring of 1838 the Magnetic Observatory was erected. Its nearest angle is about 230 feet from the nearest part of the Astronomical Observatory, and about 170 feet from the nearest outhouse. It is built of wood; iron is carefully excluded. Its form is that of a cross with four equal arms, nearly in the direction of the cardinal magnetic points: the length within the walls, from the extremity

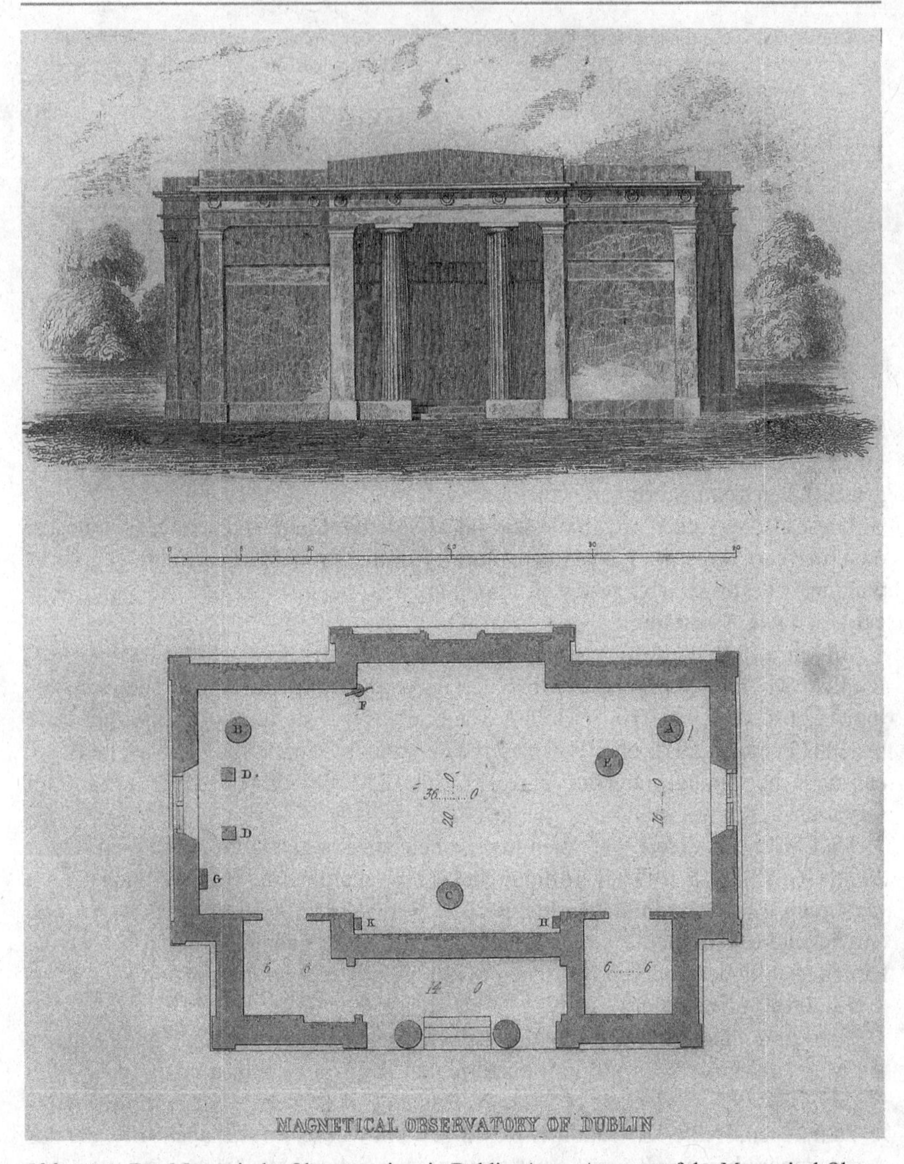

Abb. 10.1 Das Magnetische Observatorium in Dublin. Aus: „Account of the Magnetical Observatory of Dublin" (Lloyd 1842, Plate I). Exemplar der © Staats- und Universitätsbibliothek Göttingen, Sign. 4 PHYS III. 9282.

> of one arm of the cross to the extremity of the opposite arm, is forty feet: the breadth of each arm is twelve feet (Airy 1843, S. I).

Es wurde ein besonderes Publikationsorgan ins Leben gerufen, nämlich die „Magnetical and Meteorological Observations made at the Royal Observatory, Greenwich", in dem die Beobachtungsdaten im Abstande von ein bzw. zwei Jahren veröffentlicht wurden. Herausgegeben wurden diese „Observations" von dem

„Board of Admirality, in obedience to her Majesty's command". Der erste Band für die Jahre 1840 und 1841 erschien in London 1843 (Airy 1843, vgl. Abb. 10.2), der nächste Band für das Jahr 1842 in London 1844 usw.

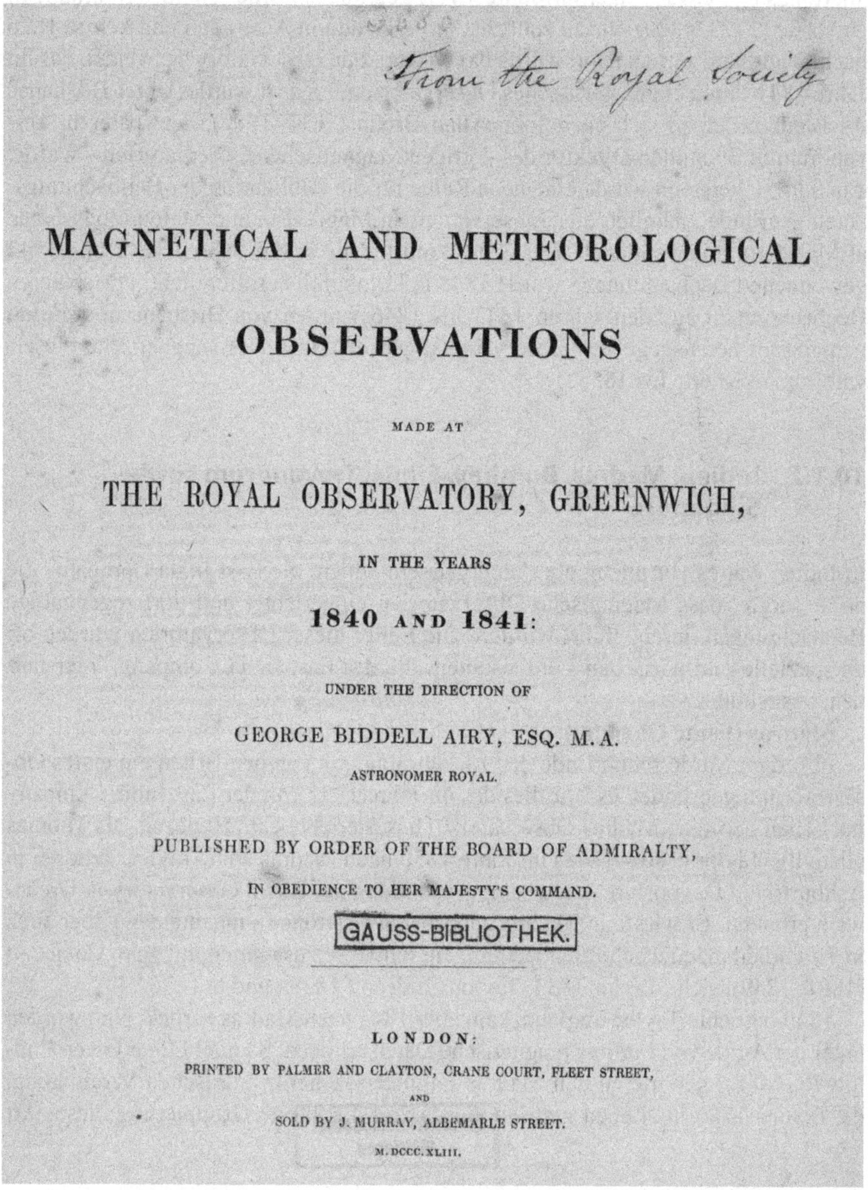

From the Royal Society

MAGNETICAL AND METEOROLOGICAL

OBSERVATIONS

MADE AT

THE ROYAL OBSERVATORY, GREENWICH,

IN THE YEARS

1840 AND 1841:

UNDER THE DIRECTION OF

GEORGE BIDDELL AIRY, ESQ. M. A.

ASTRONOMER ROYAL.

PUBLISHED BY ORDER OF THE BOARD OF ADMIRALTY,

IN OBEDIENCE TO HER MAJESTY'S COMMAND.

LONDON:

PRINTED BY PALMER AND CLAYTON, CRANE COURT, FLEET STREET,

AND

SOLD BY J. MURRAY, ALBEMARLE STREET.

M.DCCC.XLIII.

Abb. 10.2 Der Band von „Magnetical and Meteorological Observations made at the Royal Observatory, Greenwich" für die Jahre 1840 und 1841 (Airy 1843) aus der Handbibliothek von Carl Friedich Gauß. Exemplar der © Staats- und Universitätsbibliothek Göttingen, Sign. GB 951. Dieser Band enthält ein Vermerk: „From the Royal Society".

Die regelmäßigen Beobachtungen im Magnetischen Observatorium in Greenwich wurden noch bis 1926 fortgeführt.[2]

Schottland: Makerstoun

Auch Schottland wurde mit einem Magnetischen Observatorium bedacht, das allerdings erst etwas später, im Jahre 1841, gegründet wurde. Thomas Makdougall Brisbane (1773–1860) wirkte zunächst in Paramatta in Australien und kehrte 1826 nach Schottland zurück. Dort wurde das Makerstoun Observatory gegründet, das im Jahre 1841 durch ein Magnetisches Observatorium ergänzt wurde. Unter Brisbanes Assistenten befand sich auch John Allan Broun (1817–1879), der später in Trevandrum in Südindien Direktor des dortigen Magnetischen Observatoriums wurde. Auch in Makerstoun wurde eine neue Reihe für die Publikation der Beobachtungsdaten gegründet, nämlich die „Observations in Magnetism and Meteorology made at Makerstoun in Scotland". Der erste Band für die in den Jahren 1841 und 1842 gewonnenen Beobachtungen wurde 1845 in Edinburgh veröffentlicht. Die späteren Beobachtungen aus den Jahren 1843 bis 1846 wurden von Brisbane und Broun gemeinsam herausgegeben (Observations: Makerstoun). Das Magnetische Observatorium existierte bis 1855.

10.1.2 Indien: Madras, Bombay, Simla, Trevandrum sowie Singapore

In Indien war es vor allem, aber nicht ausschließlich, die East India Company, die dafür sorgte, dass Magnetische Observatorien eingerichtet und dort regelmäßige Beobachtungen durchgeführt wurden. Die Leiter dieser Observatorien wurden oft an speziellen militärischen Lehranstalten, die der East India Company unterstanden, ausgebildet.

Madras (heute Chennai)

In Indien wurde schon Ende des 18. Jahrhunderts von den Briten ein erstes Observatorium gegründet, es war dies das im Jahre 1791 von der East India Company ins Leben gerufene Madras Observatory. Dieses erlebte eine Blütezeit, als Thomas Glanville Taylor (1804–1848) im Jahre 1830 nach Madras kam. Taylor, geboren in Ashburton in Devonshire, hatte seine Ausbildung am Royal Observatory in Greenwich erhalten. Er wirkte in Madras zunächst als Astronom, machte dann aber auch in Südindien magnetische Beobachtungen, teilweise zusammen mit John Caldecott (1801–1849), siehe Taylor 1837, Taylor/Caldecott 1839a und b.

1840 besuchte Taylor England, kam aber 1841 nach Madras zurück. Nun wurden unter der Ägide von Ludlow magnetische Daten erhoben. Samuel Edgar Owen Ludlow (?–1888)[3] gehörte zu den Madras Engineers, einer militärischen Vereinigung, die bereits 1780 ins Leben gerufen wurde und die älteste Gruppierung dieser Art

[2] Vgl. http://www.geomag.bgs.ac.uk/operations/greenwich.html.

[3] Ludlow war von 1829 bis 1830 Kadett am Military Seminary der East India Company in Addiscombe, 1830 Madras Engineer, 1839 Lieutenant, 1854 Captain, 1863 Major General.

war. Was das Magnetische Observatorium anbelangt, so sind die Nachrichten darüber äußerst spärlich. Im Jahre 1845 wurde darüber berichtet:

> Madras. Lieutn. Ludlow waited for the completion of the building of his observatory, and accordingly his regular series of observations commenced only in March 1841. [...] The absolute determinations commenced in Madras with the year 1842 (Report 1846, S. 5).

Taylor kehrte 1848 nach England zurück, wo er am 4. Mai 1848 in Southampton verstarb. Im Dezember 1848 wurde William Stephen Jacob (1813–1862) Taylors Nachfolger als Direktor des Madras Observatory.[4] Jacob, am 19. November 1813 in Woolavington vicarage geboren, erhielt seine Schulbildung im Addiscombe College, das er als Kadett abschloss. Im Jahre 1809 war dort das der East India Company unterstehende Military Seminary eingerichtet worden, das bis 1861 existierte.

Am 1. Juli 1833 wurde Jacob Lieutnant bei den Bombay Engineers. 1848 gab er jedoch den Dienst bei der East India Company ganz auf.

Während der Jahre 1848 bis 1859 war Jacob Direktor des Madras Observatory, wo er zahlreiche astronomische, aber auch meteorologische und magnetische Beobachtungen ausführte. Seine während der Jahre 1851 bis 1855 gemessenen magnetischen Daten wurden allerdings erst im Jahre 1884, d.h. posthum, in Madras unter dem Titel „Magnetical Observations made at the Honorable East India Company's Observatory at Madras" (Jacob 1884) veröffentlicht. Jacob verstarb am 16. August 1862 in Poonah.

Bombay (heute Mumbai)

Auch das im Jahre 1826 von der East India Company gegründete Observatory in Bombay wurde zusätzlich durch ein Observatorium für magnetische und meteorologische Beobachtungen ergänzt, das auf der kleinen, vor Bombay gelegenen Insel Colaba lag. Im Jahre 1841 wurde dieses Observatorium mit den entsprechenden Instrumenten ausgestattet, sodass nunmehr mit den Beobachtungen begonnen werden konnte. Dort wirkte Arthur Bedford (Bethford) Orlebar (1810–1866), ein Absolvent des Lincoln College in Oxford, der seit 1836 eine Professur für Astronomie und Mathematik an der Elphinstone Institution in Bombay bekleidete. Seit 1841 führte er am Observatorium sowohl meteorologische als auch magnetische Beobachtungen durch, die er aber zunächst nach England schickte. Erst die im Jahre 1845 gemachten Beobachtungen wurden auf Kosten der East India Company 1846 in Bombay unter dem Titel „Observations made at the magnetical and meteorological observatory of Bombay. April – Dec. 1845 and the printed order of the H. East-India Company" veröffentlicht (Orlebar 1846). Orlebar führte seine Beobachtungen auch noch während der Jahre 1846 und 1847 durch (Orlebar 1849).

Orlebar wanderte 1853 mit seiner Familie nach Australien aus. Dort wurde er Regierungsinspektor der Schulen in Melbourne. Er verstarb in Melbourne am 11. Juni 1866.[5] Im Bombay Observatory wurden auch nach Orlebar regelmäßig magnetische Beobachtungen durchgeführt, die auch veröffentlicht wurden (Bombay 1910).

---

[4] Zu William Stephen Jacob siehe Clerke/McConnell 2004.

[5] Orlebar Archive: http://discovery.nationalarchives.gov.uk/details/rd/1cdebd53-81bf-4155-8842-64349f38106d.

Simla (heute Shimla)

Während Madras, Bombay und Trevandrum indische Küstenstädte sind, liegt Simla hoch im Norden Indiens am Fuße des Himalayas. Das dort 1839 gegründete Observatorium war aber dennoch der Initiative der East India Company zu verdanken. Erster und einziger Direktor wurde John Theophilus Boileau (1805–1886), der in Kalkutta geboren wurde. Boileau, der wie Jacob seine Ausbildung in England am East India Company Military Seminary in Addiscombe bekam, wurde Bengal Engineer und wirkte seit 1822 in Indien. Boileau verließ Simla im Jahre 1847 und machte andernorts in Indien eine militärische Karriere. Später kehrte er nach England zurück und starb in Notting Hill in London.

Die magnetischen Beobachtungsdaten von Simla wurden nicht in Form einer Monographie veröffentlicht, sondern Sabine erwähnte diese Daten in mehreren seiner Berichte (z. B. in Abstracts 1843, S. 362).

Trevandrum (heute Thrivananthapuram)

Das Magnetische Observatorium in Trevandrum war insofern eine Ausnahme, weil seine Gründung nicht von der East India Company veranlasst wurde, sondern auf die Privatinitiative des damaligen Maharaja von Travancore zurückging. Das Meteorologische und Magnetische Observatorium in Trevandrum wurde im Jahre 1841 unter der Leitung von John Caldecott (1801–1849) gegründet. Caldecott gehörte keiner militärischen Vereinigung an, damit verfolgte auch das Observatorium in Trevandrum nur zivile Forschung. Es war damit einzigartig auf dem indischen Subkontinent. Caldecott hatte das Vertrauen und das Einverständnis des Maharaja hinter sich, der den Neubau finanziell ermöglichte.

Der in London geborene John Caldecott verließ im Jahre 1820 England, um nach Indien auszuwandern.[6] Er hielt sich zunächst in Bombay auf. 1831 wurde er Commercial Agent and Master Attendant of the Travancore Government in Südindien. Er hatte große astronomische Interessen und plante alsbald den Bau eines Observatoriums in Trevandrum. Im Jahre 1837 begann man, nachdem das Observatorium mit sehr guten Instrumenten ausgestattet worden war, mit astronomischen Beobachtungen. Gleichzeitig sammelte Caldecott zusammen mit Thomas Glanville Taylor magnetische Daten in Madras und an diversen anderen Orten in Südindien. Im Dezember 1838 kehrte Caldecott nach London zurück, wo er 1840 Fellow of the Royal Astronomical Society wurde.

1841 war er wieder in Trevandrum, wo nun mit dem Bau eines Meteorologischen und Magnetischen Observatoriums begonnen wurde (Abb. 10.3). Zunächst sandte Caldecott seine magnetischen Beobachtungsdaten nach Göttingen, wo sie auf großes Interesse stießen und veröffentlicht wurden.[7] Nach dem Zusammenbruch des Göttinger Magnetischen Vereins sandte Caldecott seine Daten an Edward Sabine in London, der sie aber nicht veröffentlichte. Deshalb reiste Caldecott 1846 wieder nach London, um eine Publikation seiner Beobachtungen zu erreichen, was aber nicht gelang. 1847 kehrte Caldecott nach Trevandrum zurück. 1849 erkrankte

[6] Zu John Caldecott siehe McConnell 2004.

[7] Caldecotts Kontakte zu Göttingen wurden bislang nirgends erwähnt.

Abb. 10.3 Magnetisches Observatorium in Trevandrum. Aus: „Observations of magnetic declination made at Trevandrum and Augustia Malley 1852–1869" von John Allan Broun (Broun 1874, S. V). Exemplar der © Staatsbibliothek zu Berlin – Preußischer Kulturbesitz, Sign. 4°Mw7780.

er schwer und starb noch in diesem Jahr. Seine nach England geschickten Beobachtungsdaten blieben unveröffentlicht.[8]

Caldecotts Nachfolger in Trevandrum kam aus Schottland: John Allan Broun wirkte von 1842 bis 1849 am neu gegründeten Magnetischen Observatorium in Makerstoun in Schottland, bevor er 1851 Caldecotts Nachfolger in Trevandrum wurde. Besonders interessant ist, dass das Observatorium in Trevandrum Instrumente aus München erhielt. Der seit 1827 in München an der Bogenhausener Sternwarte wirkende Astronom Johann Lamont nämlich, der wie Broun aus Schottland stammte, lieferte Instrumente an zahlreiche Sternwarten, darunter auch an das Observatorium in Trevandrum (Häfner/Soffel 2006, S. 20).

1865 wurde das Observatorium in Trevandrum geschlossen. Broun kehrte nach Europa zurück, wo er mannigfache Auszeichnungen erhielt. Erst im Jahre 1874 erschienen Brouns Beobachtungsergebnisse unter dem Titel „Observations of magnetic declination made at Trevandrum and Augustia Maley 1852–1869" in London (Broun 1874). Danach blieb das Observatorium in Trevandrum verwaist, bis es im Jahre 1892 wieder einen neuen Direktor bekam.[9]

Singapore und Batavia (heute Jakarta)

Das Magnetische Observatorium in Singapore war ebenfalls eine Gründung der East India Company, dort wirkte vor allem Charles Morgan Elliot (1815–1852).

Der am 27. April 1815 in Westminster in Middlesex in England geborene Elliot war einer der Madras Engineers, er begann im Jahre 1841 in Singapore sowohl mit

[8] Siehe auch http://pazhayathu.blogspot.de/2012/05/john-caldecott-born-16-sept-1801-royal.html.

[9] Siehe http://www.swathithirunal.in/observtry/obs1.htm.

magnetischen als auch mit meteorologischen Beobachtungen, die bis 1845 währten. In den Jahren 1850 und 1851 veröffentlichte Elliot dann seine Beobachtungsdaten unter dem Titel „Meteorological“ bzw. „Magnetical Observations made at the Honorable East India Company's Magnetical Observatory at Singapore“ (Elliot 1850 und 1851a).

Im Januar 1846 begann Elliot mit der Fortsetzung seines Programms, diesmal stand die Inselgruppe, die heute Indonesien ausmacht, auf seinem Plan (Elliot 1851b). Einer seiner neuen Stützpunkte war nunmehr Batavia, das unter niederländischer Herrschaft stand. Dort wurde auf den Kokosinseln (Keelinginseln) eine feste magnetische Beobachtungsstation eingerichtet, die mit einem Deklinometer und einem Bifilarmagnetometer ausgestattet war.

Elliot wurde am 5. Juni 1851 Fellow der Royal Society. Er starb bereits am 4. August 1852 und zwar in Masculipatam. Humboldt berichtete in seinem „Kosmos“ über Elliots Beobachtungen:

> 1846–1849. Cap. Elliot (Madras Engineers) magnetic Survey of the Eastern Archipelago; 16 Stationen, jede von mehreren Monaten: auf Borneo, Celebes, Sumatra, den Nicobaren und Keeling-Inseln; mit Madras verglichen, zwischen nördl. Br. 16° und südl. Br. 12°, Länge 78° und 123° öst. (Phil. Transact. for 1851 P. I. p. 287 bis 331 und p. I–CLVII). Beigefügt sind Karten gleicher Inclination und Declination, wie horizontaler und totaler Kraft. Diese Arbeit, welche zugleich die Lage des magnetischen Aequators und der Linie ohne Abweichung darstellt, gehört zu den ausgezeichnetsten und vielumfassendsten neuerer Zeit (Humboldt 1845–1862: 4, S. 76).

10.1.3 Kanada: Toronto

Im September 1839 wurde Montreal als Standort für ein neu zu errichtendes Magnetisches Observatorium in Kanada ausgewählt, doch erwies sich diese Stadt als ungünstig. Schließlich fiel die Wahl auf Toronto, zum ersten Direktor wurde Lieutenant Charles James Buchanan Riddell (1817–1903) gewählt. Als er 1840 in Toronto mit den regelmäßigen magnetischen Beobachtungen begann, war das Observatorium noch nicht fertiggestellt, sodass die ersten Beobachtungen in einer Baracke stattfanden. Im September 1840 jedoch konnte man in das neue Magnetische und Meteorologische Observatorium umziehen (Thiessen 1940, S. 311–348; Observations: Toronto: 1, S. 17). Noch in demselben Jahr 1840 begannen die regelmäßigen, systematischen Beobachtungen, die in einer neuen Reihe unter dem Titel „Observations made at the magnetical and meteorological observatory at Toronto in Canada“ veröffentlicht wurden (Observations: Toronto).

Da Riddell aus Gesundheitsgründen schon kurze Zeit später nach England zurückkehren musste, wurde im Jahre 1842 John Henry Lefroy (1817–1890), der vorher in St. Helena gewirkt hatte, sein Nachfolger. Lefroy war bis 1853 am Magnetischen Observatorium in Toronto tätig.

10.2 Die britische Expedition von James Clark Ross: 1839–1843

10.2.1 Die Ausrüstung und der Verlauf der Expedition

Humboldt erwähnte in seinem Brief an den Herzog von Sussex keine unter der Ägide von Großbritannien auszurüstende Expedition in die antarktischen Gewässer, wohl aber hatte er Standorte genannt,[10] die eine solche Expedition nahelegten. Die von Humboldt gewünschten Standorte gingen also der Expedition voraus. Auch Christie und Airy nannten in Ihrem Antwortschreiben expressis verbis keine derartige Expedition, sondern sprachen nur ganz allgemein vom Nutzen solcher Expeditionen zur See (Christie/Airy-Original, S. 18).

Offensichtlich war es erst das Treffen der British Association for the Advancement of Science im August des Jahres 1838 in Newcastle, auf dem diese Möglichkeit erstmals ernsthaft ins Auge gefasst wurde (Ross James 1847: 1, S. V). Dort wurde ein neun Punkte umfassendes Programm vorgestellt, von denen hier die Nummern 1 bis 6 wiedergegeben seien:

1. That the British Association views with high interest the system of Simultaneous Magnetic Observations which have been for some time carrying on in Germany and in various parts of Europe, and the important results towards which they have already led; and that they consider it highly desirable that similar series of observations, to be regularly continued in correspondence with and in extension of these, should be instituted in various parts of the British dominions.
2. That this Association considers the following localities as particularly important: Canada, Ceylon, St. Helena, Van Diemen's Land; Mauritius, or the Cape of Good Hope; and that they are willing to supply Instruments for the purpose of observation.
3. That in these series of observations, the three elements of horizontal direction, dip, and intensity, or their theoretical equivalents, be insisted on, as also their hourly changes, and on appointed days their momentary fluctuations.
4. That this Association views it as highly important that the deficiency yet existing in our knowledge of Terrestrial Magnetism in the Southern Hemisphere should be supplied by observations of the magnetic direction and intensity, escpecially in the higher latitudes, between the meridians of New Holland and Cape Horn; and they desire strongly to recommend to Her Majesty's Government the appointment of a naval expedition directed expressly to that object.
5. That in the event of such expeditions being undertaken, it would be desirable that the officer charged with its conduct should prosecute both branches of observations alluded to in the Resolution 3, so far as circumstances will permit.
6. That it would be most desirable that the observations so performed, both in the fixed stations and in the course of the expedition, should be communicated to Prof. Lloyd (Report 1839, S. XXIf, ebenso in Anonymus 1840, S. 294f und Ross James 1847: 1, S. V–VII).[11]

[10] Humboldt wünschte sich als Standorte für Magnetische Observatorien: Neu-Holland, Ceylon, die Insel Mauritius, das Kap der Guten Hoffnung sowie die Insel St. Helena, einen Punkt auf der Ostküste Südamerikas und Quebec in Kanada, siehe Abschn. 7.8.

[11] Es gibt einige orthographische und grammatikalische Abweichungen in diesem mehrmals veröffentlichten Text; hier wurde die Schreibweise aus Report 1839 zugrunde gelegt.

Und kurze Zeit später fiel auch der Name des hierfür vorgehenen Kapitäns, nämlich James Clark Ross:

> I need scarcely say, that the country possesses a naval officer, in whom these qualifications unite in a remarkable degree with all others that are requisite (Report 1839, S. XXXIVf).

Am 11. März 1839 teilte der Lord der Admiralität, Gilbert Elliot-Murray-Kynynmound, der second Earl of Minto, John Herschel mit, dass diese Expedition in die Antarktis genehmigt worden sei. Minto hatte nicht den geringsten Zweifel, dass James Clark Ross für dieses Unternehmen der geeignetste Kommandant sein würde (Mawer 2006, S. 49).

Es war sicherlich ein glücklicher Umstand, dass kurz vor dem Treffen der British Association for the Advancement of Science Wilhelm Weber im Juni/Juli 1838 in London war, um den dortigen Wissenschaftlern einen Besuch abzustatten, sowie dass umgekehrt John Herschel am 14. Juli 1838 in Göttingen war, um sich ein persönliches Bild von den dortigen Erfolgen und Ergebnissen zu machen (siehe Kap. 11). John Herschel nämlich wurde schließlich der „Chairman of the Joint Physical and Meteorological Committee", dem ferner William Whewell, George Peacock (1791–1858) und Humphrey Lloyd angehörten. Dieses Committee sollte den Vorschlag, eine Expedition in die Antarktis auszurüsten, der britischen Regierung vorlegen. Der Verfasser des entsprechenden Memorials war John Herschel, siehe Anhang 4. Dieses Committee of Physics and Meteorology of the Royal Society veröffentlichte zwei Reports (Report 1840a und Report 1840b), die teilweise identische Texte enthalten. Nach allgemeinen, den Erdmagnetismus betreffenden Erörterungen wurden in diesen Berichten speziell die in den bitischen Kolonien zu errichtenden Magnetischen Observatorien und die Ross-Expedition thematisiert. Eine der Aufgaben war ferner die Suche nach dem magnetischen Pol im Süden, dessen Lage Gauß vorhergesagt hatte (Report 1840a und b, S. 7f). Besondere Aufmerksamkeit wurde den Instrumenten, deren Aufstellung und deren Verwendung gewidmet (Report 1840a und b, S. 13–38).

Mit einer Expedition in die Antarktis wurde nunmehr die Möglichkeit eröffnet, einen Teil der bereits angedachten Gründungen von Magnetischen Observatorien in Übersee zu realisieren. James Clark Ross, dem das Kommando dieser Expedition anvertraut wurde, war schon 1812, also im Alter von nur 12 Jahren, in die Royal Navy eingetreten, wo er seine Ausbildung vor allem unter der Leitung seines Onkels John Ross erhielt. Im Jahre 1818 nahmen John und James Clark Ross an ihrer ersten Expedition in die Arktis teil. 1819 bis 1821 sowie 1821 bis 1823 nahm James Clark Ross unter dem Kommando von William Parry an zwei Expeditionen in die Arktis teil, die das Ziel hatten, die Nordwestpassage zu erkunden (siehe Abschn. 7.6.1. „Unter britischem Kommando"). Von besonderer Bedeutung war für James Clark Ross, der 1827 zum Commander aufgerückt war, eine weitere Reise in arktische Gewässer auf dem Schiff „Victory", die von 1829 bis 1834 währte. Abermals waren John und James Clark Ross auf der Suche nach der Nordwestpassage. Am 1. Juni 1831 entdeckte James Clark Ross den magnetischen Pol im Norden, an dieser Stelle hisste er die britische Fahne (Ross James 1834, S. 49). Im Jahre 1835 wurde James

Clark Ross mit der Aufgabe betraut, rund um die Britischen Inseln systematische magnetische Beobachtungen anzustellen, die bis 1838 andauerten. Edward Sabine lieferte über dieses Unternehmen einen ausführlichen Bericht, der von drei Karten – davon sind zwei Karten sehr groß – begleitet wurde (Sabine 1839).

James Clark Ross ging nun im Jahre 1839 erstmals auf Fahrt in die Antarktis. Es wurden zwei Schiffe, nämlich „Terror" und „Erebus", hierfür bereitgestellt. Beide Schiffe waren eigentlich als Kriegsschiffe gebaut worden. Das Schiff „Terror" war seit 1814 und das Schiff „Erebus" seit 1826 im Einsatz. Ferner war das Schiff „Terror" bereits 1836 bei der Arktisexpedition unter dem Kommando von George Back beteiligt gewesen.[12] So wurden diese beiden Schiffe nunmehr umgerüstet und für die Fahrt in die Antarktis ausgerüstet. Auf jedem der Schiffe waren etwa 64 Mann Besatzung vorgesehen. Das Schiff „Erebus" mit 370 Tonnen unterstand dem Kommando von Ross und das Schiff „Terror" mit 340 Tonnen dem Kommando von Francis Crozier (1796–1848). Durch ein weiteres Papier wurde die genaue Route festgelegt, die die Expedition – wenigstens in der ersten Phase – wählen sollte (Ross James 1847: 1, S. XXII–XXVIII).

Es folgte nunmehr ein Report der Royal Society vom 8. August 1839, in welchem die durchzuführenden Beobachtungen im Detail ausführlich beschrieben wurden, im Falle des Erdmagnetismus gab es Vorschläge für die Beobachtungen sowohl zur See als auch zu Land bzw. auf Eis, wobei es vor allem wichtig war, an die Erkenntnisse von Gauß anzuknüpfen bzw. die Göttinger Ergebnisse zugrunde zu legen. Von besonderer Bedeutung war die von Gauß berechnete Position des magnetischen Südpols, die er 1839 in seiner „Allgemeinen Theorie des Erdmagnetismus" veröffentlicht hatte. Die Koordinaten lauteten 72°35′ südlicher Breite, sowie 152° 30′ Länge östlich von Greenwich (Gauß 1839, § 30). Dieser Report „Instructions for the Scientific Expedition to the Antarctic Regions, prepared by the President and Council of the Royal Society" wurde im „The London and Edinburgh Philosophical Magazine and Journal of Science" und als Sonderdruck veröffentlicht (Royal Society 1839, S. 177–188, im Sonderdruck S. 1–11). Diese Ausführungen übersetzte interessanterweise Antoine César Becquerel sogar ins Französische (Becquerel 1846, S. 449–466). Ferner wurde der Text auch in James Clark Ross' Reisebericht aufgenommen (Ross James 1847: 1, S. XXX–XLIV). Darüber hinaus gab es noch genaue Beschreibungen der einzusetzenden erdmagnetischen Beobachtungsinstrumente und deren Arbeitsweise sowie die terminlichen Details für die Beobachter, so im „Account of the Magnetical Instruments employed, and of the mode of observation adopted, in the Magnetical Observatories about to be established by her Majesty's Government" (Royal Society 1839, S. 224–241).

Es war dies die erste unter britischem Kommando stehende Expedition im 19. Jahrhundert, deren Ziele rein wissenschaftlicher Natur waren: Im Vordergrund stand die Erforschung des Erdmagnetismus auf der Südhalbkugel. Es sollten erstens an drei Standorten Magnetische Observatorien eingerichtet werden, zweitens

[12] Diese Expedition von George Back erwähnten Christie und Airy in ihrem Schreiben vom 9. Juni 1836, siehe Christie/Airy-Original, S. 4, Anhang 2.

Abb. 10.4 Christmas Harbour auf den Kerguelen mit den beiden Schiffen „Terror" und „Erebus". Aus: „Voyage of the discovery and research in the southern and Antarctic regions during the years 1839–1843" von James Clark Ross (Ross James 1847: 1, Frontispiz). Exemplar der © Staatsbibliothek zu Berlin – Preußischer Kulturbesitz, Sign. PW 8327-1.

tägliche erdmagnetische Beobachtungen nach den gegebenen Instruktionen durchgeführt werden und es sollte drittens nach dem in der Nähe des Südpols liegenden magnetischen Pol gesucht werden, siehe hierzu Wiederkehr 1983/1984, S. 7–38.

In seinem zweibändigen, 1847 erschienenen Reisebericht „A voyage of discovery and research in the southern and antarctic regions" schilderte James Clark Ross seine Erlebnisse (Ross James 1847). Das Werk wurde dem Earl of Minto, dem first Lord Commissioner of the Admirality, gewidmet.[13] Im September 1839 liefen die Schiffe von Chatam aus, am 20. Oktober 1839 verließen sie die englische Küste. Die Route führte über Madeira, Teneriffa und die Insel St. Paul zu der Insel St. Helena, wo man vom 31. Januar bis zum 9. Februar 1840 blieb (Ross James 1847: 1, S. 5, 27–29). Dort richtete man das erste Magnetische Observatorium ein. Am Kap der Guten Hoffnung wurde im März 1840 dann das zweite Magnetische Observatorium gegründet (ebenda, S. 35–37).

Auf den Kerguelen gönnte man sich im Sommer 1840 einen längeren Aufenthalt (vgl. Abb. 10.4), der vor allem erdmagnetischen Erkundungen diente. Man beobachtete dabei auf einer nur für kurze Zeit eingerichteten Beobachtungsstation (Ross James 1847: 1, S. 63–94).

Schließlich erreichte die Expedition Van-Diemens-Land, wo man am 16. August 1840 vor Anker ging. Ziel war die Stadt Hobart, wo seit 1837 John Franklin als

[13] Zu Earl of Minto siehe Abschn. 12.2.

Abb. 10.5 Das Rossbank Observatory in Hobart Town. Aus: „Voyage of the discovery and research in the southern and Antarctic regions during the years 1839–1843" von James Clark Ross (Ross James 1847: 1, S. 94). Exemplar der © Staatsbibliothek zu Berlin – Preußischer Kulturbesitz, Sign. PW 8327-1.

Gouverneur wirkte. Er selbst – ein erfahrener Kapitän und Arktisforscher (siehe Abschn. 7.6.1. „Unter britischem Kommando") – bereitete den Gästen einen sehr herzlichen Empfang. In Hobart wurde das Personal und die Ausstattung für das dritte und letzte Magnetische Observatorium an Land gebracht (Ross James 1847: 1, S. 107–112) (Abb. 10.5).

Danach widmete man sich vor allem der Erkundung und erdmagnetischen Erforschung des Südpolargebietes, siehe hierzu Wiederkehr 1983/4, S. 9–19. In der Tat operierten noch zwei andere Expeditionen im Südpolargebiet, eine französische unter dem Kommando von Jules Dumont D'Urville (1790–1842), die aber wegen des schlechten gesundheitlichen Zustandes des Kommandanten vorzeitig die Rückreise antreten musste. Dagegen war die andere, amerikanische Expedition unter dem Kommando von Charles Wilkes (1798–1877) erfolgreich und dies noch vor Ross. So konnte sowohl von Seiten der amerikanischen Expedition, und zwar bereits im Jahre 1840, als auch von der Expedition unter James Clark Ross im Jahre 1841 die Lage des am Südpol gelegenen Magnetpols festgestellt werden.[14] Die

[14] Details zur Erforschung der antarktischen Region zwischen 1837 und 1843 siehe Mawer 2006, S. 21–151.

Werte beider Expeditionen bestätigten die Genauigkeit von Gauß' Berechnungen. Ross vermerkte in seinem Reisebericht:

> We therefore wore round and hove to for Commander Crozier to come on board; and as he quite concurred with me in thinking it impossible to get any nearer to the pole, I determined at once to relinquish the attempt, as we could not hope at so late a period of the season that any more of the lande ice would break away: The cape with the islet off [sic] it was named after Professor Gauss, the great mathematician of Göttingen, who has done more than any other philosopher of the present day to advance the science of terrestrial magnetism. We were at this time in latitude 76°12′ S., longitude 164° E.; the magnetic dip 88°40′, and the variation 109°24′ E. We were therefore only one hundred and sixty miles from the pole (Ross James 1847: 1, S. 245f).[15]

Es war im Februar 1841, dass man dem magnetischen Pol so nahe wie irgend möglich gekommen war. Man hatte jedoch zu Ross' großem Bedauern keine Möglichkeit, eine Fahne zu hissen:

> and but few can understand the deep feelings of regret with which I felt myself compelled to abandon the perhaps too ambitious hope I had so long cherished of being permitted to plant the flag of my country on both magnetic poles of our globe (Ross James 1847: 1, S. 247).

Erst am 15. Januar 1909 konnte die britische Flagge auf dem Magnetpol in der Antarktis gehisst werden (Mawer 2006, S. 180).

Der amerikanische Kommandant Charles Wilkes hatte am 5. April 1840 an James Clark Ross einen mehrere Seiten umfassenden Brief über sein Unternehmen geschrieben. In diesem Brief hielt er fest:

> *Magnetic Pole.* – I consider we have approached very near the pole. Our dip was 87°30′ S., and the compasses on the ice very sluggish; this was in 147°30′ E., and 67°04′ S. Our variation, as accurately as it could be observed on the ice, we made 12°30′ E. It was difficult to get a good observation, on account of the sluggishness of our compasses. About one hundred miles to the westward we crossed the magnetic meridian, and as rapidly increased our west variation as we had diminished that of the east. The pole, without giving you accurate deductions, I think my observations will place in about 70° S. latitude, and 140° E. longitude (Ross James 1847: 1, S. 346–351, hier S. 349).

Gauß berichtete 1841 in einer kurzen Notiz davon, dass Wilkes den magnetischen Pol in 70°21′ südlicher Breite und 146°17′ Länge ausgemacht hatte (Gauß 1841a).

Was James Clark Ross anbelangt, so segelte er wieder zurück nach Tasmanien, um dort zu überwintern. Danach ging die Fahrt weiter nach Sydney, wo man im August 1841 eintraf. Dort machte die Mannschaft abermals magnetische Beobachtungen und besuchte das Observatorium in Paramatta. Schließlich steuerte man Neuseeland und die Aucklandinseln an (Ross James 1847: 2, S. 60–89). Im November 1841 stattete man Chatham Island, das heute zu Neuseeland gehört, einen Besuch ab. Danach folgte ein zweiter Vorstoß in die Antarktis, wo man längere Zeit im Packeis eingeklemmt war. Im Jahre 1842 segelte man über Cape Horn zu den Falklandinseln, wo man im September 1842 eintraf. Etwa dort querte man die Linie mit

---

[15] Vgl. Wiederkehr 1983/1984, S. 15, 35.

der Deklination Null. Am 13. März 1843 war man wiederum in St. Helena (ebenda, S. 380f). Über Rio kehrte man schließlich nach England zurück, wo man am 4. September 1843 in Folkstone an Land ging (ebenda, S. 386).

Während der gesamten Expedition unter der Ägide von James Clark Ross wurden zahlreiche magnetische Beobachtungen, zu Wasser und zu Lande, gemacht, die hier nicht erörtert werden können. Es wäre wahrhaftig eine eingehendere Untersuchung nötig, in der die magnetischen Beobachtungen, die auf dieser Expedition gesammelt wurden, genau beschrieben und ausgewertet werden würden.

10.2.2 Auf der Ross-Expedition gegründete Magnetische Observatorien: St. Helena, Kap der Guten Hoffnung, Hobart Town

James Clark Ross war sowohl für die instrumentelle als auch für die personelle Ausstattung der folgenden drei Magnetischen Observatorien zuständig: St. Helena, das Kap der Guten Hoffnung sowie Van-Diemens-Land. Er hatte sowohl die entsprechenden Instrumente als auch das vorgesehene Personal an Bord.

St. Helena

Am 31. Januar 1840 landeten die Schiffe unter dem Kommando von James Clark Ross auf St. Helena, es war dies die erste Station. Da das Magnetische und Meteorologische Observatorium noch nicht fertiggestellt war, musste man mit einem Provisorium vorlieb nehmen. Es waren zunächst zwei Räume in Longwood House, das eigentlich als Residenz von Napoleon gebaut worden war,[16] die nunmehr als vorläufiges Observatorium dienten. Im August 1840 war das neue Gebäude fertiggestellt, sodass die Instrumente dort untergebracht und mit den regelmäßigen Beobachtungen begonnen werden konnten. Das Observatorium unterstand John Henry Lefroy, der Lieutnant der Royal Artillery war. Im Juni 1841 wurde ein Anbau extra für Inklinationsbeobachtungen hinzugefügt. Als Lefroy 1842 nach Toronto wechselte, wurde Lieutnant (Captain) William James Smythe sein Nachfolger, der bis 1847 das Observatorim leitete. Danach war es Lieutenant Henry Francis Strange (1822–1870) von der Royal Artillery, der dem Observatorium vorstand. Die auf St. Helena während der Jahre 1840 bis 1849 gemachten Beobachtungen wurden unter dem Titel „Observations made at the magnetical and meteorological observatory at St. Helena" veröffentlicht (Observations: St. Helena).

Kap der Guten Hoffnung

Am Kap der Guten Hoffnung gab es bereits seit 1820 ein astronomisches Observatorium, wo John Herschel in den Jahren 1834 bis 1838 wichtige und grundlegende astronomische Beobachtungen durchgeführt hatte. Auf dem Gelände des Observatoriums wurde ein Magnetisches Observatorium gebaut. Was noch fehlte,

[16] Napoleon, der am 5. Mai 1821 in Longwood House auf St. Helena gestorben war, wurde im Oktober 1840 exhumiert. Sein Leichnam wurde nach Frankreich überführt und am 15. Dezember 1840 im Invalidendom in Paris feierlich beigesetzt.

waren die Instrumente. Am 18. März 1840 landeten die beiden Schiffe „Erebus" und „Terror" der Expedition von James Clark Ross am Kap der Guten Hoffnung mit der ersehnten Ladung und dem vorgesehenen Personal. Im Februar 1841 waren alle Instrumente aufgestellt und fest installiert. Im April 1841 begannen die regelmäßigen Beobachtungen, die unter der Ägide des Lieutnant bzw. Captain Frederick Eardley Wilmot standen (Observations: Cape of Good Hope, S. I und II). Die Beobachtungsdaten von 1841 bis 1846 bzw. bis 1850 erschienen 1851 in London unter dem Titel „Observations made at the Magnetical and Meteorological Observatory at the Cape of Good Hope" (Observations: Cape of Good Hope).

Van-Diemens-Land

Die Hauptstadt Hobart Town (heute Hobart) von Van-Diemens-Land wurde 1803 gegründet. Der Commander und Lieutnant Joseph Henry Kay (1815–1875) war Teilnehmer an der unter dem Kommando von James Clark Ross stehenden Expedition in die Antarktis, die auch in Van-Diemens-Land für kurze Zeit vor Anker ging. Die Schiffe „Terror" und „Erebus" landeten am 16. August 1840 in Hobart Town. Kay blieb bis 1853 in dieser Stadt und sorgte dort für den Bau eines Magnetischen Observatoriums, dessen Direktor er wurde.

Das Observatorium befand sich in Rossbank – daher auch die Bezeichnung Rossbank Observatory –, in der Nähe des Government House gelegen. Die Finanzierung übernahm bis 1853 die britische Admiralität. Kay begann im Jahre 1842 mit seinen magnetischen Routinebeobachtungen, die mindestens bis 1850 währten (Hogg 1900, S. 81–83). Diese erschienen in drei Bänden für die Jahre 1841 bis 1848 unter dem Titel „Observations made at the magnetical and meteorological observatory at Hobarton in van Diemen Island and by the antarctic naval expedition" (Observations: Hobarton). Im Jahre 1842 erschien unter dem Titel „Terrestrial Magnetism" ein Aufsatz von Kay im „Tasmanian Journal" (Kay 1842a), wo zunächst die Geschichte der Erforschung des Erdmagnetismus vorgestellt wurde. In dieser Schrift wurden vor allem die Beiträge von Humboldt, Kupffer und Gauß gewürdigt. Kay kommt zu dem Schluss:

> in short, a wider system of observation was required, and the Royal Society of London, having appointed a Committee of their body at the recommendation of a meeting of the British Association, made an application to Her Majesty's Government for assistance [...] which was granted. [...]. The observations established by the Government – the itinerant observatories in the ships forming the Antarctic expedition – those belonging to the East India Company, and, in general, all those established on the continent and elsewhere, act in concert, having one common centre, which is the University of Göttingen (Kay 1842a, S. 133f).

In demselben Band veröffentlichte Kay auch eine genaue Beschreibung des von ihm verwendeten Magnetometers, das Lloydscher Bauart war (Kay 1842b).

10.3 USA: Philadelphia und Cambridge

Bereits Christie und Airy erwähnten in Ihrem Antwortschreiben vom 9. Juni 1836 eine mögliche Kooperation mit den USA:

> If the government of the United States were to give their cordial cooperation to M de Humboldt's plan, by the establishment of three or more permanent magnetical observatories, in different longitudes (Christie/Airy-Original, S. 13f).

Infolgedessen wurden auch in den USA zwei Magnetische Observatorien gegründet – es waren dies die ersten – und zwar im Girard College in Philadelphia sowie an der Havard University in Cambridge/Massachussetts. Auch diese Neugründungen standen – zwar nicht direkt, aber doch indirekt – in Zusammenhang mit dem Einfluss, den der Brief von Alexander von Humboldt an den Herzog von Sussex ausübte. Es war dieser Brief, der ein günstiges Klima für die Erforschung des Erdmagnetismus schuf. Die Erfolge, die Gauß nach 1836 erzielte, hatten sicher noch das ihre dazu beigetragen. Dies war sicher notwendig, damit die erdmagnetische Forschung auch in den USA in Form von festen Institutionen Fuß fassen konnte.[17]

Das Magnetische Observatorium am Girard College wurde im Jahre 1838 gegründet, im Mai 1840 konnte mit den regelmäßigen Beobachtungen begonnen werden. Die Ergebnisse wurden zunächst in den 1840 zum ersten Mal erschienenen „Proceedings of the American Philosophical Society, held at Philadelphia, for promoting useful knowledge" veröffentlicht. Was die Instrumente anbelangt, so bediente man sich eines Gaußschen Magnetometers und eines Bifilarinstrumentes, die beide aus der Werkstatt von Moritz Meyerstein in Göttingen stammten. Darüber hinaus waren auch Magnetometer nach Lloydscher Bauart in Gebrauch. Die Beobachtungen, die bis 1845 währten, waren Alexander Dallas Bache (1806–1867) zu verdanken (Bache 1847). Bache, Physiker und ein Urenkel von Benjamin Franklin (1706–1790), wurde 1827 Professor für Mathematik an der Universität von Pennsylvania und 1836 Präsident des 1833 gegründeten Girard Colleges. Er stand mit Gauß in Briefwechsel.

Joseph Lovering (1813–1892) stammte aus Charlestown in Massachusetts, er studierte in Harvard. Nachdem er anfangs als Lehrer in der Divinity School in Cambridge gewirkt hatte, konnte er 1836 an die Universität Harvard wechseln, wo er zunächst eine Anstellung als Tutor und Lecturer fand. Im Jahre 1838 wurde er dort Hollis Professor für Mathematik und Naturphilosophie und im Jahre 1839 Fellow der American Academy of Arts and Sciences. 1839 konnte das neue Observatorium eingeweiht werden, dessen erster Direktor der Astronom William Cranch Bond (1789–1859) war. Auf dem Gelände des Observatoriums wurde bald das Magnetische Observatorium errichtet, sodass im März 1840 mit den Beobachtungen begonnen werden konnte (Lovering/Bond 1842). Lovering und Bond wurden alsbald Mitglieder des Magnetischen Vereins in Göttingen[18] und von Göttingen kam auch das Magnetometer, mit dem beobachtet wurde. Im Jahre 1846 wurden die Ergebnisse in den „Memoirs of the American Academy of Arts and Sciences" veröffentlicht (Lovering/Bond 1846 und Lovering 1846). Dort wurde auch erwähnt, dass man einem Aufruf der Royal Society gefolgt sei, dem wiederum Humboldts Brief an

[17] Es sei hier erwähnt, dass der erste US-Amerikaner, der sich intensiv mit erdmagnetischen Problemen beschäftigte, John Churchman (1753–1805) war. Er veröffentlichte vor allem erdmagnetische Karten, siehe Reich/Roussanova 2014b, Chap. 2.

[18] Zu den Beobachtern zählte ferner der Astronom Benjamin Peirce (1809–1880).

den Herzog von Sussex sowie die Antwort von Christie und Airy zugrunde liegen würde (Lovering/Bond 1846, S. 2). Lovering und Bond waren mit den weiteren magnetischen Beobachtungen auf dem amerikanischen Kontinent bestens vertraut und unterhielten Kontakte zu Riddell in Toronto und natürlich zu Bache in Philadelphia. Zwischen Toronto und Cambridge kam es sogar zu korrespondierenden Beobachtungen (Lovering 1846, S. 153).

10.4 Russland: Helsingfors und Tiflis

In Russland war Kasan die Stadt, in der das erste russische Magnetische Observatorium gebaut wurde. Kurze Zeit später kamen St. Petersburg, Nikolajew, Peking und Sitka dazu, die zunächst mit Gambeyschen Instrumenten ausgerüstet waren. Dies bedeutet, dass zwischen dem Observatorium in St. Petersburg und dem russischen Observatorium in Sitka etwa 195° lagen,[19] das ist wahrhaftig eine gigantische Ost-West-Erstreckung. Die Beobachtungsdaten wurden nicht jährlich, sondern in Sammelbänden, die einen längeren Zeitraum umfassten, veröffentlicht (Kupffer 1837a und b).

Nachdem sich Russland zur Kooperation mit Göttingen entschlossen hatte, wurden diese Observatorien umgerüstet und mit Instrumenten ausgestattet, die mit Göttingen kompatibel waren. Dies galt bereits für die 1833/34 neu hinzugekommenen Magnetischen Observatorien in Jekaterinburg, in Nertschinsk und in Barnaul, sie wurden von vornherein mit in Göttingen gebauten Instrumenten ausgestattet. So verfügte Russland zu Beginn des Jahres 1836 insgesamt über acht feste magnetische Beobachtungsstationen.

Bereits im Mai 1836, also unmittelbar nachdem Humboldt seinen Brief an den Herzog von Sussex geschrieben hatte, verfasste Adolph Theodor Kupffer, dem eine Kopie des Humboldtschen Briefes vorlag (siehe Abschn. 6.2), einen Brief an den russischen Finanzminister Georg von Cancrin (1774–1845), in dem er um die Errichtung eines weiteren Magnetischen Observatoriums – und zwar in Helsingfors (Helsinki)[20] – bat. Er schickte auch sofort einen Kostenvoranschlag mit.[21] Dieses Observatorium wurde zügig gebaut und ging 1838 in Betrieb (Reich/Roussanova 2011, S. 97–99). Ferner wurde in Tiflis damit begonnen, ein Magnetisch-Meteorologisches Observatorium zu errichten und einzurichten. Die dort gemachten Routine-Beobachtungen begannen im Jahre 1839 (Kupffer 1843, S. 74; Rykačev 1900, S. 194f; Reich/Roussanova 2011, S. 101). Damit verfügte Russland nunmehr

[19] St. Petersburg liegt ca. 30° östlich von Greenwich und Sitka ca. 135° westlich von Greenwich.

[20] Noch vor 1809 gehörten Teile von Finnland zum russischen Reich. Seit 1809 stand ganz Finnland unter russischer Herrschaft, der Kaiser von Russland war gleichzeitig auch der Großfürst von Finnland. Die 1640 gegründete Königliche Akademie zu Åbo wurde 1827 nach Helsingfors verlegt und 1828 in eine Universität umgewandelt. Sie erhielt den Namen Kaiserliche Alexander-Universität, d.h. sie erhielt den Namen des Russischen Kaisers Alexander I. (1777–1825, reg. ab 1801), siehe hierzu Reich/Roussanova 2011, S. 19f.

[21] St. Petersburger Filiale des Archivs der Russländischen Akademie der Wissenschaften, f. 32, op. 1., Nr. 48, l. 1r–4v.

über 10 stationäre Einrichtungen bzw. Magnetische Observatorien (Kupffer 1840, Sp. 175).

Die Beobachtungsdaten wurden in einer neu gegründeten Zeitschrift veröffentlicht, im „Annuaire magnétique et météorologique du corps des ingénieurs des mines de Russie ou Recueil d'observations magnétiques et météorologiques faites dans l'étendue de l'Empire de Russie". Herausgeber war Adolph Theodor Kupffer, Ordentliches Mitglied der Kaiserlichen Akademie der Wissenschaften zu St. Petersburg. Es erschienen insgesamt 10 Bände (Kupffer 1837–1846). Vorbild für den „Annuaire" waren die „Resultate aus den Beobachtungen des magnetischen Vereins" in Göttingen. Im „Annuaire" wurden die in Russland an den verschiedenen Stationen gemachten Messergebnisse vorgestellt, kommentiert und ausgewertet. Damit erwies sich St. Petersburg als Zentrum der Erforschung des Erdmagnetismus in Russland.

10.5 Göttingen: Internationales Zentrum der Erforschung des Erdmagnetismus

Die vorliegende Darstellung stützt sich vor allem auf die Angaben, die in den „Resultaten aus den Beobachtungen des magnetischen Vereins" gemacht wurden. Im Folgenden wurden nur die offizellen Teilnehmer berücksichtigt und nicht die Orte bzw. Personen, die zwar Daten nach Göttingen geliefert hatten, die aber nicht mehr berücksichtigt werden konnten. Dazu gehörten meistens die Daten, die von Expeditionen stammten, da deren Beobachtungen in der Regel nicht rechtzeitig in Göttingen eintrafen, um im entsprechenden Band ausgewertet zu werden. Die Originale der meisten nach Göttingen geschickten Beobachtungsdaten sind heute noch vorhanden und zwar in der Staats- und Universitätsbibliothek Göttingen unter der Signatur Cod. Ms. Magn. Verein.

10.5.1 Die Jahre 1836 bis 1838

Es soll zunächst ein Blick auf die Mitglieder des Göttinger Magnetischen Vereins in den Jahren 1836 bis 1839 geworfen werden.

Im Jahre 1836 waren insgesamt 14 Orte an dem Beobachtungsnetz beteiligt, nämlich Berlin, Breda, Breslau, Catania, Freiberg, Göttingen, Haag, Leipzig, Mailand, Marburg, Messina, München, Palermo, Upsala (Gauß 1837b, S. 90).

Im Jahre 1837 waren insgesamt 16 Orte beteiligt: Altona, Augsburg, Berlin, Breda, Breslau, Copenhagen, Dublin, Freiberg, Göttingen, Leipzig, Mailand, Marburg, München, Petersburg, Stockholm, Upsala (Gauß 1838, S. 130). Dublin war neu hinzugekommen (siehe Abschn. 10.1.1, Dublin). Es war dies die erste Station auf den britischen Inseln, die am Göttinger Magnetischen Verein mitwirkte.

Für das Jahr 1838 wurden insgesamt 13 Orte genannt, die an den Beobachtungsterminen teilgenommen hatten (Weber 1839d, S. 136–139), darunter auch London. Im Fall von London sei jedoch bemerkt, dass es nicht die Sternwarte in Greenwich war, die Daten lieferte. Es waren die Herren Solly, Minasi, Murray und Watts, die ihre für den Juli-Termin im Jahre 1838 gemessenen Beobachtungsdaten nach Göttingen gesandt haben.

10.5.2 Göttingen im Jahre 1839: Zentrum der internationalen erdmagnetischen Forschung

Im Jahre 1838 war Gauß mit der höchsten wissenschaftlichen Auszeichnung, die die Royal Society of London zu vergeben hatte, ausgezeichnet worden, nämlich der Copley-Medaille (Wiederkehr 1982). Dies geschah noch vor der Veröffentlichung seiner „Allgemeinen Theorie des Erdmagnetismus". Diese Auszeichnung erhielten im Jahre 1838 gleichzeitig zwei Wissenschaftler, nämlich Gauß und Michael Faraday. Bei dieser Gelegenheit, der Überreichung der Copley-Medaille, kam Gauß mit William Henry Smyth (1788–1865), dem Sekretär der Royal Society, in Kontakt.[22]

Das Circular der Royal Society vom 1. Juli 1839

Die Royal Society hatte im Jahre 1838 einen neuen Präsidenten bekommen. Augustus Fredericks Nachfolger wurde Spencer Compton, der second Marquess of Northampton, er sollte dieses Amt bis 1848 innehaben. Sein Foreign Secretary war der bereits erwähnte William Henry Smyth, ein Marineoffizier und Geodät. Smyth ist der Verfasser eines Circulars der Royal Society, das das Datum 1. Juli 1839 trägt. Dieses an Gauß gerichtete Schreiben wurde sofort in dem noch im Jahre 1839 erschienenen Band der „Resultate", der eigentlich der erdmagnetischen Forschung im Jahre 1838 vorbehalten war, veröffentlicht. Gauß lässt die Leser wissen:

> In dem Augenblick, wo wir im Begriff sind, diesen Band zu schließen, erhalten wir das Circular der königlichen Societät zu London, welches wir hier noch mittheilen, weil daraus am besten ersichtlich ist, zu welchen Erwartungen wir durch die großartigen Maaßregeln des englischen Gouvernements zur Beförderung dieses Theils der Naturwissenschaften berechtigt werden.[23]

Dieses Circular bildet den krönenden Abschluss der Bemühungen von Alexander von Humboldt um die Förderung der Erforschung des Erdmagnetismus: Erst der Humboldtsche Brief an den Herzog von Sussex (siehe Anhang 1), dann die offizielle Antwort von Christie und Airy (siehe Anhang 2) und schließlich dieses Circular an Gauß (siehe Anhang 5).

Dieses Circular enthält einen Bericht über alle die Maßnahmen, die die Royal Society und die East India Company bereits vorbereitet hatten. So wurde ein gemeinsames Kommittee für Physik und Meteorologie eingerichtet, das sich der Erweiterung der erdmagnetischen Forschung widmen sollte. An erster Stelle wird die Expedition in die Antarktis genannt, die im September 1839 unter dem Kommando

---

[22] Hierüber gibt der Briefwechsel Gauß–Schumacher Auskunft, siehe die Briefe vom 9. und vom 14. Dezember 1838 (Briefwechsel Gauß–Schumacher 1860–1865: 3, S. 211 und 213).

[23] Resultate aus den Beobachtungen des magnetischen Vereins im Jahre 1838. Leipzig 1839, S. 149.

von James Clark Ross England verlassen sollte. Des Weiteren sind feste, stationäre Magnetische Observatorien in St. Helena, Montreal, auf dem Kap der Guten Hoffnung sowie in Van-Diemens-Land geplant. Der Beitrag der „Honourable East India Company" wird ein Magnetisches Observatorium in Madras, Bombay und in den Bergen des Himalayas sein. Großen Wert wird dabei auf die instrumentelle Ausstattung der einzelnen Observatorien gelegt, es wird eine genaue Instrumentenliste beigegeben. Es ist naheliegend, dass alle Instrumente, sowohl die magnetischen als auch die meteorologischen, in England bzw. in Irland hergestellt werden sollten, war doch Großbritannien die Hochburg der wissenschaftlichen Instrumentenherstellung. Das Wichtigste dabei war die Versicherung:

> The declination and horizontal force magnetometers are similar, with slight modifications, to these devised by M. Gauss.

Der Internationale Magnetische Kongress im Oktober 1839 in Göttingen

Es gab jedoch noch ein ganz besonderes Ereignis, das Mitte Oktober in Göttingen stattfand, nämlich der erste „magnetische Kongress". Diese Bezeichnung stammt von Gauß selbst (Briefwechsel Gauß–Gerling 1927, S. 584). Kongressteilnehmer waren Humphrey Lloyd aus Dublin, das Ehepaar Edward und Elizabeth Sabine aus London, Adolph Theodor Kupffer aus St. Petersburg und Karl August Steinheil aus München. An dieser Konferenz nahmen also die ranghöchsten Erdmagnetiker aus Großbritannien und aus Russland teil. Welche überaus große Bedeutung von seiten Russlands Kupffers Reise im Jahre 1839 beigemessen wurde, macht die Tatsache deutlich, dass sie mit einer Abwesenheit von drei bis vier Monaten veranschlagt wurde;[24] das Reisegeld betrug 6.000 Rubel (Roussanova 2010).

Göttingen war nicht nur der Gastgeber, auch nicht nur ein, sondern *das* Zentrum der erdmagnetischen Forschung. Wären Lloyd und das Ehepaar Sabine nach Göttingen gereist, wenn nicht der Humboldtsche Brief das Interesse am Erdmagnetismus in Großbritannien so nachhaltig geweckt hätte? Während Russland schon lange vorher in Sachen Erdmagnetismus bestens ausgewiesen war, kam nunmehr auch Großbritannien auf den Plan.

Es soll hier nicht unerwähnt bleiben, dass der damalige Präsident der Royal Society Spencer Compton am 7. November 1839 den russischen Botschafter offiziell von den Beschlüssen, die in Großbritannien getroffen worden waren, unterrichtete (Rykačev 1900, S. 56*).

Lloyd und Sabine statteten nach Göttingen auch Berlin und St. Petersburg einen Besuch ab.[25] Was Berlin anbelangt, so erwähnte Humboldt die Anwesenheit der

[24] Kupffers Reise ging zuerst nach Hamburg, dann nach Berlin, Dresden und Teplitz, wo Kupffer Alexander von Humboldt traf. Über Freiberg gelangte Kupffer nach Göttingen, fuhr aber anschließend mit Weber nach München, wo man Lamont einen Besuch abstattete. Weiter reiste Kupffer nach Zürich, Mailand, Genua, Marseille und Paris; von Paris führte der Weg abermals nach Göttingen, sodass Kupffer im Oktober am dortigen Kongress teilnehmen konnte (Roussanova 2010, S. 90–103).

[25] Angabe in: Collier 2013, S. 316.

beiden Iren in einem Schreiben vom 10. November 1839 an Palm Heinrich Ludwig von Boguslawski (1789–1851) (vgl. Briefwechsel Humboldt–Encke 2013, S. 472).

10.5.3 Das Netzwerk des Göttinger Magnetischen Vereins in den Jahren 1839 bis 1841

Im Jahre 1839 waren insgesamt 16 Orte an den Beobachtungen beteiligt, erstmals hatte auch Greenwich seine Daten in Göttingen eingereicht (Weber 1840, S. 125).

Im Jahre 1840 kletterte die Anzahl der beteiligten Orte, die ihre Daten nach Göttingen schickten, auf 24. Es kamen erstmals Cambridge (Massachussetts), Philadelphia, St. Helena, und Toronto hinzu. Außerdem meldete die Ross-Expedition die auf den Kerguelen, auf den Aucklandinseln (vgl. Abb. 10.6) und in Van-Diemens-Land beobachteten Daten (Weber 1841a, S. 164–168).

OBSERVATORY at Auckland Isles H.M. Ships Erebus & Terror ~~day, the~~ ~~of~~
ABSTRACT of Term-day Observations 26th 27th November 1840

Gott. Mean Time.	DECLINATION MAGNETOMETER.											
	10 P.M.	11.	Midn.	1 A.M.	2.	3.	4.	5.	6.	7.	8.	9 A.M.
m. s.												
0:00	239·97	241·50	242·40	248·37	253·15	258·90	260·30	259·70	255·65	250·55	247·80	245·92
5:00	240·00	241·35	243·25	249·57	253·95	259·10	260·15	259·60	255·07	250·30	248·20	245·25
10:00	239·20	240·95	243·55	250·07	254·60	258·90	260·30	259·47	254·60	249·95	248·00	245·00
15:00	238·20	241·20	243·65	250·37	255·55	258·97	260·50	259·30	254·00	249·97	248·30	244·55
20:00	239·45	241·10	243·55	251·07	256·17	259·45	260·57	259·30	253·85	249·75	248·20	244·77
25:00	240·40	241·55	244·40	251·80	256·65	259·70	260·40	258·95	253·00	249·25	248·35	244·55
30:00	240·95	241·60	244·55	252·20	256·90	260·15	260·35	258·60	253·00	248·85	247·67	245·02
35:00	241·80	241·10	245·05	252·65	257·35	260·00	259·57	258·40	252·20	248·55	247·77	245·27
40:00	241·85	241·50	245·90	252·80	257·55	259·65	260·12	257·55	251·95	248·52	247·77	245·22
45:00	242·35	240·60	246·20	253·40	258·15	259·72	261·02	257·30	251·47	248·40	247·52	244·77
50:00	241·71	240·60	246·95	253·45	258·80	260·10	260·85	256·50	251·10	248·20	246·95	244·67
55:00	240·90	241·50	247·87	253·45	258·80	260·30	260·05	255·85	250·85	248·15	246·40	244·60
	10 A.M.	11.	Noon.	1 P.M.	2.	3.	4.	5.	6.	7.	8.	9 P.M.
m. s.												
0:00	244·55	244·67	241·55	243·10	245·15	244·15	241·85	240·90	240·57	250·40	239·95	240·12

Abb. 10.6 Nach Göttingen gesandte Daten von magnetischen Beobachtungen auf den Aucklandinseln, durchgeführt am 26./27. November 1840 auf den Schiffen „Terror“ und „Erebus“ (Ausschnitt). © Staats- und Universitätsbibliothek Göttingen, Cod. Ms. Magn. Verein 3 : 1841, Mappe November.

Im Jahre 1841 war dann das Maximum erreicht, erstmals lieferten auch Makerstoun, drei Observatorien in Indien,[26] Singapore sowie auch die Ross-Expedition von verschiedenen Positionen wieder Beobachtungsdaten,[27] sodass insgesamt 32 Orte an den Beobachtungen teilnahmen (Weber 1843, S. 113–118), hier in alphabetischer Reihenfolge:

Aucklandinseln, Berlin, Breda, Breslau, Brüssel, Catharinenburg, Christiania, Copenhagen, Cracau, Genf, Göttingen, Heidelberg, Kremsmünster, Leipzig, Madras, Mailand, Makerstoun, Marburg, Nertschinsk, Neuseeland, Prag, Simla, Singapore, St. Helena, St. Petersburg, Stockholm, Toronto, Trevandrum, Upsala, Van-Diemens-Land (Magnetisches Observatorium), Van-Diemens-Land (Schiff „Erebus"), Kap der Guten Hoffnung.

Die folgende Darstellung soll den Überblick über die Gesamtzahl der an den korrespondierenden Beobachtungen beteiligten Orte ermöglichen.

Jahr	1836	1837	1838	1839	1840	1841
Anzahl der Stationen	14	16	13	16	24	32

Es muss nochmals hervorgehoben werden, in welch rasantem Tempo sich das Göttinger Netzwerk erweiterte. Im Jahre 1841 meldeten doppelt soviele Stationen ihre Daten nach Göttingen wie im Jahre 1837, damals waren es wie 1839 16 Stationen. Der Grund für diesen Anstieg war die Beteiligung Großbritanniens am Göttinger Magnetischen Verein.

Im letzten Jahrgang der „Resultate" veröffentlichte Humphrey Lloyd seinen Aufsatz „Über die Einrichtung und die Instrumente des magnetischen Observatoriums in Dublin" (Lloyd 1843).[28] Es war dies der einzige Aufsatz eines Briten, der in den „Resultaten" erschien.

Wie gut Gauß über die Magnetischen Observatorien, die es weltweit gab, informiert war, zeigt z. B. folgende handschriftliche Aufzeichnung von Gauß (Abb. 10.7).

Wie bereits erwähnt, hatte sich Göttingen zu *dem* Zentrum der erdmagnetischen Forschung entwickelt, wenn auch diese Blütezeit nur kurze Zeit, bis 1843, währte.

---

[26] Simla, Madras und Trevandrum. Das Magnetische Observatorium in Bombay wurde erst 1841 mit Instrumenten bestückt.

[27] Die Ross-Expedition meldete Daten von den Aucklandinseln, Neuseeland und von Van-Diemens-Land.

[28] Im Jahre 1842 hatte Lloyd eine umfangreiche Darstellung mit dem Titel „Account of the Magnetical Observatory of Dublin, and of the instruments and methods of observation employed there" veröffentlicht (Lloyd 1842).

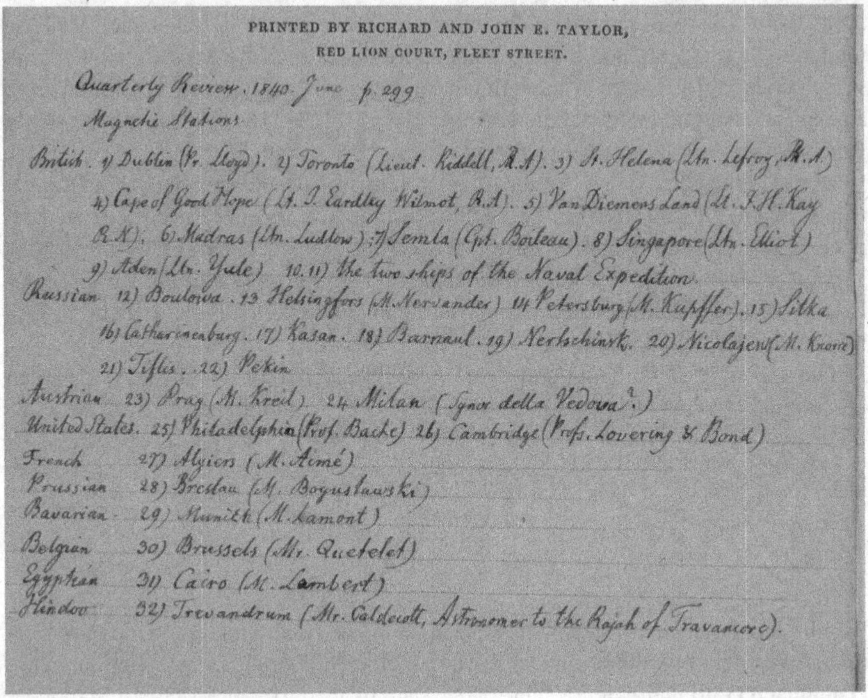

PRINTED BY RICHARD AND JOHN E. TAYLOR,
RED LION COURT, FLEET STREET.

Quarterly Review. 1840. June p. 299.
Magnetic Stations
British. 1) Dublin (Pr. Lloyd). 2) Toronto (Lieut. Riddell, R.A.). 3) St. Helena (Ltn. Lefroy, R.A.)
4) Cape of Good Hope (Lt. J. Eardley Wilmot, R.A.). 5) Van Diemens Land (Lt. J.H. Kay R.N.). 6) Madras (Ltn. Ludlow); 7) Semla (Cpt. Boileau). 8) Singapore (Ltn. Elliot)
9) Aden (Ltn. Yule) 10. 11) the two ships of the Naval Expedition.
Russian 12) Boulova. 13 Helsingfors (M. Nervander) 14 Petersburg (M. Kupffer). 15) Sitka
16) Catharinenburg. 17) Kasan. 18) Barnaul. 19) Nertschinsk. 20) Nicolajew (M. Knorre)
21) Tiflis. 22) Pekin
Austrian 23) Prag (M. Kreil). 24 Milan (Sgnor della Vedova?)
United States. 25) Philadelphia (Prof. Bache) 26) Cambridge (Profs. Lovering & Bond)
French 27) Algiers (M. Aimé)
Prussian 28) Breslau (M. Boguslawski)
Bavarian 29) Munich (M. Lamont)
Belgian 30) Brussels (Mr. Quetelet)
Egyptian 31) Cairo (M. Lambert)
Hindoo 32) Trevandrum (Mr. Caldecott, Astronomer to the Rajah of Travancore).

Abb. 10.7 Zusammenstellung von Magnetischen Stationen – Magnetic Stations – von Carl Friedrich Gauß' eigener Hand anhand von „The Quarterly Review" (Anonymus 1840, S. 299) auf der letzten Seite des „Report of the President and Council of the Royal Society on the instructions to be prepared for the scientific Expedition to the Antarctic Regions" (Royal Society 1839). © Staats- und Universitätsbibliothek Göttingen, Gauß-Bibliothek 1303.

10.5.4 Englische Übersetzungen von speziellen Werken von Gauß, Weber und Goldschmidt sowie britische Werke zum Erdmagnetismus in der Gaußschen Handbibliothek

Schon zu seinen Lebzeiten wurden die Werke von Carl Friedrich Gauß von der Originalsprache – Gauß veröffentlichte bevorzugt in Latein und in Deutsch – in Fremdsprachen übersetzt. Am zahlreichsten sind die Übersetzungen ins Russische, dann erst folgen Übersetzungen ins Französische und ins Englische. Im Fall des Erdmagnetismus ist hier vor allem seine erste grundlegende Arbeit „Intensitas vis magneticae terrestris ad mensuram absolutam revocatae" zu nennen, die 1833 in deutscher Übersetzung, 1834 in französischer Übersetzung, 1836 in russischer Übersetzung, 1839 in italienischer Übersetzung und erst 1841 im lateinischen Originaltext erschien (Roussanova 2011b, S. 44–50).

Im Jahre 1840 wurde eine ausführliche Würdigung von Gauß' und Webers Beiträgen im Zusammenhang mit der internationalen Forschung zum Erdmagnetismus im „Quarterly Review" veröffentlicht (Anonymus 1840). Bis einschließlich 1840 war nur Gauß' Anzeige der „Intensitas" ins Englische übersetzt worden (Gauß 1833b).

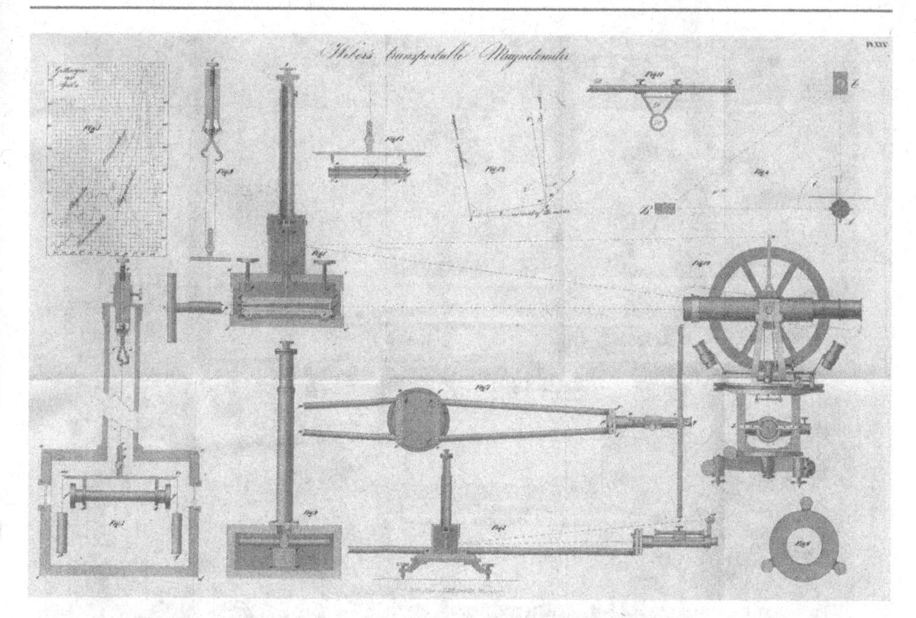

Abb. 10.8 Wilhelm Webers transportables Magnetometer. Aus: „A Transportable Magnetometer" (Weber 1841b, Plate XXV). Exemplar der © Staatsbibliothek zu Berlin – Preußischer Kulturbesitz, Sign. Lc 17784.

Aber in den Jahren 1841 und 1843 kamen in den von Richard Taylor in London herausgegebenen „Scientific Memoirs"[29] insgesamt 11 Arbeiten von Gauß, fünf von Weber und eine von Benjamin Goldschmidt in englischer Übersetzung heraus. Darunter sind Gauß' „General Theory of Terrestrial Magnetism" (Gauß 1841c) sowie Webers „A Transportable Magnetometer" (Weber 1841b), die beiden in deutscher Sprache veröffentlichten Originalarbeiten erschienen in den „Resultaten aus den Beobachtungen des magnetischen Vereins im Jahre 1838" (Gauß 1839 und Weber 1839a). Dabei wurden auch die zahlreichen, die Texte begleitenden Tafeln (Plates) in bearbeiteter Form wiedergegeben, so beispielsweise auch die graphische Darstellung des Weberschen transportablen Magnetometers (Abb. 10.8). Ein Exemplar des transportablen Magnetometers von Weber befindet sich heute in der Sammlung des I. Physikalischen Instituts der Universität Göttingen (Abb. 10.9).

Im Vorwort zu den „Scientific Memoirs" wurde zunächst über die britischen Anstrengungen wie die Gründung zahlreicher neuer Magnetischer Observatorien sowie die Ausrüstung der Expedition in die Antarktis unter dem Kommando von James Clark Ross berichtet. Des Weiteren heißt es:

[29] Vollständiger Titel: Scientific Memoirs, selected from the translations of foreign Academies of science and learned Societies, and from foreign Journals. Der Band 2 (London 1841) enthält sieben Arbeiten von Gauß, fünf Arbeiten von Weber sowie eine Arbeit von Goldschmidt. Der Band 3 (London 1843) enthält vier Arbeiten von Gauß. Alle Bände der „Scientific Memoirs" erlebten im Jahre 1966 einen Nachdruck (New York: Johnson).

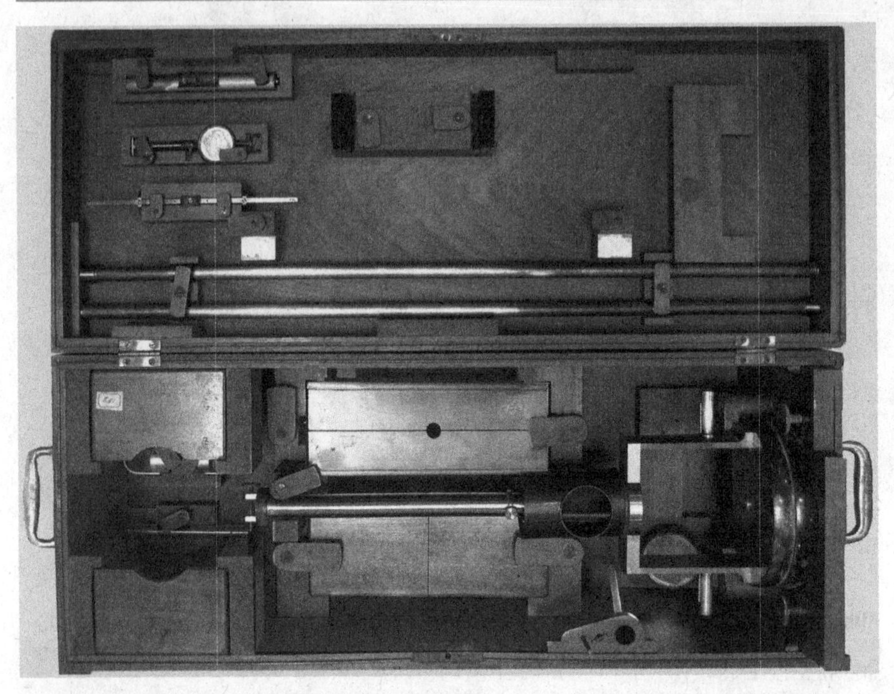

Abb. 10.9 Wilhelm Webers transportables Magnetometer, gebaut 1839 von Moritz Meyerstein. Sammlung historischer physikalischer Apparate im I. Physikalischen Institut der Universität Göttingen. Photographie von © Axel Wittmann.

> In aid, therefore, of these united efforts, it has been thought reasonable[30] to place before the English reader the highly important memoir of MM. Gauss and Weber, even at no small sacrifice as regards expense, from the numerous Plates required for its illustration: and an additional inducement has presented itself in the valuable offer of Professor Lloyd and Major Sabine, who kindly undertook the direction and revision of the Translation (Scientific Memoirs, Bd. 2, London 1841, S. IV).

Es ist dies in der Geschichte ein bis dahin beispielloser Vorgang: Innerhalb der zwei Jahre 1841 und 1843 wurden die wichtigsten Arbeiten aus den „Resultaten" ins Englische übertragen! Man sieht, welche Anstrengungen man in Großbritannien nunmehr machte, um die Göttinger Beiträge zum Erdmagnetismus den englischsprachigen Lesern nahezubringen. Das ist sicher auch eine Art der persönlichen Wertschätzung und eine besondere Art der wissenschaftlichen Hochschätzung, die man den in Göttingen beheimateten Wissenschaftlern entgegenbrachte.

Darüber hinaus ließ man Gauß wichtige Publikationen, die in Großbritannien zum Thema Erdmagnetismus erschienen waren, zukommen. Das betrifft zahlreiche Reports, aber auch die wichtigsten Bände mit den Beobachtungsdaten der neu

[30] Im Original: „seasonable", was sicher ein Druckfehler ist.

geschaffenen Observatorien. Insgesamt befinden sich heute in der Gauß-Bibliothek (Staats- und Universitätsbibliothek Göttingen) 17 relevante Titel, wovon einige mehrbändig sind.[31]

10.5.5 Das Ende des Göttinger Magnetischen Vereins

Kaum hatte der Göttinger Magnetische Verein zu blühen angefangen, stellte sich schon das Unheil ein. Am 20. Juni 1837 – kurz vor den Feiern zum 100-jährigen Universitätsjubiläum im September 1837 – starb der letzte König von Großbritannien und Hannover Wilhelm IV. Damit ging die Personalunion zwischen Großbritannien und Hannover zu Ende. In Großbritannien bestieg Victoria (1819–1901) den Thron. In Hannover war es Ernst August, ein älterer Bruder des Herzogs von Sussex, der nunmehr die Regierung in Hannover als König übernahm. Auch Ernst August I. hatte, wie Augustus Frederick, an der Universität Göttingen studiert (siehe Abschn. 4.1).

Wilhelm Weber gehörte zu den sieben Göttinger Professoren, die gegen den Verfassungsbruch des neuen Königs protestierten. Bereits im Dezember 1837 verloren alle sieben Beteiligten ihre Stellen an der Universität. Nur Gauß zuliebe blieb Weber dennoch in Göttingen, um die so verheißungsvoll angefangene, gemeinsame Arbeit am Erdmagnetismus nicht gleich wieder zu Fall zu bringen. Denn eines war ganz und gar sicher, Gauß alleine würde diese Riesenaufgabe nicht schaffen. Gauß kämpfte wahrhaftig wie ein Löwe um Webers Verbleib auf seiner Professur, allein, es war vergeblich. Als Weber 1838 London einen Besuch abstattete (siehe Kap. 11), mag er vielleicht gehofft haben, dort Unterstützung für sein Problem zu finden. Aber obwohl man in London Bescheid wusste, sprach man darüber nicht. Auch die Bemühungen Humboldts, die Gauß und Weber als halbherzig empfanden und empfinden mussten, führten zu nichts. So blieb es dabei, Weber war und blieb stellenlos. Erst als er 1841 einen Ruf sowohl an die Universität Leipzig als auch an die Universität Halle bekam, suchte er nach einer Änderung seiner prekären, persönlichen Situation. Er entschied sich für Leipzig und verließ im Frühjahr 1843 Göttingen. Das war das Ende des Göttinger Magnetischen Vereins (Wiederkehr 1967, S. 70–85). Im Jahre 1843 erschien der letzte Band der „Resultate aus den Beobachtungen des magnetischen Vereins“.

Die Blütezeit Göttingens hatte nur 10 Jahre gedauert!

[31] Hier werden diese Werke in alphabetischer Reihenfolge angegeben: Airy 1843, Augustus Frederick 1836, Brewster 1831, Lovering/Bond 1846, Lovering 1846, Observations: Cape of Good Hope, Observations: St. Helena, Observations: Hobarton, Observations: Makerstoun, Observations: Toronto, Orlebar 1846, Royal Society 1839, Report 1840a, Report 1846, S. 14–67 (Sonderdruck), Sabine 1838, Sabine 1839, Sabine 1843/1851.

11 Weiterer Brief von Alexander von Humboldt an den Herzog von Sussex vom 29. Mai 1838

In der Tat ist noch ein zweiter Brief erhalten, den Alexander von Humboldt an Augustus Frederick, Duke of Sussex, geschrieben hat. Dieser Brief, in französischer Sprache am 29. Mai 1838 verfasst, steht in Zusammenhang mit den Vorgängen in Göttingen. Wilhelm Weber hatte, wie oben berichtet, bereits im Dezember 1837 seine Professur in Göttingen verloren. Er wollte zusammen mit Johann Christian Poggendorff (1796–1877) eine Reise nach London unternehmen und Humboldt bat den Duke of Sussex um freundliche Aufnahme der beiden Gelehrten, siehe den folgenden Brief.

Brief von Alexander von Humboldt an Augustus Frederick Duke of Sussex vom 29. Mai 1838 (Berlin)

Transkription anhand einer Kopie des Briefes, die in der Alexander-von-Humboldt-Forschungsstelle der Berlin-Brandenburgischen Akademie der Wissenschaften vorhanden ist.[1]

> Votre Altesse Royale, dans Son dernier discours annuel tenu au sein de l'illustre Société qu'Elle préside, a daigné faire mention de moi avec une bienveillance si particulière, que je croirais manquer à un devoir sacré, si je ne déposais pas à Ses piés l'hommage de ma respectueuse reconnoissance. Cette faveur qu'Elle accorde aux recherches simultanées du Magnétisme terrestre, si puissamment perfectionnées par le génie du grand Géomètre de Gottingue, Mr Gauß, m'enhardit à solliciter la haute Protection de Votre Altesse Royale pour deux de nos plus savans Physiciens de l'Allemagne, Mrs Guillaume Weber, jadis Professeur à Gottingue, et Mr Poggendorf, Professeur à l'Université de Berlin. C'est le désir de propager les observations de déclinaison et d'intensité magnétique horaires qui amènent ces voyageurs en Angleterre. Le premier est le compagnon d'infortune de Mr Ewald, gendre de Gauß, que Votre Altesse Royale, récemment encore, a honoré de son intérêt philantropique. Mr Weber est l'ami intime et le colaborateur de Mr Gauß; le second, Mr Poggendorf, rédacteur d'un célèbre journal de Chimie et de Physique a le mérite d'avoir indiqué le premier la méthode perfectionnée de réflexion qui a rendu les mesures si précises. J'ose supplier Votre Altesse Royale de daigner contribuer à faciliter la publication si utile des observations simultanées faites dans nos Stations magnétiques.
> Je suis avec le plus profond respect, et la plus vive reconnoissance,

[1] Das Original des Briefes sollte sich in der Wellcome Library in London (Wellcome Historical Medical Library) befinden. Dort aber ist dieser Brief nicht (mehr) nachweisbar. Der Standort des Originalbriefes ist momentan unbekannt.

K. Reich et al., *Alexander von Humboldts Geniestreich*,
DOI 10.1007/978-3-662-48164-6_11

Monsieur,
De Votre Altesse
Royale,
le très-humble et très-
obéissant et très dévoué
serviteur
Le B^{n} de Humboldt.
à Berlince 29 mai 1838.

[Umschlag]: à Son Altesse Royale Monseigneur le
Duc de Sussex, Président de la Société Royale à Londres
de la part du B^{n} de Humboldt par Mrs
les Professeurs Weber et Poggendorf
(de Gottingue et de Berlin).

In deutscher Übersetzung:

Eure Königliche Hoheit hat geruht, mich in Ihrer letzten jährlichen Rede, gehalten im Schoße der berühmten Gesellschaft, deren Vorsitz Sie innehat, mit einem so besonderen Wohlwollen zu erwähnen, dass ich glaubte, eine heilige Pflicht zu versäumen, wenn ich nicht den Ausdruck meiner ehrerbietigen Anerkennung zu Ihren Füßen legte.

Diese Gunst, die Sie den gleichzeitigen Untersuchungen des Erdmagnetismus zuteil werden lässt, die so mächtig durch das Genie des großen Geometers aus Göttingen vervollkommnet wurden, Herrn Gauß, ermutigt mich, die hohe Unterstützung Eurer Königlichen Hoheit für zwei unserer gelehrtesten Physiker Deutschlands zu erbitten, die Herren Wilhelm Weber, früher Professor in Göttingen, und Herrn Poggendorff, Professor an der Universität von Berlin. Es ist Ihr Wunsch, die stündlichen Beobachtungen von Deklination und magnetischer Intensität auszudehnen, die diese Reisenden nach England führen. Der erste ist der Unglücksgefährte von Herrn Ewald, Schwiegersohn von Gauß, den Eure Königliche Hoheit noch vor kurzem mit Ihrem philantropischen Interesse beehrt hat. Herr Weber ist der enge Freund und Mitarbeiter von Herrn Gauß. Der zweite, Herr Poggendorff, Redakteur einer berühmten Zeitschrift der Chemie und Physik, hat das Verdienst, als Erster die vervollkommnete Reflexionsmethode angezeigt zu haben, die die Messungen so genau gemacht hat. Ich wage, Eure Königliche Hoheit anzuflehen zu geruhen dazu beizutragen, die so nützliche Veröffentlichung gleichzeitig in unseren magnetischen Stationen gemachter Beobachtungen zu erleichtern.

Ich bin mit der tiefsten Hochachtung und der lebhaftesten Dankbarkeit, mein Herr, der sehr untertänige und sehr gehorsame und sehr ergebene Diener

Eurer Königlichen Hoheit
Baron von Humboldt
Berlin, den 29. Mai 1838.

[Umschlag]: An Ihre Königliche Hoheit
den Herrn Herzog von Sussex, Präsident der Royal Society in London
seitens des Barons von Humboldt
für die Professoren Weber und Poggendorff
(aus Göttingen und aus Berlin).

Die hier von Humboldt angekündigte Reise von Wilhelm Weber nach London fand in der Tat statt. Er verließ Göttingen am 7. März 1838 und reiste über Berlin, wo sich Johann Christian Poggendorff zu ihm gesellte. In London, wo er die zweite Juni- und die erste Julihälfte zubrachte, traf er u. a. auch den Herzog von Sussex[2] sowie zahlreiche Wissenschaftler wie George Biddell Airy, John Herschel und Edward Sabine (Weber H. 1893, S. 59–63). Weber überbrachte dabei ein Heft der „Resultate aus den Beobachtungen des magnetischen Vereins". Es kann sich eigentlich nur um den Band der im Jahre 1836 gemachten Beobachtungen handeln. Vielleicht war das der Band, den man einem Teil der Übersetzungen zugrunde gelegt hatte (siehe Abschn. 10.5.4).

Am 14. Juli 1838 stattete John Herschel Göttingen einen Besuch ab. Von der schwierigen Lage, in die Weber durch seine Entlassung geraten war, war wahrscheinlich keine Rede. Gauß ließ seinen väterlichen Freund Wilhelm Olbers in Bremen wissen:

> Er ist bloss hier, die magnetischen Einrichtungen kennen zu lernen und zeigt viel Eifer, sie weiter zu verbreiten, selbst in die südliche Hemisphäre (Kap, Mauritius, Madras, Paramatta etc. etc.) (Briefwechsel Gauß–Olbers 1900/1909: 2, S. 690).

Das Interessante an diesem Brief von Humboldt an den Duke of Sussex vom 29. Mai 1838 ist, was hier nur indirekt und nicht mit aller Deutlichkeit erwähnt wurde, nämlich Webers Entlassung in Göttingen. Selbstverständlich wusste man darüber in London Bescheid, und Humboldt wusste nur allzu gut, wie prekär die Situation dadurch in Göttingen geworden war. Hatte ihm doch Gauß erst kurze Zeit vorher am 13. Mai 1838 flehentlich geschrieben:

> Warum mit wehmütiger Freude? Es ist mir zu Muthe, wie wenn eine neue Welt entdeckt, der Weg hinein geebnet und dann auf einmal das Thor vor uns zugeschlagen wird! Das Fortbestehn unseres Organs, der „Resultate", wodurch für jetzt wenigstens die gemeinschaftliche Thätigkeit der Theilnehmer zusammengehalten wird, ja, das Fortbestehen meiner ganzen naturwissenschaftlichen Thätigkeit in Göttingen ist wesentlich an Weber's Erhaltung für Göttingen geknüpft. Ich hatte früher Hoffnung, Weber für Göttingen zu erhalten, sie sind in der letzten Zeit fast verschwunden. Ich setze jetzt fast meine letzte Hoffnung nur noch auf *Sie* (Briefwechsel Humboldt–Gauß 1977, S. 67).

So kann man nur konstatieren, dass im Fall von Webers Entlassung Humboldts Unterstützung zu wünschen übrig ließ.

---

[2] Darüber berichtete Weber in seinen Briefen aus London vom 18. Juni sowie vom 5. Juli 1838 an Gauß.

Weitere Briefe Alexander von Humboldts zur Förderung der erdmagnetischen Forschung

12

Alexander von Humboldt war noch nicht zufrieden mit dem, was er zur Förderung der Erforschung des Erdmagnetismus getan hatte. Er wollte noch mehr erreichen, und zwar sowohl in Russland als auch in Großbritannien.

12.1 Brief Alexander von Humboldts an Kaiser Nikolaj I. vom 9. April 1839

Dieser Brief an den russischen Kaiser hat eine lange Vorgeschichte, die bis in das Jahr 1829 zurückreicht. Humboldt kam von seiner Sibirienreise zurück und weilte wieder in St. Petersburg. In der Alexander von Humboldt zu Ehren abgehaltenen außerordentlichen Sitzung der Kaiserlichen Akademie der Wisseenschaften in St. Petersburg am 16./28. November 1829 hielten Humboldt und der russische Physiker Adolph Theodor Kupffer denkwürdige Vorträge. Dort wurde erstmals von Kupffer die Idee präsentiert, in St. Petersburg eine neue zentrale Institution zur besseren Erforschung des Erdmagnetismus zu gründen. Diese Idee unterstützte Humboldt mit dem entsprechenden Nachdruck (Reich/Roussanova 2011, S. 351–353). Doch blieb dieser Plan zugunsten anderer Unternehmungen zunächst zehn Jahre lang liegen. Im Jahre 1839 jedoch, nach den sichtbaren Erfolgen in Großbritannien, erinnerte man sich wieder an diesen Vorschlag. Es war Alexander von Humboldt selbst, der mit seinem Brief an Kaiser Nikolaj I. den entscheidenden Schritt unternahm. Dieser Brief, in französischer Sprache geschrieben, wurde zweimal ediert, von La Roquette und von Rykačev (La Roquette 1869, S. 167–169 und Rykačev 1900, S. 86–87). Schon La Roquette wies deutlich darauf hin, dass die Vorgeschichte dieses Briefes bis 1829 zurückreicht (La Roquette 1869, S. 446).

1839, das war das Jahr, in dem in Russland das neue Astronomische Hauptobservatorium in Pulkovo seiner Bestimmung übergeben werden konnte. Und Humboldt erinnerte in seinem Brief vom 9. April 1839 den russischen Kaiser daran, dass die Erforschung des Erdmagnetismus in keinem Lande mehr gepflegt werde als in Russland:

K. Reich et al., *Alexander von Humboldts Geniestreich*,
DOI 10.1007/978-3-662-48164-6_12

> Dieser nützliche Zweig der Naturwissenschaften, eng mit den Bedürfnissen der Navigation verknüpft, ist in keinem Land Europas wie in dem Teil der Welt gepflegt worden, den Gott unter das Zepter Eurer Majestät gestellt hat[1] (Rykačev 1900, S. 87).

Mit einem Hinweis auf seine Erfolge in London schloss Humboldt seinen Brief mit der Bitte:

> Petersburg ist das Zentrum der Beobachtungen und die Freigebigkeit, die Eure Majestät weiterhin der Bauvergrößerung der zentralen magnetischen und meteorologischen Station des Reiches zukommen lassen wird, wird zu Recht zu den Wohltaten Ihrer Herrschaft gezählt werden[2] (Rykačev 1900, S. 87).

Den Brief von Humboldt an Nikolaj I. ließ der Nachfolger von Kupffer, Michail Rykačev sogar als Faksimile reproduzieren (Rykačev 1900, zwischen S. 86/87), um dessen überaus große Bedeutung hervorzuheben. An demselben Tag hatte Humboldt auch an den russischen Finanzminister Georg von Cancrin einen Brief geschrieben, in dem es ebenfalls um die Gründung eines Zentralinstitutes ging:

> Alles was Sie für die Vergrösserung und Sicherung dieses herrlichen Central-Instituts in Petersburg fortfahren zu thun, wird von der Nachwelt an das viele Grosse und Edle angereihet werden, das Sie unter Ihrem Ministerium geschaffen haben (Rykačev 1900, S. 42*).

Die Chancellerie du Ministre de Finances, die dem Grafen Georg von Cancrin unterstand, antwortete prompt und zwar am 5./17. Mai 1839. Auch hier vergaß man nicht, auf die diversen britischen Unternehmungen hinzuweisen (Rykačev 1900, S. 88f). Humboldts Brief war von Erfolg gekrönt, die Details können hier nicht im Einzelnen ausgeführt werden. Bereits anlässlich der Magnetischen Konferenz im Oktober 1839 in Göttingen konnte Kupffer als Vertreter Russlands berichten:

> In St. Petersburg ist ein zentrales Magnetisches Observatorium zu errichten, wo man nicht nur dieselben Beobachtungen anstellen könnte wie in den anderen Observatorien, sondern das gleichzeitig das Zentrum der Vereinigung aller magnetischen und meteorologischen Beobachtungen bilden wird, die man in dem ausgedehnten russischen Reich anstellt oder anstellen wird[3] (Rykačev 1900, S. 98, siehe hierzu auch Roussanova 2010, S. 92f).

Der Bau dieser neuen Institution in St. Petersburg wurde alsbald genehmigt und konnte als Physikalisches Hauptobservatorium am 1./13. April 1849 eingeweiht werden. Mit diesem Institut, das weder der Akademie noch der Universität angegliedert war, hatte Russland etwas ganz Neues geschaffen, diese großartige Institution hatte kein Vorbild (Reich/Roussanova 2011, S. 357–361). Die Nachfolgerin dieser Institution, das Geophysikalische Hauptobservatorium, gibt es in St. Petersburg

[1] Original: „Cette branche utile des sciences physiques, intimement liée aux besoins de l'art nautique, n'a été cultivé dans aucun pays de l'Europe, comme elle l'est dans la partie du monde que Dieu a placée sous le sceptre de Votre Majesté."

[2] Original: „Pétersbourg est le centre des observations et la munificence que Votre Majesté continuera d'accorder à l'agrandissement de construction de la station magnétique et météorologique centrale de L'Empire sera comptée, à juste titre, parmi les bienfaits de Son Règne."

[3] Original: „A établir à St. Pétersbourg un observatoire magnétique central, où l'on puisse non seulement faire les mêmes observations, comme dans les autres observatoires, mais qui formera en même temps le centre de réunion de toutes les observations magnétiques et météorologiques, qu'on fait et qu'on fera dans l'étendue de l'Empire de Russie."

Abb. 12.1 Büsten von Alexander von Humboldt (links) und von Adolph Theodor Kupffer (rechts) im Geophysikalischen Hauptobservatorium zu St. Petersburg, ehemaliges Physikalisches Hauptobservatorium. Photographie von © Alexander Machotkin.

heute noch. Im Gebäude befindet sich eine Büste von Alexander von Humboldt und eine Büste von Adolph Theodor Kupffer (siehe Abb. 12.1).

12.2 Brief an den 2nd Earl of Minto vom 12. Oktober 1839

Ganz anders lagen die Sachverhalte im Fall von Humboldts Brief vom 12. Oktober 1839, der nach Großbritannien ging. Mit diesem Brief ersuchte Humboldt um weitere Unterstützung für die Erforschung des Erdmagnetismus.

Der Empfänger des Briefes war der Earl of Minto. Dieser hatte als Gilbert Elliot-Murray-Kynynmound das Eton-College besucht und an den Universitäten in Edinburgh und Cambridge (St. John's College) studiert. Danach ging er in den diplomatischen Dienst. Nach dem Tode seines Vaters im Jahre 1814, der die gleichen Vornamen trug, wurde er „second Earl of Minto" und war damit Lord Minto. Von 1832 bis 1834 wirkte er als Botschafter in Berlin, wo er auch Kontakte zu Humboldt hatte. Im Jahre 1835 wurde er erster Lord der Admiralität, diesen Posten hatte er bis 1841 inne. Er war also auch für die Expedition unter dem Kommando von James

Clark Ross in die Antarktis zuständig. Im Jahre 1847 wurde der Earl of Minto mit diplomatischen Aufgaben in Italien betraut. Danach übernahm er in London ministerielle Dienste.

Humboldt hatte den Earl of Minto schon in Paris und später in Berlin bei Hofe getroffen. Minto war für Humboldt, was den Erdmagnetismus anbelangt, ein hochattraktiver Mann, da er eine Spitzenposition bei der Admiralität hatte.

Am 12. Oktober 1839 richtete Humboldt an den Earl of Minto einen in französischer Sprache verfassten Brief. Vom diesem gibt es zwei Editionen (Report 1840a, S. 87–91 und Report 1840b, S. 91–95). Ferner wurde der Brief ins Spanische übersetzt (Rico 1858, S. 6), diese Übersetzung konnte jedoch nicht eingesehen werden. Es gibt eine Rückübersetzung aus dem Spanischen ins Französische (La Roquette 1869, S. 176–177, vgl. Anmerkungen auf S. 455f). Diese Rückübersetzung ist deutlich kürzer als das französische Original, sodass die Vermutung naheliegt, dass schon die spanische Übersetzung eine stark gekürzte Version darstellte.

Zunächst erwähnte Humboldt seinen 1836 an den Herzog von Sussex geschriebenen Brief, der zu einer großartigen Förderung, darunter auch zur Ausrüstung einer Expedition in die Antarktis, geführt hatte. Humboldt habe von Sabine und Lloyd erfahren, dass James Clark Ross, der ja kurze Zeit vorher, im September 1839, aufgebrochen war, im Auftrag der Regierung seiner Majestät auch auf einer polynesischen Insel Otaheité (älterer Name von Tahiti) einen „sehr gebildeten und mit magnetischen Apparaten ausgestatteten Offizier" (un officier très-instruit et muni d'appareils magnétiques) absetzen solle. Im Reisebericht von James Clark Ross findet man darüber allerdings nichts. Humboldts hauptsächliches Anliegen sind zusätzliche Maßnahmen, deren Ziel es vor allem ist, den magnetischen Äquator sowie die Linien mit der Deklination Null detailiert zu untersuchen:

> die Untersuchungen vervielfachen, die ich ‚ergänzend' nenne und deren Hauptziel für den Augenblick die experimentelle Kenntnis des magnetischen Äquators und der Linien ohne Deklination wäre[4] (Report 1840a, S. 88).

Da der magnetische Äquator ungefähr quer durch Peru läuft, von dort bis an die Ostküste von Brasilien an die Südspitze Indiens reicht, schlägt Humboldt den Bau von zwei bzw. drei weiteren Magnetischen Observatorien vor, eines in Peru, eines in Brasilien und ebenso eines in Indien.

Was die Nulllinien der Deklination anbelangt, legt Humboldt seinen Überlegungen die Karte der berechneten Deklinationslinien in Gauß' „Allgemeiner Theorie des Erdmagnetismus" zugrunde (Gauß 1839, Tafel III, siehe Abb. 12.2). Auch lässt es sich Humboldt hier nicht entgehen, auf die große Bedeutung der von Gauß ganz neu entwickelten Theorie des Erdmagnetismus hinzuweisen.

Humboldt beschreibt nunmehr in Worten den genauen Verlauf der Nulllinie, von Nordkanada über Brasilien in Richtung Südpol und von dort quer durch Australien durch den Pandshab (Humboldt: Pundjab, Pentapotamie) in Indien nach Norden zum Eismeer. Besondere Beachtung widmete Humboldt den geschlossenen Dekli-

[4] Original: „multiplier les investigations que j'appelle supplémentaires, et dont, pour le moment, le but principal seroit la connoissance expérimentale de l'équateur magnétique, et des lignes sans déclinaison."

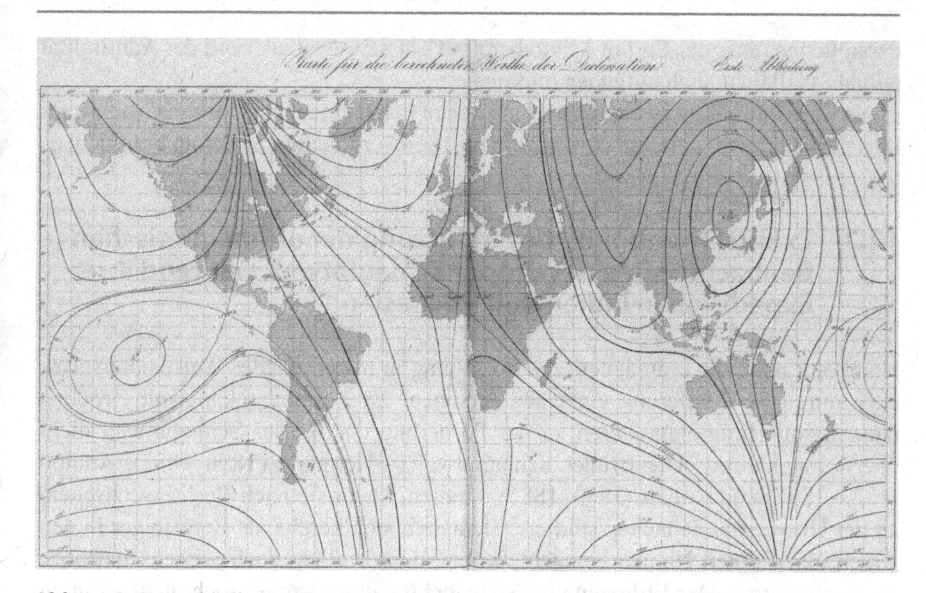

Abb. 12.2 Karte für die berechneten Werte der Deklination, die Gauß' „Allgemeine Theorie des Erdmagnetismus" begleitet. Aus: „Resultate aus den Beobachtungen des magnetischen Vereins im Jahre 1838" (Gauß 1839, Tafel III). Exemplar der © Staats- und Universitätsbibliothek Göttingen, Gauß-Bibliothek 230, Tafelband.

nationslinien im Pazifik sowie in der Nähe von Japan (les mers du Japon au nord de l'Isle Formose), die eine Gegend bzw. einen Punkt mit der Deklination Null einschließen.

Nach Humboldt genügt es bei weitem nicht, wenn man nur hin und wieder, zu verschiedenen Zeiten, die Nulllinien durchquert, sondern man muss die Nulllinie in ihrer ganzen Ausdehnung erforschen:

> aber es genügt nicht, oft zu verschiedenen Zeiten die Linie Null überquert zu haben. Es geht darum, sie in ihrer gesamten Ausdehnung zu verfolgen, soweit es die Winde gestatten[5] (Report 1840a, S. 90).

Für diese Aufgaben hoffte Humboldt auf das Wohlwollen des Earl of Minto, denn es ging um die Vervollkommnung der Ergebnisse der großen Expedition in die Antarktis und um die Erhöhung von deren Wert. Gleichzeitig schickte Humboldt einige Zusätze zu den wissenschaftlichen Instruktionen von Herschel (siehe Anhang 4), die aber nicht zusammen mit dem Brief veröffentlicht wurden.

Es ist nichts darüber bekannt, ob dieser Brief Humboldts an den Earl of Minto irgendwelche Konsequenzen nach sich gezogen hat. Gründe hierfür könnten sein, dass Humboldts Wünsche zu wenig konkret, zu vage waren. Peru, Brasilien usw. lagen außerhalb des britischen Einflussbereiches. Der Misserfolg mag aber auch

[5] Original: „mais il ne suffit pas d'avoir coupé souvent à différentes époques la ligne zéro, il s'agit de la poursuivre, autant que les vents le permettent, dans toute son étendue."

daran liegen, dass der Earl of Minto bereits 1841 sein Amt als Lord der Admiralität aufgab, vielleicht auch aufgeben musste.

So war Humboldts zweitem Brief in Sachen Erdmagnetismus, der an Großbritannien gerichtet war, kein mit dem Brief von 1836 vergleichbarer Erfolg beschieden.

12.3 Exkurs: Humboldts Unterstützung der erdmagnetischen Beobachtungen der Brüder Schlagintweit während ihrer Expedition in Indien und Hochasien

Humboldt hatte die erdmagnetische Forschung in mannigfacher Weise unterstützt, auch durch die Förderung einzelner Personen. Im Zusammenhang mit Großbritannien soll Humboldts Anteil an der Förderung der Brüder Schlagintweit nicht unerwähnt bleiben. Die Brüder Schlagintweit – Hermann (1826–1882), Adolph (1823–1857) und Robert (1833–1885) – hatten, bevor sie nach Berlin wechselten, an der Universität München studiert. Sie hatten sich bereits als Bergsteiger in den Alpen einen guten Namen gemacht, wobei sie vor allem auch wissenschaftliche Ziele verfolgten. Der Erdmagnetismus jedoch gehörte damals noch nicht zu ihren Forschungszielen. In Berlin gewährte ihnen Alexander von Humboldt die nötige Unterstützung, um die geplante Expedition nach Indien und Hochasien realisieren zu können. Diese Expedition, die von 1854 bis 1858 währte, war zunächst als ein gemeinsames preußisch-britisches Unternehmen geplant. Die finanzielle Hauptlast trug allerdings Großbritannien. Es war vor allem Humboldt zu verdanken, dass auch hier erdmagnetische Beobachtungen zum wissenschaftlichen Programm der Brüder gehörten (Mayr 2007; Brescius 2015, S. 44f). Die Brüder sorgten für flächendeckende erdmagnetische Beobachtungen und dies auch in großen Höhen, beispielsweise auf dem Karakorum-Pass in einer Höhe von 5.575m (siehe Reich/Roussanova 2015a, S. 205).

Urteile über die Wirkung von Humboldts Brief an den Herzog von Sussex

13

13.1 Zeitgenössische Einschätzungen

In vielen britischen Quellen wurde die Bedeutung, die Humboldts Brief an den Herzog von Sussex in Großbritannien hatte, expressis verbis und immer wieder erwähnt, so zum Beispiel in Anonymus 1840, S. 288, 293.

Es war insbesondere der in Russland wirkende Physiker Adolph Theodor Kupffer, der auf die überaus große Bedeutung von Humboldts Brief für die weitere Entwicklung des Erdmagnetismus hinwies (Kupffer 1840, Sp. 172, ebenso in: Kupffer 1837–1846, année 1838, 1840, S. 4–5). Anlässlich der Versammlung deutscher Naturforscher und Ärzte im Jahre 1842 in Mainz berichtete Kupffer in seinem Beitrag:

> Um diese Zeit (1836) schrieb Alex. v. Humboldt, sich auf das, was in Russland geschehen war, berufend, an den Herzog von Sussex, Präsidenten der königlichen Societät in London, einen Brief, in welchem er auf die grossen Vortheile aufmerksam machte, die die Wissenschaft daraus ziehen würde, wenn die englische Regierung magnetische Observatorien auf ihren überseeischen Besitzungen errichtete. Sie wissen, meine Herren, mit welcher Liberalität die englische Regierung den Vorschlag Alex. v. Humboldts ausführte; es wurden zwei Schiffe mit allen nöthigen magnetischen Instrumenten versehen, um die Welt geschickt; es wurden in Greenwich, Dublin, St. Helena, auf dem Cap der guten Hoffnung, in Vandiemensland und Toronto magnetische Observatorien errichtet, in welchen nun schon seit einiger Zeit Tag und Nacht alle zwei Stunden beobachtet wird; die englischen Observatorien setzten sich mit den russischen in Verbindung, und ein gemeinschaftlicher Plan wurde verabredet auf einem magnetischen Congress in Göttingen, zu welchem von englischer Seite Sabine und Lloyd, von russischer ich abgeschickt worden waren. Seit der Zeit wird auf mehr als 40 Punkten der Erdoberfläche der Gang der Magnetnadel in seinen drei Elementen Tag und Nacht beobachtet, und in England sowohl als bei uns hat der Druck der Beobachtungen bereits seinen Anfang genommen (Kupffer 1843, S. 73f).

Zwei Jahre später ließ Alexander von Humboldt im ersten Band seines „Kosmos" seine Leser wissen:

> Bis dahin hatte Großbritannien, im Besitz des größten Welthandels und der ausgedehntesten Schiffahrt, keinen Theil an der Bewegung genommen, welche seit 1828 wichtige Resul-

K. Reich et al., *Alexander von Humboldts Geniestreich*,
DOI 10.1007/978-3-662-48164-6_13

tate für die ernstere Begründung des tellurischen Magnetismus zu verheißen anfing. Ich war so glücklich, durch eine öffentliche Aufforderung, die ich von Berlin aus unmittelbar an den damaligen Präsidenten der Königl. Societät zu London, den Herzog von Sussex, im April 1836 richtete (*Lettre de Mr. de Humboldt à S. A. R. le Duc de Sussex sur les moyens propres à perfectionner la connaissance du magnétisme terrestre par l'établissement de stations magnétiques et d'observations correspondantes*), ein wohlwollendes Interesse für ein Unternehmen zu erregen, dessen Erweiterung längst das Ziel meiner heißesten Wünsche war. Ich drang in dem Briefe an den Herzog von Sussex auf permanente Stationen in Canada, St. Helena, auf dem Vorgebirge der guten Hoffnung, Ile de France, Ceylon und Neu-Holland, welche ich schon fünf Jahre früher als vortheilhaft bezeichnet hatte. Es wurde in dem Schooße der Royal Society ein Joint Physical and Meteorological Committee ernannt, welches der Regierung neben den fixed magnetic Observatories in beiden Hemisphären ein equipment of a naval expedition for magnetic observations in the Antarctic Seas vorschlug. Was die Wissenschaft in dieser Angelegenheit der großen Thätigkeit von Sir John Herschel, Sabine, Airy und Lloyd, wie der mächtigen Unterstützung der 1838 zu Newcastle versammelten British Association for the advancement of Science verdankt, brauche ich hier nicht zu entwickeln. Im Junius 1839 wurde die magnetische antarctische Expedition unter dem Befehle des Capitäns James Clark *Roß* beschlossen; und jetzt, da sie ruhmvoll zurückgekehrt ist, genießen wir zwiefache Früchte, die der wichtigsten geographischen Entdeckungen am Südpole, und die gleichzeitiger Beobachtungen in 8 bis 10 magnetischen Stationen (Humboldt 1845–1862: 1, S. 438f).

13.2 Beurteilungen in der Retrospektive

Heinz Balmer, der Autor des 1956 erschienenen, inzwischen als Klassiker einzustufenden Werkes „Beiträge zur Geschichte der Erkenntnis des Erdmagnetismus" (Balmer 1956), erwähnte den Brief Humboldts an den Herzog von Sussex nicht. Vielleicht deswegen, weil dieser Brief außerhalb des von Balmer in Betracht gezogenen Zeitrahmens der Darstellung liegt. Aber in der Regel wurde von Humboldts Brief sehr wohl Notiz genommen, siehe zum Beispiel: Schaefer 1924–1927, S. 49f; Chapman/Bartels 1940, S. 933; Chapman 1962, S. 33; Wiederkehr 1964, S. 190; Cawood 1977, S. 585; Cawood 1979, S. 505; Garland 1979, S. 22f; O'Hara 1983, S. 41f; Wiederkehr 1983/1984, S. 27; Mawer 2006, S. 45; Collier 2013, S. 310.

Die Wirkung, die dieser Brief erzielte, wurde rückblickend sehr unterschiedlich beurteilt, das Spektrum reicht von sehr positiv bis skeptisch. So meinte Karl Heinrich Wiederkehr, jedoch ohne gründliche Untersuchung, der Brief „wurde bislang überschätzt" (Wiederkehr 1983/1984, S. 27). Des Öfteren wurden die Orte, in denen neue Magnetischen Observatorien errichtet wurden, aufgelistet; dabei wurden gelegentlich auch falsche Angaben gemacht. Eines ist fast allen diesen Aufzählungen gemeinsam, es wurden nur die Observatorien in Übersee erfasst. Im Allgemeinen wurden die Observatorien, die auf den britischen Inseln selbst errichtet wurden, nämlich Dublin, Greenwich und Makerstoun, gar nicht erwähnt. Dabei waren es gerade die Observatorien in Dublin und in Greenwich, die den Anfang machten. So wurde in der Sekundärliteratur mehrfach betont, dass sich der Erfolg von Humboldts Brief nur schleppend, mit einer größeren zeitlichen Verzögerung, einstellte. Dieses Urteil, so pauschal wie es gelegentlich formuliert wurde, ist leicht zu widerlegen.

Meistens wurden nur die Folgen für Großbritannien und seine überseeischen Besitzungen herausgestellt, nur gelegentlich wurden auch die USA und Russland erwähnt. Dass vor allem Göttingen es war, wo man von der neuen britischen Politik profitierte, wurde oft nicht in genügendem Maße herausgestellt.

Ein besonders ausgewogenes und umfassendes Urteil fällte unlängst Peter Collier, dessen Ausführungen daher hier wiedergegeben werden sollen:

> The scheme was not originally a British conception. The originator was Alexander von Humboldt, who had already established a number of magnetic observatories in Russia. In 1836 Humboldt had written to the President of the Royal Society to advocate the establishment of a series of observatories in British territories in which simultaneous observations could be made. Airy and Christie were asked by the Council of the Royal Society to report on Humboldt's letter. In their report they drew attention to the advantages of participating in such a scheme and identified the best locations for the proposed observatories (Christie and Airy 1837). They also noted that Humboldt urged direct cooperation between the Royal Society of London, the Royal Society of Göttingen, the Royal Institute of France and the Imperial Academy of Russia. The letter from Humboldt gave great encouragement to the British advocates of the programme in presenting a case to the government. As the crusade was not a solely British affair, the role of Edward Sabine in managing an array of international collaborators, and Humphrey Lloyd in developing the necessary scientific apparatus, were to be key to its successful prosecution. In practice, Sabine was never able to convince Arago to cooperate, and cooperation with Göttingen was partial, at best (Collier 2013, S. 310).

14 Ausblick: Nationale anstelle von internationaler Forschung

Göttingen als Zentrum der erdmagnetischen Forschung war durch das Unverständnis und die Untat eines in England geborenen Königs ausgeschieden. Welch eine Ironie des Schicksals! Es fand sich kein Nachfolger für den Göttinger Magnetischen Verein, weder im deutschen Sprachraum noch andernorts bzw. in anderen Ländern. In Göttingen, und nur in Göttingen, hat man die Erforschung des Erdmagnetismus als eine internationale Aufgabe angesehen. In Göttingen jedoch hatte diese Forschungsrichtung keine Zukunftsperspektiven mehr. Gauß konnte und wollte ohne Wilhelm Weber diese Aufgabe nicht bewältigen und wandte sich nach Webers Weggang vom Erdmagnetismus gänzlich ab. Er widmete sich anderen Themen. Wilhelm Weber versuchte in Leipzig, eine Institution für die Erforschung des Erdmagnetismus – eine „magnetische Warte" – zu errichten (Schlote 2004, S. 16). Die Sächsische Akademie der Wissenschaften zu Leipzig, die erst am 1. Juli 1846 als Königlich Sächsische Gesellschaft der Wissenschaft gegründet worden war, hatte sich in der Tat bereit erklärt, die Planung und die Kosten hierfür zu übernehmen. Aber es dauerte, bis man endlich mit dem Bau beginnen konnte. Als der Bau am 30. Dezember 1848 fertiggestellt war, hatte Weber seinen Rückruf an die Universität Göttingen bereits in der Tasche. Ab Ostern 1849 wirkte er wieder als Professor der Physik an der Universität Göttingen. Aber dort war es schon zu spät, um an die alten Erfolge wieder anzuknüpfen.

In der Folgezeit wurde die Erforschung des Erdmagnetismus als eine nationale bzw. lokale Aufgabe betrachtet, es erfolgte keine globale Auswertung der Ergebnisse mehr. Die bedeutendsten Länder bzw. Nationen auf dem Gebiet der Erforschung des Erdmagnetismus waren Großbritannien und Russland.

14.1 Großbritannien

In Großbritannien gab es keine zentrale Institution, die sich der Erforschung des Erdmagnetismus gewidmet hätte. Es gab an drei Orten auf den britischen Inseln – Dublin, Greenwich, Makerstoun – Magnetische Observatorien, die aber ihre

K. Reich et al., *Alexander von Humboldts Geniestreich*,
DOI 10.1007/978-3-662-48164-6_14

eigenen Ziele verfolgten und über eigene Publikationsorgane verfügten. Ähnlich sah es in Übersee aus, wo sich weitere acht Magnetische Observatorien befanden, die unter der Ägide von Großbritannien standen. In der Tat war der Unterhalt der überseeischen Magnetischen Observatorien zunächst nur für die Jahre 1840, 1841 und 1842 gewährt und sichergestellt worden. Diese Zeit wurde dann verlängert und zwar um weitere drei Jahre, d.h. für 1843, 1844 und 1845 (Weber 1843, S. 112).

Im Jahre 1845 richtete Großbritannien den zweiten Internationalen Magnetischen Kongress aus, der im Juni in Cambridge stattfand. Die Altmeister John Herschel, Humphrey Lloyd und Edward Sabine verfassten den Bericht (Report 1846, S. 1–13), den Herschel unterzeichnete.

Im Zuge der Vorbereitung des Kongresses hatte Herschel am 5. Dezember 1844 ein Circular verfasst, das an alle einschlägigen Wissenschaftler versandt wurde. In diesem Circular wurden drei Fragen gestellt, die beantwortet werden sollten.

1. Welche Ziele sollten bei einer weiteren Verlängerung der Laufzeit der Magnetischen Observatorien ins Auge gefasst werden?
2. Wie sind private Unternehmungen im Vergleich zu staatlichen Institutionen einzuschätzen?
3. Im Fall, dass eine weitere Verlängerung genehmigt werden würde, welche Änderungen sollten dann vorgenommen werden, sei es bei den Beobachtungsmodalitäten oder hinsichtlich der Instrumente.

Antworten kamen aus aller Welt (Report 1846, S. 14–67), insgesamt wurden 20 Briefe veröffentlicht,[1] so von Wilhelm Weber an Sabine (20.2.1845), Adolph Theodor Kupffer an Herschel (13./25.2.1845), Elias Loomis[2] an Sabine (28.2.1845), Johann Lamont an Sabine (1.3.1845), Heinrich Wilhelm Dove an Sabine (1.3.1845), Adolphe Quetelet an Sabine (5.3.1845), Thomas Markdougal Brisbane bzw. John Alan Broun an Sabine (7.3.1845), Humphrey Lloyd an Herschel (8.3.1845), John Phillips[3] an Sabine (8.3.1845), Georg Adolphe Erman an Herschel und an das Committee der British Association for the Advancement of Science (11.3.1845), Carl Friedrich Gauß an Herschel (14.3.1845), Karl Kreil an Sabine (23.3.1845), George Biddell Airy an Herschel (7.4.1845), Edward Sabine an Herschel (21.4.1845), Heinrich Wilhelm Dove an Sabine (21.4.1845), Johann Lamont an Sabine (26.4.1845), Carl Friedrich Gauß an Sabine (5.5.1845), Alexander von Humboldt an das Com-

[1] Allein im Sonderdruck mit dem Titel „Correspondence of the Magnetical and Meteorological Committee of the British Association for the Advancement of Science“, London 1845, 55 S. wurden 18 Briefe veröffentlicht!

[2] Elias Loomis (1811–1899), amerikanischer Mathematiker und Physiker, er studierte in Yale, 1835 Professor der Mathematik und Naturphilosophie am Western Reserve College in Ohio und 1844 Professor der Mathematik an der City-University of New York.

[3] John Phillips (1800–1874), Geologe, wirkte zunächst in York, 1834 Fellow der Royal Society und Professor am King's College in London, 1843–1845 Prof. der Geologie und Mineralogie am Trinity College in Dublin, danach wieder in London tätig. 1856 deputy reader in Oxford, 1860 dort Professor.

mittee der British Association for the Advancement of Science (15.5.1845), William Charles Redfield[4] an Sabine (13.3.1845).

Obwohl sich alle angesprochenen Wissenschaftler für den Erhalt aller bereits vorhandenen Einrichtungen vehement eingesetzt haben, wurde beschlossen, dass vor allem Greenwich und Dublin – und dies dringend und ohne wenn und aber – fortgeführt werden müssten. Toronto, Van-Diemens-Land und St. Helena sollten bis 1848 verlängert werden. Die East India Company dagegen wollte die Einrichtungen in Simla und in Singapore aufgeben.

Zur Tagung von 1845 waren eingeladen: Carl Friedrich Gauß, Wilhelm Weber, Alexander von Humboldt, Heinrich Wilhelm Dove, Georg Adolf Erman, Christopher Hansteen, Giovanni Plana,[5] Émile Plantamour,[6] Ludwig Kämtz,[7] James Melville Gilliss,[8] Alexander Dallas Bache, Elias Loomis, Adolph Theodor Kupffer, François Arago, Adolphe Quetelet,[9] Karl Kreil, Johann Lamont, Heinrich Ludwig Pruß von Boguslawski und der Baron von Senftenberg[10] (Report 1846, S. 9). Aber es war nur ein kleines Grüppchen von Ausländern, die dann tatsächlich an der Tagung teilnahmen, nämlich Kupffer aus St. Petersburg, Kreil aus Prag, Dove und Erman aus Berlin sowie Baron von Senftenberg, d.h. John Parish. Aus Göttingen war lediglich Wolfgang Sartorius von Waltershausen nach Cambridge gereist. Ernüchtert von den Ergebnissen der Konferenz ließ dieser – er hielt sich damals in London auf – Gauß am 16. Juli 1845 wissen:

> Während der Versammlung zu Cambridge habe ich mehrere interessante Bekanntschaften zu machen Gelegenheit gehabt; übrigens fühle ich mich sehr wenig von derselben erbaut,

---

[4] William Charles Redfield (1789–1857), amerikanischer Meteorologe. 1848 erster Präsident der neu gegründeten American Association for the Advancement of Science.

[5] Giovanni Antonio Amedeo Plana (1781–1864), Astronom, er studierte an der École polytechnique in Paris, Professor der Mathematik an der Scuola imperiale d'artilleria in Turin, 1811 Professor der Astronomie in Turin, 1814 Direktor der Sternwarte.

[6] Émile Plantamour (1851–1882), schweizer Astronom, 1839 Professor der Astronomie an der Akademie in Genf, ab 1848 auch Professor der physikalischen Geographie, Direktor des Observatoriums.

[7] Ludwig Friedrich Kämtz (1801–1867), Geophysiker, 1822 Promotion in Halle, dort 1827 Außerordentlicher und 1834 Ordentlicher Professor der Physik, 1842 Professor der Physik an der Universität Dorpat, 1865 Direktor des Physikalischen Hauptobservatoriums in St. Petersburg, Nachfolger von Adolph Theodor Kupffer.

[8] James Melville Gilliss (1811–1865), amerikanischer Marineoffizier und Astronom, studierte an den Universitäten in Virginia und Paris, 1836 Gehilfe am Depot of Charts and Instruments, wirkte 1847 mit bei der Gründung des Naval Observatory in Washington, das er von 1861 bis 1865 leitete, organisierte 1847 eine astronomische Expedition nach Südamerika.

[9] Adolphe Lambert Jacques Quetelet (1796–1874), belgischer Astronom, 1828 Direktor des unter seiner Leitung errichteten Observatoire Royal de Belgique in Brüssel, 1836 gleichzeitig auch Professor für Astronomie und Mathematik an der Kriegsschule in Brüssel, Mitglied des Göttinger Magnetischen Vereins.

[10] Der in Hamburg geborene John Parish (1774–1858) stammte aus einer hochangesehenen Hamburger Kaufmannsfamilie. Er erwarb 1815 das Schloss und die Herrschaft Senftenberg in Böhmen, heute Žamberk in Tschechien. Dort ließ er eine Privatsternwarte errichten, die sehr gut ausgestattet war, siehe hierzu Wittmann/Schielicke 2013.

> es kommt eben nichts dabei heraus und ich würde meine Reise bitter zu bereuen Ursache haben, wenn es nicht sonst meine Absicht gewesen wäre, England und seine Einwohner kennen zu lernen. In den öffentlichen Versammlungen zu Cambridge verlor man sich in langen freien Reden, und man hörte leider nur oberflächliches naturwissenschaftliches Gewäsch, welches mit einem Sauerteig englischer Theologien sorgfältig und gründlich durcharbeitet war. Von einer höheren ernsten Wissenschaft, die nur ihrer selbst wegen betrieben wird, und von der heiligen Weise, die Sie derselben verleihen, scheinen nur wenige einen deutlichen Begriff zu haben. Bei einer solchen Versammlung wird man leider bald gewahr, daß nicht alles Gold ist, was aus der Ferne glänzt, und daß tiefe menschliche Naturen, sei es in der einen oder andern Richtung, immer zu den Seltenheiten gehören. Die Versammlung in Rücksicht der magnetischen Beobachtungen wurde von Sir John Herschel geleitet. Ich zweifle nicht an dem besten Willen, fürchte aber, daß es zuweilen an Einsicht fehlen wird. Man beabsichtigt die Beobachtungen wie früher in den Colonien fortzusetzen, und nur die ostindischen Observatorien werden bis auf zwei am Ende dieses Jahres der großen Kosten wegen eingehen müßen (zit. nach Reich 2012, S. 320f).

Wie aus Herschels Bericht über das Treffen in Cambridge hervorging, war bereits eine weitere britische Expedition geplant. Diese sollte unter dem Kommando von John Franklin stehen und abermals in die arktischen Gewässer führen. Man war immer noch auf der Suche nach der Nordwestpassage, außerdem sollte der magnetische Pol im Norden nochmals aufgesucht werden.[11] Ferner konnte Herschel ein neu gegründetes Magnetisches Observatorium in British Guiana vorstellen, das erst kürzlich errichtet worden war. Auch gab es Pläne für ein Magnetisches Observatorium in Colombo auf Ceylon (Report 1846, S. 2).

Aber die Aufbruchstimmung, die Humboldt mit seinem Brief von 1836 in Großbritannien hervorgerufen hatte, ebbte bereits ab. Es gab zwar noch Unterstützung für die Erforschung des Erdmagnetismus, aber der Schwung hatte merklich nachgelassen. So kann man sich dem Urteil, das Robert Multhauf und Gregory Good fällten, nur anschließen:

> The movement for the establishment of ‚permanent' observatories seems to have declined, after peaking in 1841, when twelve were inaugurated. Only two were set up in 1842 and few others during the next generation. The fervor that had attended the founding of Gauss' Magnetische Verein and of the British Colonial Observatories died away, as did, in the course of time, their promoters, Weber, Lamont, Lloyd and Sabine. They were not to be succeded by enthusiasts of equal influence (Multhauf/Good 1987, S. 26).

Cawood sah in der Konferenz von 1845 in Cambridge auch das Ende des Magnetic Crusade (Cawood 1979, S. 515–517). Fakt war, dass einige magnetische Beobachtungsstationen aufgegeben wurden und die anderen zur wissenschaftlichen Routine übergingen. Es folgte eine Zeit der Konsolidierung, ein weiterer großer Ausbau war nicht mehr vorgesehen.

[11] Dies war die Franklin-Expedition, die nicht mehr zurückkehrte und als verschollen gelten musste, siehe Abschn. 7.6.1. „Unter britischem Kommando".

14.2 Russland

Im Gegensatz zu Großbritannien dachte man in Russland nicht daran, bestehende Magnetische Observatorien zu schließen. Im Gegenteil, in St. Petersburg wurde ein neues Institut geplant, ein Zentralinstitut, das 1849 eingeweiht werden konnte. In diesem Physikalischen Hauptobservatorium schlug in der Zukunft in Russland das Herz für die Erforschung des Erdmagnetismus, hier wurden alle Forschungen koordiniert, hier liefen die Fäden zusammen. Diese Institution stellte alles in den Schatten, was es vorher in Russland gegeben hatte. Es kam auch zur Gründung einer neuen Zeitschrift, die den alten „Annuaire" ablöste: Die „Annales de l'observatoire physique central de Russie, publiées par ordre de sa Majesté l'empereur Nicolas I.", die noch umfangreicher und besser ausgestattet waren, als die Vorgängerzeitschrift „Annuaire". Der erste Band der „Annales" für das Jahr 1847 erschien im Jahre 1850. Der erste Direktor dieser neuen Institution und auch Herausgeber der „Annales" war Adolph Theodor Kupffer. Bei den Einweihungsfeierlichkeiten begann Kupffer seine an die Kaiserliche Akademie der Wissenschaften zu St. Petersburg gerichtete Grußadresse am 22. August 1849 mit dem denkwürdigen Satz:

> Seitdem die magnetischen Studien einen so großen Teil in den wissenschaftlichen Forschungen eingenommen haben, war Russland sozusagen das gelobte Land der Magnetiker.[12]

Was das britische Engagement für den Erdmagnetismus anbelangt, so wusste Kupffer zu berichten:

> Nach der Gründung unserer magnetischen Observatorien in Sibirien hat Herr von Humboldt, sich auf das Beispiel Russland stützend, die Society in London eingeladen, ähnliche magnetische Observatorien in England und in dessen Kolonien zu errichten. England hat auf diesen Aufruf in einer Weise geantwortet, die seiner hohen Stellung würdig ist. Es wird genügen zu sagen, dass es der Wissenschaft ihre gewaltigen Geldmittel zur Verfügung gestellt hat und dass es in dieser neuen Arbeit die Rolle angenommen hat, die zu ihrer Überlegenheit an Kraft und geistiger Aktivität passte. Russland hat sich bei dieser Gelegenheit daran erinnern können und hat sich daran dankbar erinnert, dass es die jüngere Tochter der europäischen Zivilisation ist.[13]

Dieses neue Institut in St. Petersburg sollte aber nicht nur das Zentrum aller erdmagnetischen und meteorologischen Forschung in Russland sein, sondern es sollte

[12] Original: „Depuis que les études magnétiques ont pris une si large part dans les explorations scientifiques, la Russie a été pour ainsi dire la terre promise des magnéticiens." Aus: Annales de l'Observatoire physique central de Russie, année 1847, Saint-Pétersbourg 1850, S. XI.

[13] Original: „Après la fondation de nos observatoires magnétiques de Sibérie, M. de Humboldt, s'appuyant de l'exemple de la Russie, a invité la Société de Londres à établir des observatoires magnétiques semblables en Angleterre et dans ses colonies. L'Angleterre a répondu à cet appel d'une manière digne de sa haute position; il suffira de dire, qu'elle a prêté à la science ses immenses ressources, et qu'elle a pris dans ces nouveaux travaux la part qui revenait à sa supériorité de force et d'activité intellectuelles; la Russie à pu se souvenir à cette occasion et s'en est souvenu avec reconnaissance, qu'elle est la fille cadette de la civilisation européenne." Aus: Annales de l'Observatoire physique centrale de Russie, année 1847, Saint-Pétersbourg 1850, S. XIII.

darüber hinaus auch kostspielige Forschungen in anderen Bereichen der Physik ermöglichen. Kupffer selbst widmete sich in teuren Experimenten der Frage nach dem Einfluss der Wärme auf die Elastizität der Metalle. Für diese Forschungen wurde er am 21. November 1855 mit dem großen Preis der Königlichen Gesellschaft der Wissenschaften zu Göttingen ausgezeichnet (Reich 2009).

14.3 Österreich

In Österreich gab es schon seit längerer Zeit einige magnetische Beobachtungsstationen, so in Prag, Krakau, Kremsmünster und Mailand, das damals ebenfalls zu Österreich gehörte. In keinem dieser Orte gab es ein eigenes Magnetisches Observatorium. Der wichtigste österreichische Wissenschaftler auf dem Gebiet des Erdmagnetismus war Karl Kreil (1798–1862), der in Kremsmünster und in Wien studiert hatte. Er wurde 1826 Adjunkt an der Sternwarte in Mailand, 1838 Adjunkt und 1845 Professor der Astronomie in Prag und Direktor der Sternwarte des Prager Clementinums. Dort widmete er sich insbesondere erdmagnetischen Studien. Kreil war Mitglied des Göttinger Magnetischen Vereins und lieferte häufig seine Beobachtungsdaten.

Auch in Österreich gab es bis ins Jahr 1848 zurückreichende Pläne, eine zentrale Institution für die Erforschung der Geophysik ins Leben zu rufen. Im Jahre 1851 wurde die K. K. Central-Anstalt für Meteorologie und Erdmagnetismus eröffnet. Karl Kreil wurde der erste Direktor. Er gilt daher als der Schöpfer einer neuen Wissenschaft in Österreich, der Physik der Erde (Günther 1883).

Die neue Institution konnte zunächst nur in einem Provisorium in Wien Wieden, Favoritenstraße Nr. 303, untergebracht werden. Als Publikationsorgan wurden die „Jahrbücher der K. K. Central-Anstalt für Meteorologie und Erdmagnetismus" (Jahrbücher Österreich) ins Leben gerufen, deren erster Band für die Jahre 1848/49 im Jahre 1854 erschien. Doch wurden hier nur die Daten der meteorologischen Beobachtungsstationen zusammengetragen. Die neue Institution war also vielmehr ein zentrales Institut für Meteorologie. Der Erdmagnetismus spielte, obwohl einige Instrumente angeschafft worden waren,[14] kaum eine Rolle. Ab 1859 konnte die Arbeit wegen Mangels an Geld nur mehr notdürftig fortgesetzt werden. Im Jahre 1870 – Karl Kreil erlebte dies nicht mehr – wurde ein Neubau auf der „Hohen Warte" beschlossen, der 1872 fertiggestellt wurde. Erst jetzt konnte der Routinebetrieb wieder aufgenommen werden. Der Druck der Jahrbücher wurde nach einer längeren Unterbrechung wieder fortgesetzt (Zentralanstalt Österreich 2001, S. 19–48). Diese „Central-Anstalt" gibt es heute noch, aus ihr ging die Zentralanstalt für Meteorologie und Geodynamik hervor.

[14] Magnetische Instrumente: ein Reisetheodolit von Lamont, ein Reisemagnetometer von Leyser, ein Inclinatorium von Repsold, ein Declinations-Apparat für Variationsbeobachtungen und ein Bifilar-Apparat für Variationsbeobachtungen. Zit. nach: Jahrbücher der K. K. Central-Anstalt für Meteorologie und Erdmagnetismus (1848/1849), Bd. 1, 1854, S. 3.

15 Schlusswort

In der Folgezeit waren Großbritannien und Russland die wichtigsten Länder, die auf dem Gebiet des Erdmagnetismus in großem Stil forschten und forschen konnten. In beiden Ländern gab es eine hinreichend große Anzahl von magnetischen Beobachtungsstationen, die die entsprechenden Daten lieferten. Beide Länder hatten von Humboldts Brief an den Herzog von Sussex profitiert, Großbritannien in sehr großem Ausmaße, aber auch in Russland hatte dieser Brief einen weiteren Ausbau der erdmagnetischen Forschung zur Folge.

Es ist eine imposante Wirkungsgeschichte, die Humboldt mit seinem Brief an den Herzog von Sussex auslöste:

1. Alexander von Humboldt war genau der richtige Mann, denn er stammte aus der entsprechenden gesellschaftlichen Schicht, um so einem Brief den gewünschten Nachdruck verleihen zu können und – was mindestens ebenso wichtig ist – er verfügte als Wissenschaftler auf dem Gebiet des Erdmagnetismus über ein großes Ansehen.
2. Der Brief wurde genau zum richtigen Zeitpunkt geschrieben. Wie ausgeführt, war es überaus wichtig, dass Humboldt auf die Leistungen von Gauß verweisen konnte (Abb. 15.1). Vor 1836 steckten Gauß' und Webers Forschungen noch allzu sehr am Anfang und im Dezember 1837 wurde Wilhelm Weber bereits entlassen.
3. Und es war genau die richtige Tür, an die Humboldt klopfte. Augustus Frederick, Herzog von Sussex, hatte als Präsident der Royal Society eine Schlüsselstelle inne und verfügte damit über die Möglichkeit, eine Wende herbeizuführen. In der Tat unterstützte er diese Wende nach Kräften. Nur mit der Zustimmung der Royal Society waren auch die East India Company, die Royal Army und die Royal Navy für das Unternehmen Erdmagnetismus zu gewinnen. Diese Unterstützung zeigte sofort Wirkung, der Impetus, der von hier ausging, reichte noch über Sussex' Präsidentschaft hinaus.

K. Reich et al., *Alexander von Humboldts Geniestreich*,
DOI 10.1007/978-3-662-48164-6_15

Abb. 15.1 Carl Friedrich Gauß im Jahre 1840. Ölgemälde von Christian Albrecht Jensen. Museum des Astronomischen Hauptobservatoriums der Russländischen Akademie der Wissenschaften in Pulkowo bei St. Petersburg. Photographie von © Elena Roussanova, Bearbeitung von Axel Wittmann.

Die überaus große Wirkung, die Humboldts Brief an den Herzog von Sussex weltweit erzielte, ist aber auch bzw. vor allem dem großen Ansehen, das Gauß damals international als Wissenschaftler genoss, zu verdanken. Gauß' und Webers Magnetischer Verein in Göttingen war eine Voraussetzung, ohne die eine derartige Wirkung des Humboldtschen Briefes undenkbar gewesen wäre. So war Humboldts Erfolg auch ein Verdienst von Gauß und Weber.

Anhang

Anhang 1: Alexander von Humboldts Brief an den Herzog von Sussex vom 23. April 1836, in der Transkription des Londoner Originals und in deutscher Übersetzung

Transkription des Originalbriefes, der sich in der Royal Society befindet, Sign. AP 20 7.

Monseigneur,

Votre Altesse Royale, noblement interessée aux progrès des connaissances humaines, daignera agréer, je m'en flatte, la prière que j'énonce avec une respectueuse confiance. J'ose fixer Son attention sur des travaux propres à approffondir, par des moyens précis & d'un emploi presque continu, les variations du Magnétisme terrestre. C'est en sollicitant la coopération d'un grand nombre d'observateurs zélés et munis d'instrumens de construction semblable, que nous avons réussi, depuis huit ans, M^r. Arago, M^r. Kupffer & moi, à étendre ces travaux sur une partie très-considérable de l'hémisphère boréal. Des stations magnétiques permanentes étant établies aujourd'hui depuis Paris jusqu'en Chine, [S. 2] en suivant vers l'est les parallèles de 40° à 60°, je me crois en droit, Monseigneur, de solliciter par Votre organe le concours puissant de la Société Royale de Londres pour favoriser cette entreprise & pour l'agrandir en fondant de nouvelles stations, tant dans le voisinage de l'équateur magnétique que dans la partie tempérée de l'hémisphère austral.

Un objet aussi important pour la Physique du Globe & pour le perfectionnement de l'art nautique est doublement digne de l'intérêt d'une Société qui, dès son origine, avec un succès toujours croissant, a fécondé le vaste champ des sciences exactes. Ce serait avoir peu suivi l'histoire du développement progressif de nos connaissances sur le Magnétisme terrestre que de ne pas se rappeler le grand nombre d'observations précieuses qui ont été faites à différentes époques & qui se font encore dans les Iles Britanniques & dans quelques parties de la zone équinoxiale soumises au même Empire. Il ne s'agit ici que du désir de rendre ces observations

K. Reich et al., *Alexander von Humboldts Geniestreich*,
DOI 10.1007/978-3-662-48164-6

plus utiles, c'est-à-dire plus propres à manifester de grandes lois physiques, en les coordonnant d'après un plan uniforme & en les liant aux observations qui se font sur le continent de l'Europe & de l'Asie boréale.

Ayant été vivement occupé dans le cours de mon voyage aux Régions équinoxiales de l'Amérique, [S. 3] pendant les années 1799–1804, des phénomènes de l'intensité des forces magnétiques, de l'inclinaison et de la déclinaison de l'aiguille aimantée,[1] je conçus, au retour dans ma patrie, le projet d'examiner la marche des variations horaires de la déclinaison & les perturbations qu'éprouve cette marche, en employant une méthode que je croyais n'avoir point encore été suivie sur une grande échelle. Je mesurai à Berlin dans un vaste jardin, surtout à l'époque des solstices & des équinoxes, pendant les années 1806 & 1807, d'heure en heure (souvent de demi-heure en demi-heure) sans discontinuer pendant quatre, cinq ou six jours & autant de nuits, les changemens angulaires du méridien magnétique. M^r^. Oltmanns, avantageusement connu des astronomes par ses nombreux calculs de positions géographiques, voulut bien partager avec moi les fatigues de ce travail.[2] L'instrument dont nous nous servions, était une lunette aimantée de Prony,[3] susceptible de retournement sur son axe, suspendue d'après la méthode de Coulomb, placée dans une cage de verre & dirigée sur une mire très-éloignée dont les divisions, éclairées pendant la nuit, indiquaient jusqu'à six ou sept secondes de variation horaire. Je fus frappé en constatant la régularité habituelle d'une période nocturne, de la fréquence des perturbations, surtout de ces [S. 4] oscillations dont l'amplitude dépassait toutes les divisions de l'échelle, qui se répétaient souvent aux mêmes heures avant le lever du soleil & dont les mouvemens violents & accélérés ne pouvaient être attribués à aucune cause mécanique accidentelle. Ces affollemens de l'aiguille dont une certaine périodicité a été confirmée récemment par M^r^. Kupffer d'après le récit de son voyage au Caucase,[4] me paraissaient l'effet d'une réaction de l'intérieur du Globe vers sa surface, j'oserais dire des orages magnétiques,[5] qui indiquent un changement rapide de tension. Je désirais dès lors d'établir à l'est & à l'ouest du méridien de Berlin, des appareils semblables aux miens pour obtenir des observations correspondantes faites à de grandes distances & aux mêmes heures; mais la

[1] „Sur les variations du magnétisme terrestre à différentes latitudes" (Humboldt/Biot 1804). Siehe insbesondere die am Ende angehängten Listen mit den Beobachtungsdaten.

[2] Siehe Mundt/Kühn 1984.

[3] Siehe hierzu „Kosmos": „eine […] veranlaßte Arbeit in den Aequinoctien und Solstitien der Jahre 1806 und 1807 in einem großen einsamen Garten zu Berlin (mittelst des magnetischen Fernrohrs von Prony und eines fernen, durch Lampenlicht wohl zu erleuchtenden Tafel-Signals) in Gemeinschaft mit Oltmanns […]" (Humboldt 1845–1862: 4, S. 125f), es folgt eine noch ausführlichere, als oben gegebene Beschreibung, wie die Beobachtungen im Detail abliefen. Siehe ferner Brandt 2002, S. 55.

[4] „Voyage dans les environs du mont Elbrouz dans le Caucase, entrepris par ordre de Sa Majesté l'Empereur; en 1829. Rapport fait à l'Académie Impériale des Sciences de St. Pétersbourg" (Kupffer 1830). Deutsche Übersetzung: Reise in die Umgegend des Berges Elbrous im Kaukasus. St. Petersburg 1830. Siehe hierzu Abschn. 7.6.2. „Adolph Theodor Kupffer".

[5] Humboldt sprach 1830 von „sonderbaren Perturbationen (Magnetische Gewitter)" (Dove 1830, S. 358). In seinem „Kosmos" spricht Humboldt von kleinen und großen „magnetischen Ungewittern" (Humboldt 1845–1862: 4, S. 127 und 196f).

tourmente politique de l'Allemagne & un prompt départ pour la France, où je fus envoyé par mon Gouvernement, entravaient pour longtems l'exécution de ce projet. Heureusement mon illustre ami, Mr. Arago, entreprit, je crois vers l'an 1818, après son retour des côtes d'Afrique & des prisons d'Espagne,[6] une série d'observations de déclinaisons magnétiques à l'observatoire de Paris, qui faites journellement à des intervalles uniformément fixés, & continuées, d'après un même plan, jusqu'à ce jour, l'emportent [S. 5] par leur nombre & leur liaison mutuelle, sur tout ce qui a été tenté dans ce genre d'investigations physiques. L'appareil de Gambey dont on se sert, est d'une exécution parfaite. Muni de micromètres à microscopes, il est d'un emploi plus commode & plus sûr que la lunette de Prony, attaché à un fort barreau aimanté de 20 ¼ pouces de longueur.[7]

C'est dans le cours de ce travail que Mr. Arago a découvert & constaté par de nombreux exemples un phénomène qui diffère essentiellement de l'observation faite par Olof Hiorter à Upsal en 1741:[8] il a reconnu non seulement que les aurores boréales troublent la marche régulière des déclinaisons horaires là où elles ne sont pas visibles, mais aussi que dès le matin, souvent dix ou douze heures avant que le phénomène lumineux se développe dans un lieu très-éloigné, ce phénomène s'annonce par la forme particulière que présente la courbe des variations diurnes, c. a. d. par la valeur des maxima d'élongation du matin & du soir.[9] Un autre fait nouveau se manifesta dans les perturbations. Mr. Kupffer, ayant établi à Kasan, presque aux limites orientales de l'Europe, une boussole de Gambey, entièrement semblable à celle dont se sert Mr. Arago à Paris, les deux observateurs purent se convaincre par un certain nombre de mesures [S. 6] correspondantes de déclinaison horaire, que, malgré une différence de longitude de plus de 47°, les perturbations étaient isochrones.[10] C'étaient comme des signaux qui de l'intérieur du Globe arrivaient simultanément à sa surface, vers les bords de la Seine & du Wolga.[11]

Lorsque en 1827 je me fixai de nouveau à Berlin, mon premier soin était de reprendre le cours des observations faites à petits intervalles pendant plusieurs jours & plusieurs nuits, dans les deux années de 1806 & 1807. Je tâchai en même temps de généraliser les moyens d'observations simultanées dont l'emploi accidentel venait de donner des résultats si importans. Une boussoll de Gambey fut placée dans

---

[6] Die Jahresangabe 1818 ist falsch. Arago war 1808 auf der Insel Mallorca in Gefangenschaft geraten und konnte erst 1809 wieder nach Frankreich zurückkehren, wo er 1810 in Paris erste magnetische Beobachtungen ausführte.

[7] Von anderer Hand wurde im Original hinzugefügt: (mesure Française).

[8] Hiorter 1747 und Hiorter 1753, siehe hierzu ferner Federhofer 2014, S. 273f, Balmer 1956, S. 215, 224, 746 sowie Abschn. 7.3.

[9] „Aurores boréales en 1825 August" (Arago 1825).

[10] „Ueber die unregelmäßigen Bewegungen im täglichen Gange der horizontalen Magnetnadel" (Kupffer 1829). „Diese Beobachtungen reichen schon hin, einige interessante Folgerungen über die Gesetze dieser Erscheinungen zu ziehen. Erstlich sieht man deutlich, dass diese unregelmäßigen Bewegungen der Magnetnadel eine sehr große Verbreitung haben, da sie in Paris und Kasan fast dieselben sind; dass sie ferner in einem engen Zusammenhange mit der Erscheinung der Nordlichter stehen" (Kupffer 1829, S. 137).

[11] Die Stadt Kasan liegt an der Wolga.

le pavillon magnétique, entièrement dépourvu de fer que je fis construire au milieu d'un jardin. Le travail régulier ne put commencer que dans l'automne de 1828.[12] Appelé, au printems de l'année 1829, par Sa Majesté l'Empereur de Russie[13] pour faire un voyage minéralogique dans le nord de l'Asie & à la Mer Caspienne, j'eus occasion d'étendre rapidement la ligne des stations vers l'est. A ma prière l'académie Impériale & le Curateur de l'université de Kasan firent construire des maisons magnétiques à S^{t}. Petersbourg et à Kasan. Au sein de l'académie Impériale, dans une commission que j'ai eu l'honneur de [S. 7] présider,[14] on discutait les avantages immenses que pouvait offrir à la connaissance des lois du magnétisme terrestre, la vaste étendue de pays limitée d'un côté par la courbe sans déclinaison de Doskino (entre Moscou & Kasan ou plus exactement, d'après M^{r}. Adolphe Erman, entre Osablikowo & Doskino, par lat. 56°0′ & long. 40°36′ à l'est de Paris) & de l'autre par la courbe sans déclinaison d'Arsentchewa près du lac Baikal que l'on croit identique avec celle de Doskino par une différence de méridiens de 63°21′.[15] Le département Impérial des Mines ayant généreusement concouru au même but, des stations magnétiques ont été établies successivement à Moscou,[16] à Barnaoul dont j'ai trouvé la position astronomique au pié de l'Altai par lat. 53°19′21″; long. 5^{h}27′20″ (à l'est de Paris) et à Nertschinsk. L'académie de S^{t}. Pétersbourg a fait plus encore: elle à envoyé un astronome courageux & habile, M^{r}. George Fuss, frère de son secrétaire perpétuel, à Peking & y a fait construire, dans le jardin du convent des moines de rite grec, un pavillon magnétique. On ne peut faire mention de cette entreprise sans se rappeler que (selon le Penthsaoyani, histoire naturelle médicale, composée sous

[12] Zu Humboldts Instrumenten siehe Abschn. 7.4.

[13] Nikolaj I.

[14] Humboldt hielt am 16./28.11.1829 eine Rede in der außerordentlichen Sitzung der Kaiserlichen Akademie der Wissenschaften von St. Petersburg, siehe Briefwechsel Humboldt–Russland 2009, S. 266–285.

[15] Nachdem Humboldt in seinem „Kosmos" zunächst den Verlauf der Deklinationslinien in der Nähe von Astrachan, Uralsk und in der Kirgisensteppe beschrieben hatte, führte er weiter aus: „Weiter nördlich neigt sich diese Curve ohne Abweichung etwas mehr gegen Nordwest, durchgehend in der Nähe von Nishnei-Nowgorod (im Jahre 1828 zwischen Osablikowo und Doskino, im Parrallel von 56° und Lg. 40°40′)" (Humboldt 1845–1862: 4, S. 139), wobei er auch Erman zitiert. Erman selbst hatte in zahlreichen Veröffentlichungen während und nach seiner Reise durch Sibirien über den Verlauf der Nulllinie berichtet, so zum Beispiel: „Aus vorstehender Tafel erhellt, daß die Reisenden zu drei verschiedenen Malen durch Orte ohne magnetische Abweichung gekommen sind, zuerst diesseits des Urals in der Nähe von Nischnei Nowgorod, dann südlich von Irkutzk bei Arsenchewa, und zuletzt auf dem Wege nach Jakutzk, ungefähr 60° N. Br. und 130° Länge öst. von Ferro, zwischen Parchinsk und Jarbinsk" (Erman 1829, S. 149).

[16] Humboldt hielt sich anlässlich seiner Expedition nach Russland bzw. Sibirien auch in Moskau auf. Er führte am 6. November 1829 im Garten von Peter Eduard Einbrodt (1802–1840) Inklinationsmessungen durch (Briefwechsel Humboldt–Russland 2009 S. 51). Einbrodt hatte an der Universität Moskau Medizin studiert und wurde dort 1829 Außerordentlicher Professor. Im Jahre 1832 wurde er Nachfolger des berühmten Justus Christian Loder (1753–1832), der Leibarzt des Kaisers Alexander I. gewesen war und an der Universität Moskau lehrte (Reich/Roussanova 2011, S. 80, 838). Ein Magnetisches Observatorium aber gab es in Moskau zu dieser Zeit nicht.

la dynastie des Soung,[17] presque 400 ans avant Christophe Colomb & avant que les Européens eussent la moindre notion de la déclinaison magnétique), les [S. 8] Chinois suspendaient leurs aiguilles au moyen d'un fil pour leur donner le mouvement le plus libre & qu'ils savaient qu' ainsi suspendues à la Coulomb (comme dans l'appareil du Jésuite Lana au 17e. siècle) les aiguilles déclinaient au sud-est & ne s'arrêtaient jamais au véritable point sud. Depuis le retour de Mr. Fuss un jeune officier des mines, Mr. Kowanko que j'ai eu le plaisir de rencontrer dans l'Oural, continue en Chine les observations de déclinaison horaires correspondantes à celles d'Allemagne,[18] de St. Petersbourg, de Kasan & de Nicolajeff en Krimmée, où l'Amiral Greigh à fait établir une boussole de Gambey, confiée au directeur de l'observatoire, Mr. Knorre.[19] J'ai obtenu aussi que dans les mines de Freiberg en Saxe, dans une galerie d'écoulement, à 35 toises de profondeur un appareil magnétique ait été placé.[20] Mr. Reich auquel on doit un excellent travail sur la température moyenne de la terre à différentes profondeurs,[21] y observe assidument & à des époques convenues. De l'Amérique du Sud Mr. Boussingault qui n'a rien négligé de ce qui peut avancer les progrès de la physique du Globe, nous a envoyé des observations de déclinaison horaires faites à Marmato dans la province d'Antioquia,[22] par les 5°27′ de latitude boréale, dans un lieu où la déclinaison est orientale comme à Kasan & [S. 9] à Barnaoul en Asie, tandisque sur les côtes nord-ouest du Nouveau Continent, à Sitka dans l'Amérique russe, le Baron de Wrangel, également muni d'une boussole de Gambey, a pris part aux observations simultanées faites à l'époque des solstices & des équinoxes. Un amiral espagnol, Mr. de Laborde, ayant eu connaissance d'une

[17] Kou Zongshi 寇宗奭 (um 1116): Bencao yanyi 本草衍義. Siehe Abschn. 7.1, ferner Balmer 1956, S. 36.

[18] Georg Albert Fuß und Alexander Bunge waren die Hauptteilnehmer einer Expedition zu Lande, die 1830 bis 1832 durch Sibirien bis nach Peking führte, siehe hierzu Abschn. 7.6.2. „Georg Fuß und Alexander Bunge".

[19] Siehe Anhang 3.2, Kurzbiographien.

[20] „Beobachtungen über die tägliche Veränderung der Intensität des horizontalen Theils der magnetischen Kraft" (Reich F. 1830). „Das der Bergacademie zu Freiberg zugehörige, von Gambey gefertigte Instrument zur Beobachtung der stündlichen Veränderungen der magnetischen Declination ist zugleich sehr geeignet, Beobachtungen über die Dauer der horizontalen Schwingungen der Magnetnadel anzustellen, wie denn auch ein ganz ähnliches dazu schon von Hrn. Kupffer zu Kasan angewendet worden ist. Die Aufstellung des Freiberger Instruments 35 Lachter (70 Meter unter der Oberfläche [...]" von Ferdinand Reich (Reich F. 1830, S. 57).

[21] „Die in den Gruben des sächsischen Erzgebirges angestellten Beobachtungen über die Zunahme der Temperatur mit der Tiefe, und Notiz über die niedrige Temperatur innerhalb einer Halde" von Ferdinand Reich (Reich F. 1835).

[22] Humboldt hatte diese magnetischen Beobachtungsdaten seinem Freund Jean-Baptiste Boussingault zu verdanken, der von 1822 bis 1832 Südamerika, genauer gesagt Großkolumbien bereiste. Sowohl im November 1828, als auch im Frühjahr und Sommer 1829 hielt sich Boussingault in Marmato auf. Er ließ Humboldt seine dort gemachten magnetischen Beobachtungsdaten am 10. November 1828 zukommen. Humboldt veröffentlichte diese in den „Annalen der Physik und Chemie" (Humboldt 1829, S. 331f). Siehe hierzu ferner Briefwechsel Humboldt–Boussingault 2014, S. 23, 286 f. Diese magnetischen Beobachtungsdaten aus Marmato wurden in Humboldts und Doves Publikation aus dem Jahre 1830 nur erwähnt (Dove 1830, S. 359, 362f), aber nicht in die graphischen Darstellungen miteinbezogen.

prière que j'avais adressée à la société patriotique de la Havane,[23] eut la bonté de me charger, de son propre mouvement, de lui envoyer des instrumens qui serviraient à déterminer avec précision l'inclinaison, la déclinaison absolue, les variations horaires de déclinaison & l'intensité des forces magnétiques. Ces précieux instrumens entièrement semblables à ceux que possède l'Observatoire de Paris, sont heureusement arrivés à l'île de Cuba, mais le changement du commandement maritime à la Havane & d'autres circonstances locales n'ont point encore permis d'établir la station magnétique sous le tropique du cancer & de faire usage des instrumens. Il en a été de même jusqu'ici de la boussole de Gambey que Mr. Arago a fait construire à ses frais pour obtenir des observations de l'intérieur du Méxique où le sol s'élève à plus de 6000 piés au dessus du niveau de la mer. Enfin, pendant mon dernier séjour à Paris, j'ai eu l'honneur de proposer à M^{r}. l'amiral Duperré, Ministre de [S. 10] la Marine, de fonder une station magnétique en Islande. Cette demande a été accueillie avec l'empressement le plus bienveillant, et l'instrument, déjà commandé, sera deposé cet été même au port de Reikiawig, lorsque l'expédition qui avait été dirigée vers le nord à la recherche de M^{r}. de Blosseville et de ses compagnons d'infortune, retournera en Islande pour y continuer ses travaux scientifiques.[24] On peut être sûr que le gouvernement Danois[25] qui protège avec une si noble ardeur l'astronomie & les progrès de l'art nautique, daignera favoriser l'établissement d'une station magnétique dans une de ses possessions voisine du cercle polaire. Au Chili M^{r}. Gay a fait aussi un grand nombre d'observations horaires correspondantes, d'après les instructions de M^{r}. Arago.[26]

Je suis entré dans ce long & minutieux détail historique pour faire voir jusqu'où j'ai réussi, conjointement avec mes amis, à étendre le concours d'observations simultanées. Après mon rétour de Sibérie, nous avons publié, M^{r}. Dove & moi, en 1830 le tracé graphique des courbes de déclinaisons horaires de Berlin, Freiberg, Pétersbourg & Nicolajeff en Krimmée, pour faire voir le parallélisme qu'affectent ces lignes, malgré le grand éloignement des stations & sous l'influence de [S. 11]

---

[23] Die patriotische Gesellschaft in Havanna wurde 1793 gegründet, siehe „Essai politique sur l'île de Cuba" von Alexander von Humboldt (Humboldt 1826: 1, S. 186).

[24] Ende des Jahres 1832 wurde in Frankreich beschlossen, eine erdmagnetische Expedition nach Island und Grönland unter dem Kommando von Jules Poret de Blosseville zu entsenden. Dieser erreichte mit seiner Brigg „La Lilloise" im Juli 1833 Island und führte dort Inklinations- und Intensitätsmessungen durch, die 1838 von Louis Isidore Duperrey veröffentlicht wurden (Lottin 1838, S. 376–409). Blosseville, der wohl im August 1833 nach Grönland aufbrach, blieb danach verschollen. So beschloss man 1835 in Frankreich, eine weitere Expedition nach Island zu entsenden, der wissenschaftliche Leiter war Paul Gaimard (1796–1858). Er segelte mit seiner Korvette „La Recherche" nach Reykjavik, wo er im August 1836 eintraf. Auch Gaimard sollte erdmagnetische Beobachtungen durchführen, die aber aus Witterungsgründen erfolglos blieben, siehe hierzu Reich 2011b, S. 29–34. Eine feste erdmagnetische Station war jedoch damals in Island nicht eingerichtet worden.

[25] Island gehörte seit 1380 zu Dänemark.

[26] „Sur les variations diurnes de l'aiguille aimantée. M. Gay écrit, du Chili, à M. Arago" (Gay 1835) sowie „Marche de l'aiguille aimantée, sur la côte occidentale de l'Amérique du sud" (Gay 1836).

perturbations extraordinaires.[27] Dans la comparaison des observations de S^t^. Petersbourg & de Nicolaïeff on a pu faire usage d'observations faites dans des intervalles très rapprochés, de 20 en 20 minutes. Il ne faut pas se persuader cependant que ce parallélisme d'inflexions existe toujours dans les courbes horaires. Nous avons éprouvé que même dans des lieux très voisins, par exemple à Berlin & dans les mines de Freiberg, les réactions magnétiques de l'intérieur de la terre vers la surface ne sont pas constamment simultanées, que l'une des aiguilles présente des perturbations considérables, tandis que l'autre continue cette marche régulière qui, sous chaque méridien, est fonction du temps vrai du lieu. J'ai proposé aussi dans le mémoire publié en 1830, pour le concours d'observations simultanées les époques suivantes:[28]

20 & 21 Mars
4 & 5 Mai
21 & 22 Juin
6 & 7 Août
23 & 24 Septembre
5 & 6 Novembre
21 & 22 Décembre

depuis 4^{hs}. du matin du premier jour jusqu'à minuit du second jour, en observant pour le moins, dans chaque station magnétique, jour & nuit, d'heure en heure.

Comme plusieurs observateurs placés sur la ligne des stations, ont trouvé ces époques trop rapprochées les unes des autres, on a dû insister de préférence sur le [S. 12] seul temps des solstices & des équinoxes.

L'Angleterre, depuis les travaux anciens de William Gilbert, Graham & Halley[29] jusqu'aux travaux modernes de M^{rs}. Gilpin, Beaufoy (à Bushy Heath), Barlow & Christie,[30] a offert une riche collection de matériaux propres à découvrir les lois physiques qui réglent les variations de la déclinaison magnétique, soit dans un même lieu selon la différence des heures & des saisons, soit à différentes distances de l'équateur magnétique & des lignes sans déclinaison. M^{r}. Gilpin a observé chaque jour douze heures, pendant plus de seize mois.[31] Les nombreuses observations du

[27] Siehe „Correspondirende Beobachtungen über die regelmäßigen stündlichen Veränderungen und über die Perturbationen der magnetischen Abweichung im mittleren und östlichen Europa, gesammelt und verglichen von H. W. Dove, mit einem Vorwort von Alexander von Humboldt" (Dove 1830).

[28] Das waren genau die sieben Termine, die Humboldt bereits 1830 vorgeschlagen hatte (Dove 1830, S. 361).

[29] Siehe hierzu Abschn. 7.2.1.

[30] Siehe hierzu Abschn. 7.2.2.

[31] „Observations on the Variation, and on the Dip of the Magnetic Needle, Made at the Apartments of the Royal Society, between the Years 1786 and 1805 Inclusive" (Gilpin 1806).

Colonel Beaufoy ont été régulièrement publiées dans les Annales de Thomson.[32] De mémorables expéditions dans les régions les plus inhospitalières du nord ont fait cueillir à Mrs. Sabine, Franklin, Hood, Parry, Henry Foster, Beechey & James Clark Ross une riche moisson d'observations importantes.[33] C'est sous le rapport du magnétisme terrestre & de la météorologie que la géographie physique doit un accroissement considérable de connaissance aux tentatives faites récemment pour déterminer la forme du Détroit ou Passage du Nord-Ouest. Elle en doit aussi aux périlleuses explorations des côtes glacées d'Asie par les capitaines Wrangel, Lütke & Anjou.[34] Pendant le cours [S. 13] de ces nobles efforts une impulsion inattendue a été donnée aux sciences physiques. Une partie de la philosophie naturelle dont les progrès théoriques avaient été si lents depuis deux siècles, a jeté un vif éclat & feconde d'autres sciences. Tel a été l'effet des grandes découvertes d'Oersted, Arago, Ampère, Seebeck & Faraday sur la nature des forces électromagnétiques. Excités par ce concours de talens & de travaux ingénieux de savans voyageurs, Mrs Hansteen, Due & Adolphe Erman[35] ont exploré dans toute l'immense étendue de l'Asie boréale, par la réunion heureuse de moyens astronomiques & physiques très-exacts, presque pour une même époque, la trace des courbes isoclines, isogones & isodynamiques. En parlant de ce grand travail que Mr. Hansteen avait conçu & proposé depuis longtemps, je devrais peut-être passer sous silence les observations d'inclinaison magnétique que j'ai faites sur la frontière peu visitée de la Dzoungarie chinoise & sur les bords de la mer Caspienne, observations publiées dans le deuxième volume de mes Fragmens asiatiques.[36] Mon savant compatriote, Mr. Adolphe Erman, embarqué au Kamtschatka et retournant en Europe par le cap Horn, a eu le rare avantage de continuer, pendant une longue navigation, la mesure des trois manifestations du [S. 14] magnétisme terrestre à la surface du Globe. Il a pu employer les mêmes instrumens & les mêmes méthodes qui avaient servi de Berlin à l'embouchure de l'Obi & de cette embouchure à la mer d'Okhotsk.

Ce qui caractérise notre époque, dans un temps marqué par de grandes découvertes d'optique[,] d'electricité & de magnétisme, c'est la possibilité de lier les phénomènes par la généralisation de lois empiriques, c'est le secours mutuel que se rendent des sciences restées longtems isolées. Aujourd'hui de simples observations de déclinaison horaire ou d'intensité magnétique faites simultanément dans

---

[32] Thomas Thomson (1773–1852) gründete 1813 die Zeitschrift „Annals of Philosophy", die er bis 1821 herausgab und die bis 1826 existierte.
„Description of a Compass for accurate Observations on the Magnetic Variation" (Beaufoy 1813a).
„Magnetical observations at Hackney Wick" (Beaufoy 1813b).
„[Magnetical observations]" (Beaufoy 1816).
„Observations on the Magnetic Needle" (Beaufoy 1819).
„On the retrograde Variation of the compass" (Beaufoy 1820).

[33] Siehe Abschn. 7.6.1. „Unter britischem Kommando".

[34] Siehe Abschn. 7.6.1. „Unter russischem Kommando".

[35] Siehe Abschn. 7.6.2. „Christopher Hansteen und Georg Adolf Erman".

[36] Liste mit 27 Beobachtungen in „Fragmens de géologie et de climatologie asiatiques" (Humboldt 1831): Inclinaisons de l'aiguille aimantée observé en 1829, pendant le cours d'un voyage dans le nord ouest de l'Asie et à la mer Caspienne.

des endroits très-éloignés les uns des autres, nous révèlent pour ainsi dire, ce qui se passe à de grandes profondeurs dans l'intérieur de notre planète, ou dans les régions supérieures de l'atmosphère. Ces émanations lumineuses, ces explosions polaires qui accompagnent l'orage magnétique, semblent succéder à de grands changemens qu'éprouve la tension habituelle ou moyenne du magnétisme terrestre.

Il serait, Monseigneur, d'un vif intérêt pour l'avancement des sciences mathématiques & physiques, que sous Votre Présidence & sous Vos auspices, la Société Royale de Londres, à laquelle je me fais gloire d'appartenir depuis [S. 15] vingt ans, voulût bien exercer sa puissante influence en étendant la ligne d'observations simultanées et en fondant des stations magnétiques permanentes soit dans la région des tropiques, des deux côtés de l'équateur magnétique dont la proximité diminue nécessairement l'amplitude des déclinaisons horaires, soit dans les hautes latitudes de l'hémisphère austral & au Canada. J'ose proposer ce dernier point parceque les observations de déclinaisons horaires faites dans la vaste étendue des Etats-Unis sont encore très rares. Celles de Salem (de 1810), calculées par M^r^. Bowditch[37]& comparées par M^r^. Arago aux observations de Cassini, Gilpin & Beaufoy,[38] méritent cependant beaucoup d'éloges. Elles pourront guider les observateurs du Canada pour examiner si, contrairement à ce qui arrive dans l'Europe occidentale, la déclinaison n'y diminue pas dans l'intervalle entre l'équinoxe du printemps & le solstice d'été. Dans un mémoire que j'ai publié, il y a cinq ans, j'ai désigné, comme stations magnétiques extrêmement favorables pour les progrès de nos connaissances: la Nouvelle Hollande, Ceylan, l'île Mauritius, le cap de Bonne-Espérance (illustré de nouveau par les travaux de Sir John Herschel), l'île S^t^. Hélène, quelque point [S. 16] sur la côte orientale de l'Amérique du Sud & Quebec. Déjà dans le siècle passé, en 1794 & 1796, un voyageur anglais, M^r^. Macdonald, avait fait des observations nouvelles & importantes sur la marche diurne de l'aiguille à Sumatra & à S^t^. Hélène,[39] observations qui ont été confirmées & étendues sur une grande échelle dans les expéditions scientifiques des Capitaines Freycinet et Duperrey, l'un commandant (1817–1820) la corvette l'Uranie, l'autre qui a coupé six fois l'équateur magnétique, commandant (1822 à 1825) la corvette la Coquille. Pour avancer rapidement la théorie des phénomènes du magnétisme terrestre ou du moins pour établir avec plus de précision des lois empiriques, il faudrait à la fois prolonger et varier les lignes d'observations correspondantes, distinguer dans les observations de variations horaires ce qui est dû à l'influence des saisons, au temps serein & au temps couvert & de pluies abondantes, aux heures du jour & de la nuit, au temps vrai de chaque lieu, c'est à dire à l'influence du soleil & ce qui est isochrone sous des mé-

[37] „On the Variation of the Magnetic Needle" (Bowditch 1809).

[38] „Sur les variations annuelles de l'aiguille aimantée, et sur son mouvement actuellement rétrograde" (Arago 1821), siehe auch Arago–Werke 1854–1860: 4, S. 396–402.

[39] „On the Diurnal Variation of the Magnetic Needle at Fort Marlborough, in the Island of Sumatra" (MacDonald 1796).

„Observations of the Diurnal Variation of the Magnetic Needle, in the Island of St. Helena; With a Continuation of the Observations at Fort Marlborough, in the Island of Sumatra" (MacDonald 1798).

ridiens différens: il faudrait réunir à ces observations de déclinaison horaire celles de la marche annuelle de la déclinaison absolue, de l'inclinaison de l'aiguille & de l'intensité des [S. 17] forces magnétiques dont l'accroissement depuis l'équateur magnétique aux poles est inégal dans l'hémisphère occidentale américain & dans l'hémisphère oriental asiatique. Toutes ces données, bases indispensables d'une théorie future, ne peuvent acquérir de l'importance & de la certitude que par le moyen d'établissemens qui restent permanens pendant un grand nombre d'années, Observatoires de physique dans lesquels on répète la recherche des élémens numériques à des intervalles de tems convenus & par des instrumens semblables. Les voyageurs qui traversent un pays dans une seule direction & à une seule époque, ne font que préparer un travail qui doit embrasser le tracé complet des lignes sans déclinaison à des intervalles également espacés, le déplacement progressif des noeuds ou points d'intersection des équateurs magnétique & terrestre, les changemens de forme dans les lignes isogones & isodynamiques, l'influence qu'exerce indubitablement la configuration & l'articulation des continens sur la marche lente ou accléleré e de ces courbes. Heureux si les essais isolés des voyageurs, dont il m'appartient de plaider la cause, ont contribué à vivifier un genre de recherches qui est l'ouvrage des siècles & qui exige à la fois le concours de [S. 18] beaucoup d'observateurs distribués d'après un plan mûrement discuté, et une direction qui émane de plusieurs grands centres scientifiques de l'Europe. Cette direction ne se renfermera pas & pour toujours dans le cercle étroit des mêmes instructions; elle saura les varier librement d'après l'état progressif des connaissances physiques et les perfectionnemens apportés aux instrumens & aux méthodes d'observation.

En suppliant Votre Altesse Royale de daigner communiquer cette lettre à la Société illustre que Vous présidez, il ne m'appartient aucunement d'examiner quelles sont les stations magnétiques qui méritent la préférence pour le moment & que les circonstances locales permettent d'établir. Il me suffit d'avoir réclamé le concours de la Société Royale de Londres pour donner une nouvelle vie à une entreprise utile & dont je m'occupe depuis un grand nombre d'années. J'ose simplement hasarder le voeu que dans le cas où ma proposition fût accueillie avec indulgence, la Société Royale voulût bien entrer directement en communications avec la Société Royale de Gottingue, l'Institut royal de France & l'Académie Impériale de Russie pour adopter les mesures les plus propres à combiner ce que l'on projette d'établir avec ce qui existe déjà sur une étendue de surface assez considérable. Peut-être [S. 19] voudrait-on aussi se concerter d'avance sur le mode de publication des observations partielles & (si le calcul n'exige pas trop de temps & ne retarde pas trop les communications) sur la publication des résultats moyens. C'est un des heureux effets de la civilisation et des progrès de la raison qu'en s'adressant aux sociétés savantes, on peut compter sur le concours général des volontés, dès qu'il s'agit de l'avancement des sciences ou du développement intellectuel de l'humanité.

Des travaux d'une surprenante précision ont été exécutés depuis quelques années, dans un pavillon magnétique de l'Observatoire de Gottingue avec des appareils d'une force extraordinaire.[40] Ces travaux, bien dignes de fixer l'attention des physiciens, offrent un mode plus précis de mesurer les variations horaires. Le barreau aimanté est

[40] Siehe Kap. 3.

d'une dimension beaucoup plus grande encore que le barreau de la lunette aimantée de Prony: il est muni à son extrémité d'un miroir dans lequel se réfléchissent les divisions d'une mire plus ou moins éloignée selon la valeur angulaire qu'on désire donner à ses divisions. Par l'emploi de ce moyen perfectionné l'observateur n'a pas besoin d'approcher du barreau aimanté & (en évitant les courans d'air que peuvent faire naître la proximité du corps humain ou, pendant la nuit, celle d'une [S. 20] lampe) on parvient à observer dans les plus petits intervalles du temps. Le grand géomètre, M^r. Gauss, auquel nous devons ce mode d'observation, de même que le moyen de réduire à une mesure absolue l'intensité de la force magnétique dans un lieu quelconque de la terre & l'invention ingénieuse d'un magnétomètre mis en mouvement par un multiplicateur d'induction, a publié dans les années 1834 & 1835 des séries d'observations simultanées faites de 5 en 5 ou de 10 en 10 minutes, avec des appareils semblables à Gottingue, Copenhague, Altona, Brunsvic, Leipzig, Berlin, où près du nouvel Observatoire royal M^r. Encke a déjà établi une maison magnétique très spacieuse,[41] Milan & Rome.[42] L'Ephémeride allemande (Jahrbuch für 1836) de M^r. Schumacher prouve graphiquement, & par le parallélisme des plus petites inflexions des courbes horaires, la simultanéité des perturbations à Milan & à Copenhague, deux villes dont la différence de latitude est de 10°13′.[43] M^r. Gauss a d'abord observé aux époques que j'avais proposées en 1830, mais dans l'intérêt de rapporter les mesures angulaires de déclinaison magnétique aux plus petits intervalles de temps (le 7 Février 1834 des changemens de 6 minutes en arc correspondaient à une seule minute de temps), M^r. Gauss a réduit les 44 [S. 21] heures d'observations simultanées à la durée de 24 heures: il a préscrit pour les stations qui sont munies de ses nouveaux appareils, six époches de l'année, c'est-à-dire les derniers samedis de chaque mois à nombre de jours impairs. Les barreaux aimantés qu'il emploie comme Magnétomètres sont, les petits, d'un poids de 4 livres, les grands de 25 livres. Le curieux appareil d'induction propre à rendre sensibles & mesurables les mouvemens d'oscillation que prédit une théorie, fondée sur l'admirable découverte de M^r. Faraday, est composé de deux barreaux accouplés, chacun d'un poids de 25 livres. J'ai dû rappeler les beaux travaux de M^r. Gauss pour que ceux des membres de la Société Royale de Londres qui ont le plus avancé l'étude du magnétisme terrestre, & qui connaissent la localité des établissemens coloniaux, veuillent bien prendre en considération, si dans les nouvelles stations à établir on doit employer des barreaux d'un grand poids munis d'un miroir & suspendus dans un pavillon soigneusement fermé, ou si l'on doit faire usage de la boussole de Gambey dont jusqu'ici on s'est uniformement servi dans nos anciennes stations d'Europe & d'Asie. En discutant cette question on évaluera sans doute les avantages qui naissent, dans l'appareil de M^r. Gauss, de la moindre mobilité des barreaux par des courans d'air, comme de la lecture aisée et rapide des divisions

[41] Zum Magnetischen Observatorium in Berlin siehe Knobloch 2003.

[42] „Beobachtungen der magnetischen Variation am 1. April 1835, von fünf Oertern [Copenhagen, Altona, Göttingen, Leipzig und Rom]" (Gauß 1835b). Diese Abhandlung fehlt in Gauß-Werken. Beobachtungen aus Berlin wurden hier nicht dargestellt!

[43] „Erdmagnetismus und Magnetometer" (Gauß 1836). In der Originalarbeit wurde eine Darstellung der korrespondierenden Beobachtungen in Kopenhagen und in Mailand veröffentlicht, die leider in Gauß-Werken fehlt. Dieselbe Darstellung findet sich bereits in Gauß 1835c.

angulaires [S. 22] en de très petits intervalles de temps. Mon désir n'est que de voir s'étendre les lignes de stations magnétiques, quelques soient les moyens par lesquels on parvienne à obtenir la précision des observations correspondantes. Je dois rappeler aussi que deux voyageurs instruits, M^{rs}. Sartorius & Listing, munis d'instrumens de petites dimensions & très portatifs, ont employé avec beaucoup de succès la méthode du grand Géomètre de Gottingue dans leurs excursions à Naples & en Sicilie.

Je supplie Votre Altesse Royale d'excuser l'étendue des développemens que renferment ces lignes. J'ai pensé qu'il serait utile de réunir, sous un même point de vue, ce qui a été fait ou préparé dans les divers pays pour atteindre le but d'un grand travail simultané sur les lois du Magnétisme terrestre.

Agréez, Monseigneur, l'hommage du plus profond respect avec lequel j'ai l'honneur d'être

de Votre Altesse Royale

Berlin
ce 23 avril
1836.

Le très-humble, très-obeissant
et très dévoué serviteur
Le B^{n} Al. de Humboldt.

[Couvert] Letter from Baron
Humboldt
April 23: 1836

[Umschlag, von anderer Hand]
Letter from Baron
Humboldt
April 23: 1836

Deutsche Übersetzung:

Eure Exzellenz,

Eure Königliche Hoheit, auf edle Weise an den Fortschritten der menschlichen Kenntnisse interessiert, wird geruhen, so schmeichle ich mir, der Bitte zuzustimmen, die ich mit einem hochachtungsvollen Vertrauen ausspreche. Ich wage Eure Aufmerksamkeit auf Arbeiten zu richten, die geeignet sind, durch genaue Mittel und von einem fast beständigen Einsatz, die Veränderungen des Erdmagnetismus genau zu erforschen. Indem wir die Zusammenarbeit einer großen Zahl von eifrigen und mit Instrumenten gleicher Konstruktion versehenen Beobachtern erbaten, haben wir, Herr Arago, Herr Kupffer und ich, erfolgreich seit acht Jahren diese Arbeiten auf einen sehr beträchtlichen Teil der nördlichen Halbkugel ausgedehnt. Da heute ständige magnetische Stationen von Paris bis nach China eingerichtet sind, [S. 2] wobei sie nach Osten den Breitengraden von 40° bis 60° folgen, glaube ich mich im Recht, Eure Exzellenz, durch Ihre Vermittlung die mächtige Unterstützung der Royal Society von London zu erbitten, um dieses Unternehmen zu fördern und um es durch die Gründung von neuen Stationen in der Nachbarschaft des magnetischen Äquators wie in dem temperierten Teil der südlichen Halbkugel zu vergrößern.

Ein Vorhaben, das ebenso wichtig für die Geophysik wie für die Vervollkommnung der Nautik ist, ist doppelt würdig des Interesses einer Gesellschaft, die seit ihrem Beginn mit einem stets wachsenden Erfolg das riesige Feld der exakten Wissenschaften befruchtet hat. Es hieße wenig der Geschichte der fortschreitenden Entwicklung unserer Kenntnisse über den Erdmagnetismus gefolgt zu sein, sich nicht an die große Zahl genauer Beobachtungen zu erinnern, die in verschiedenen Zeitabschnitten gemacht wurden und die noch auf den britischen Inseln und in einigen Teilen des Äquatorgebiets gemacht werden, die demselben Reich unterworfen sind. Es handelt sich hier nur um den Wunsch, diese Beobachtungen nützlicher zu machen, das heißt geeigneter, um große physikalische Gesetze aufzuzeigen, indem man sie nach einem gleichförmigen Plan koordiniert und sie mit den Beobachtungen verbindet, die auf dem Kontinent Europas und Nordasiens gemacht werden.

Da ich im Laufe meiner Reise zu den Äquatorgebieten Amerikas [S. 3] während der Jahre 1799 bis 1804 lebhaft mit den Phänomenen der Intensität der magnetischen Kräfte, der Inklination und der Deklination der Magnetnadel beschäftigt war, fasste ich bei der Rückkehr in meine Heimat den Plan, den Verlauf der stündlichen Änderungen der Deklination und die Störungen, die dieser Verlauf erleidet, zu prüfen, indem ich eine Methode anwandte, die meiner Ansicht nach noch nicht in einem großen Maßstab befolgt worden ist. Ich vermaß in Berlin in einem riesigen Garten, vor allem zur Zeit der Solstitien und der Äquinoctien, in den Jahren 1806 und 1807 von Stunde zu Stunde (oft von halber Stunde zu halber Stunde), ohne 4, 5, 6 Tage und ebenso viele Nächte zu unterbrechen, die Winkeländerungen des magnetischen Meridians. Herr Oltmanns, auf vorteilhafte Weise den Astronomen durch seine zahlreichen Rechnungen von geographischen Positionen bekannt, teilte freundlicherweise mit mir die Mühen dieser Arbeit. Das Instrument, dessen wir uns bedienten, war ein magnetisches Teleskop von Prony, das auf seiner Achse zurückdrehbar war, aufgehängt nach der Methode von Coulomb, plaziert in einem Glaskäfig und ausgerichtet auf eine sehr entfernte Nivellierlatte, deren Einteilungen, erleuchtet während der Nacht bis zu sechs oder sieben Sekunden stündlicher Änderung anzeigten. Ich war überrascht beim Feststellen der üblichen Regelmäßigkeit einer nächtlichen Periode der Häufigkeit von Störungen, vor allem von diesen [S. 4] Oszillationen, deren Amplitude alle Einteilungen des Maßstabes überschritt, die sich oft zu denselben Stunden vor Sonnenaufgang wiederholten und deren heftige und beschleunigte Bewegungen keiner zufälligen, mechanischen Ursache zugeordnet werden konnten.

Diese Verwirrungen der Nadel, von der eine bestimmte Periodizität jüngst von Herrn Kupffer gemäß dem Bericht über seine Reise zum Kaukasus bestätigt worden ist, schienen mir die Wirkung einer Reaktion des Inneren der Erdkugel in Richtung ihrer Oberfläche zu sein, ich würde wagen zu sagen von magnetischen Unwettern, die eine schnelle Spannungsänderung anzeigen. Ich wünschte nunmehr im Osten und im Westen des Meridians von Berlin Apparate aufzustellen, ähnlich den meinigen, um entsprechende Beobachtungen zu erhalten, die in großen Entfernungen und zu denselben Stunden gemacht wurden. Aber das politische Unwetter Deutschlands und eine schnelle Abreise nach Frankreich, wohin ich von meiner Regierung geschickt wurde, behinderten lange Zeit die Ausführung dieses Plans. Glücklicherweise unternahm mein berühmter Freund, Herr Arago, ich glaube um das Jahr 1818, nach seiner Rückkehr von den Küsten Afrikas und den Gefängnissen Spaniens, eine Reihe von Beobachtungen magnetischer Deklinationen in der Sternwarte von Paris, die – täglich in gleichförmig festgelegten Abständen gemacht und nach einem gleichen Plan bis heute fortgesetzt [S. 5] – durch ihre Anzahl und ihre wechselseitige Verbindung vor allem das mit sich führen, was in dieser Art physikalischer Untersuchungen versucht worden ist. Der Apparat von Gambey, dessen er sich bedient, ist von einer vollkommenen Ausführung. Versehen mit Mikrometern in Mikroskopen ist er von bequemerer und sicherer Handhabung als das Teleskop von Prony, angeheftet an einen starken Magnetstab von 20 ¼ Zoll Länge.

Im Laufe dieser Arbeit hat Herr Arago ein Phänomen entdeckt und durch zahlreiche Beispiele bestätigt, dass sich wesentlich von der Beobachtung unterscheidet, die von Olof Hiorter in Uppsala 1741 gemacht wurde: er hat nicht nur erkannt, dass die nördlichen Polarlichter den regelmäßigen Gang der stündlichen Deklinationen dort verwirren, wo sie nicht sichtbar sind, sondern auch, dass sich vom Morgen an, oft 10 oder 12 Stunden, bevor sich das Lichtphänomen in einem sehr entfernten Ort entwickelt, dieses Phänomen durch die spezielle Gestalt ankündigt, die die Kurve der täglichen Änderungen darstellt, das heißt durch den Wert der Maxima an Ausschlag vom Morgen und vom Abend. Eine andere neue Tatsache offenbarte sich in den Störungen. Herr Kupffer hatte in Kasan fast an den Ostgrenzen Europas eine Boussole von Gambey aufgestellt, vollkommen gleich derjenigen, deren sich Herr Arago in Paris bedient. Die zwei Beobachter konnten sich durch eine bestimmte Zahl [S. 6] korrespondierender Messungen der stündlichen Deklination überzeugen, dass trotz einer Längendifferenz von mehr als 47° die Störungen isochron waren. Dies waren wie Signale, die vom Inneren der Erdkugel gleichzeitig an ihrer Oberfläche anlangten, an den Ufern der Seine und der Wolga.

Als ich mich 1827 von Neuem in Berlin festsetzte, war meine erste Sorge, den Lauf der Beobachtungen wieder aufzunehmen, die in kleinen Abständen während mehrerer Tage und mehrerer Nächte in den zwei Jahren 1806 und 1807 gemacht wurden. Gleichzeitig versuchte ich, die Mittel gleichzeitiger Beobachtungen zu verallgemeinern, deren zufällige Anwendung so wichtige Ergebnisse gerade geliefert hat. Eine Boussole von Gambey wurde im Magnetpavillon plaziert, vollständig ohne Eisen, den ich in der Mitte eines Gartens erbauen ließ. Die regelmäßige Arbeit konnte erst im Herbst 1828 beginnen. Als ich im Frühjahr des Jahres 1829 von Seiner Majestät dem Kaiser von Russland gerufen wurde, um eine mineralogische Reise in den Norden Asiens und zum kaspischen Meer zu machen, hatte ich Gelegenheit, schnell die Linie von Stationen nach Osten zu erweitern. Auf meine Bitte hin ließen die Kaiserliche Akademie und der Kurator der Universität von Kasan magnetische Häuser in St. Petersburg und in Kasan erbauen. Im Schoße der Kaiserlichen Akademie, in einer Kommission, der vorzusitzen ich die Ehre gehabt habe, [S. 7] diskutierte man die gewaltigen Vorteile, die die riesige Ausdehnung von Land, begrenzt einerseits durch die Kurve ohne Deklination von Doskino (zwischen Moskau und Kasan oder genauer, nach Herrn Adolph Erman, zwischen Osablikowo und Doskino, durch die Breite 56°0′ und die Länge 40°36′ östlich von Paris) und andererseits durch die Kurve ohne Deklination von Arsentchewa nahe dem Baikalsee, die man für identisch mit derjenigen von Doskino durch eine Differenz von Meridianen von 63°21′ hält, der Erkenntnis der Gesetze des Erdmagnetismus bieten könnte. Da die Kaiserliche Bergbauabteilung großzügig zu demselben Ziel beigetragen hat, wurden nach einander magnetische Stationen in Moskau, in Barnaul, wovon ich die astronomische Position am Fuß des Altai durch die Breite 53°19′21″, die Länge $5^h27'20''$ (östlich von Paris) gefunden habe, und in Nertschinsk errichtet. Die Akademie von St. Petersburg hat noch mehr gemacht: sie hat einen mutigen und geschickten Astronomen, Herrn Georg Fuß, Bruder seines beständigen Sekretars, nach Peking geschickt und hat dort im Garten des Konvents der Mönche des griechischen Ritus einen Magnetpavillon errichten lassen. Man kann nicht dieses Unternehmen erwähnen, ohne sich zu erinnern, dass (gemäß dem Penthsaoyani, Medizinische Naturgeschichte, verfasst unter der Dynastie der Song, [S. 8] fast 400 Jahre vor Christoph Columbus und bevor die Europäer die geringste Vorstellung von der magnetischen Deklination hatten), die Chinesen ihre Nadeln mit Hilfe eines Fadens aufhängten, um ihnen die freieste Bewegung zu geben und dass sie wussten, dass sich die so nach Coulomb (wie in dem Apparat des Jesuiten Lana im 17. Jahrhundert) aufgehängten Nadeln nach Südost neigen und niemals im wahren Südpunkt anhielten.

Seit der Rückkehr von Herrn Fuß setzt ein junger Bergbaubeamter, Herr Kowanko, den im Ural zu treffen ich das Vergnügen gehabt habe, in China die stündlichen Deklinationsbeobachtungen, die denjenigen von Deutschland, von St. Petersburg, von Kasan, und von Nikolajew auf der Krim entsprechen, fort, wo der Admiral Greigh eine Boussole von Gambey hat aufstellen lassen, die dem Direktor der Sternwarte, Herrn Knorre, anvertraut ist. Ich habe auch erreicht, dass in den Bergwerken von Freiberg in Sachsen, in einer Auslauf-Galerie in einer Tiefe von 35 Toisen ein magnetischer Apparat plaziert worden ist. Herr Reich, dem man eine hervorragende Arbeit über die mittlere Erdtemperatur in verschiedenen Tiefen schuldet, beobachtet dort pünktlich und zu vereinbarten Zeiten. Aus Südamerika hat uns Herr Boussingault, der nichts von dem vernachlässigt hat, was die Fortschritte der Geophysik voranbringen kann, stündliche Deklinationsbeobachtungen geschickt, die in Marmato in der Provinz Antioquia angestellt wurden, auf 5°27′ nördlicher Breite, in einem Ort, wo die Deklination östlich wie in Kasan und [S. 9] in Barnaul in Asien ist, während an dem nordwestlichen Küsten des Neuen Kontinents, in Sitka im russischen Amerika, der Baron von Wrangel, ebenfalls mit einer Boussole von Gambey ausgerüstet, an gleichzeitigen Beobachtungen teilgenommen hat, die zur Zeit der Solstitien und der Äquinoktien angestellt wurden. Ein spanischer Admiral, Herr von Laborde, hat, da er Kenntnis von einer Bitte hatte, die ich an die Patriotische Gesellschaft von Havanna gerichtet hatte, die Güte gehabt, mich zu beauftragen, auf seinen eigenen Antrieb hin, ihm Instrumente zu schicken, die dazu dienen sollten, mit Genauigkeit die Inklination, die absolute Deklination, die stündlichen Änderungen der Deklination und die Intensität der magnetischen Kräfte zu bestimmen. Diese kostbaren Instrumente, völlig gleich denjenigen, die die Sternwarte von

Paris besitzt, sind glücklicher Weise auf der Insel Kuba angelangt, aber der Wechsel der maritimen Befehlsgewalt in Havanna und andere lokale Umstände haben noch nicht erlaubt, die magnetische Station unter dem Wendekreis des Krebses zu errichten und die Instrumente zu gebrauchen. Das Gleiche hat bisher von der Boussole von Gambey gegolten, die Herr Arago auf seine Kosten hat bauen lassen, um Beobachtungen aus dem Inneren Mexikos zu erhalten, wo sich die Sonne mehr als 6000 Fuß über das Meeresniveau erhebt. Schließlich habe ich während meines letzten Aufenthaltes in Paris die Ehre gehabt, Herrn Admiral Duperré, Minister [S. 10] der Marine, vorzuschlagen, eine magnetische Station in Island zu gründen. Diese Bitte ist mit dem wohlwollendsten Eifer aufgenommen worden, und das bereits bestellte Instrument wird noch in diesem Sommer am Hafen von Reykjavik abgeliefert werden, wenn die Expedition, die nach Norden zur Suche nach Herrn von Blosseville und seiner Unglücksgefährten gerichtet worden war, nach Island zurückkehren wird, um dort ihre wissenschaftlichen Arbeiten fortzusetzen. Man kann sicher sein, dass die dänische Regierung, die mit einem so edlen Eifer die Astronomie und die Fortschritte der Nautik beschützt, geruhen wird, die Einrichtung einer magnetischen Station in einer ihrer Besitzungen zu fördern, die dem Polarkreis benachbart ist. In Chile hat Herr Gay auch eine große Zahl an korrespondierenden stündlichen Beobachtungen gemäß den Anleitungen von Herrn Arago gemacht.

Ich bin in diese lange und genaue historische Einzelheit eingetreten, um sichtbar zu machen, bis wohin ich Erfolg gehabt habe, zusammen mit meinen Freunden die Mitwirkung an gleichzeitigen Beobachtungen auszudehnen. Nach meiner Rückkehr aus Sibirien haben Herr Dove und ich 1830 den graphischen Verlauf der stündlichen Deklinationskurven von Berlin, Freiberg, Petersburg und Nikolajew auf der Krim veröffentlicht, um den Parallelismus sichtbar zu machen, dem diese Linien unterliegen, trotz der großen Entfernung der Stationen und unter dem Einfluss [S. 11] ungewöhnlicher Störungen. Beim Vergleich der Beobachtungen von St. Petersburg und von Nikolajew hat man Beobachtungen verwenden können, die in sehr nahen Abständen gemacht wurden, alle 20 Minuten. Dennoch darf man sich nicht dem Glauben hingeben, dass dieser Parallelismus von Biegungen stets in den stündlichen Kurven existiert. Wir haben die Erfahrung gemacht, dass selbst in sehr benachbarten Orten, z. B. in Berlin und in den Bergwerken von Freiberg, die magnetischen Reaktionen aus dem Inneren der Erde zur Oberfläche nicht beständig gleichzeitig sind, dass die eine der Nadeln beträchtliche Störungen anzeigt, während die andere diesen regelmäßigen Gang fortsetzt, der unter jedem Meridian eine Funktion der wahren Ortszeit ist. Ich habe auch in der 1830 veröffentlichten Abhandlung für die Mitwirkung an gleichzeitigen Beobachtungen die folgenden Zeiträume vorgeschlagen:

20. und 21. März
4. und 5. Mai
21. und 22. Juni
6. und 7. August
23. und 24. September
5. und 6. November
21. und 22. Dezember

ab 4 Uhr morgens des ersten Tages bis Mitternacht des zweiten Tages, indem man mindestens in jeder magnetischen Station Tag und Nacht alle Stunde beobachtet. Da mehrere Beobachter, die auf der Linie der Stationen plaziert waren, diese Zeiträume einander zu benachbart gefunden haben, hat man vorrangig [S. 12] allein auf der Zeit der Solstitien und der Äquinoktien beharren müssen.

England hat seit dem alten Arbeiten von William Gilbert, Graham und Halley bis zu den modernen Arbeiten der Herren Gilpin, Beaufoy (in Bushy Heath), Barlow und Christie eine reiche Sammlung von Materialien angeboten, die geeignet sind, die physikalischen Gesetze zu entdecken, die die Änderungen der magnetischen Deklination regeln, sei es an demselben Ort entsprechend dem Unterschied zwischen den Stunden und den Jahreszeiten, sei es in verschiedenen Entfernungen vom magnetischen Äquator und von den Linien ohne Deklination. Herr Gilpin hat jeden Tag zwölf Stunden beobachtet, mehr als 16 Monate lang. Die zahlreichen Beobachtungen des Obersten Beaufoy sind regelmäßig in den Thomsonschen Annalen veröffentlicht wurden. Denkwürdige Expeditionen in die ungastlichsten Gebiete des Nordens haben die Herren Sabine, Franklin, Hood, Parry, Henry Foster, Beechey und James Clark Ross eine reiche Ernte wichtiger Beobachtungen sammeln lassen. Im Hinblick auf den Erdmagnetismus und die Meteorologie schuldet die physische Geographie eine beträchtliche Zunahme an Kenntnis den Versuchen, die neulich gemacht wurden, um die Gestalt der Meerenge oder Nordwest-Passage zu bestimmen. Sie schuldet davon auch den gefährlichen Erforschungen der vereisten Küsten Asiens durch die Kapitäne Wrangel, Lütke und Anjou. Im Laufe [S. 13] dieser edlen Anstrengungen wurde den physikalischen Wissenschaften ein unerwarteter Antrieb gegeben. Ein Teil der Naturphilosophie, deren theoretische Fortschritte so langsam seit zwei Jahrhunderten gewesen waren, hat einen lebhaften und von anderen Wissenschaften befruchteten Glanz geworfen. So ist die Wirkung der großen Entdeckungen von Oersted, Arago, Ampère, Seebeck und Faraday auf die Natur der elektromagnetischen Kräfte gewesen. Angespornt durch diesen Wettstreit von Begabungen und geistreichen Arbeiten gelehrter Reisender haben die Herren Hansteen, Due und Adolph Erman in der gesamten, unermesslichen Ausdehnung Nordasiens, durch eine glückliche Vereinigung von sehr genauen astronomischen und physikalischen Mitteln, fast für einen gleichen Zeitraum den Verlauf von isoklinen, isogonen und isodynamischen Kurven erforscht. Wenn ich von dieser großen Arbeit spreche, die Herr Hansteen seit langem geplant und vorgeschlagen hat, sollte ich vielleicht schweigend die Beobachtungen der magnetischen Inklination übergehen, die ich auf der wenig besuchten Grenze der chinesischen Tsungarei und an den Küsten des kaspischen Meeres gemacht habe, Beobachtungen, die im zweiten Band meiner Fragmens asiatiques veröffentlicht wurden. Mein gelehrter Landsmann, Herr Adolph Erman, in Kamtschatka an Bord gegangen und nach Europa über das Kap Horn zurückgekehrt, hat den seltenen Vorteil gehabt, während einer langen Seefahrt die Messung der drei Erscheinungsformen des Erdmagnetismus auf der Oberfläche der Erdkugel fortzusetzen. [S. 14] Er hat dieselben Instrumente und dieselben Methoden anwenden können, die von Berlin bis zur Mündung des Obi und von dieser Mündung bis zum Meer von Ochotsk gedient hatten.

Was unsere Epoche kennzeichnet, in einer Zeit, die von großen Entdeckungen in der Optik, der Elektrizität und des Magnetismus hervorsticht, ist die Möglichkeit, die Erscheinungen durch die Verallgemeinerung von empirischen Gesetzen zu verbinden, ist die wechselseitige Hilfe, die sich lange isoliert gebliebene Wissenschaften leisten. Heute offenbaren uns sozusagen einfache Beobachtungen der stündlichen Deklination oder der magnetischen Intensität, die gleichzeitig an sehr voneinander entfernten Orten angestellt wurden, das, was sich in großen Tiefen im Inneren unseres Planeten abspielt oder in den höheren Regionen der Atmosphäre. Diese leuchtenden Ausflüsse, diese polaren Explosionen, die das magnetische Unwetter begleiten, scheinen großen Änderungen nachzufolgen, die die gewöhnliche oder mittlere Spannung des Erdmagnetismus erleidet.

Es wäre, Eure Exzellenz, von lebhaftem Interesse für den Fortschritt der mathematischen und physikalischen Wissenschaften, dass unter Ihrer Präsidentschaft und Ihrer Schutzherrschaft die Royal Society von London, der seit [S. 15] zwanzig Jahren anzugehören ich mich rühme, freundlicherweise ihren mächtigen Einfluss bei der Ausdehnung der Linie von gleichzeitigen Beobachtungen und beim Gründen von ständigen magnetischen Stationen ausübt, sei es in dem Gebiet der Tropen, der beiden Seiten des magnetischen Äquators, dessen Nähe notwendigerweise die Amplitude der stündlichen Deklinationen vermindert, sei es in dem hohen Breiten der südlichen Halbkugel oder in Kanada. Ich wage, diesen letzten Punkt vorzuschlagen, weil die Beobachtungen von stündlichen Deklinationen, die in der ungeheuren Weite der Vereinigten Staaten angestellt wurden, noch sehr selten sind. Diejenigen von Salem (von 1810), berechnet von Herrn Bowditch und verglichen von Herrn Arago mit den Beobachtungen von Cassini, Gilpin und Beaufoy verdienen dennoch viel Lob. Sie werden die Beobachter Kanadas leiten können, um zu prüfen, ob im Gegensatz zu dem, was sich in Westeuropa ereignet, die Deklination sich nicht im Zeitraum zwischen der Tagundnachtgleiche des Frühlings und dem Sommersolstitium vermindert. In einer Abhandlung, die ich vor fünf Jahren veröffentlicht habe, habe ich als für die Fortschritte unserer Kenntnisse äußerst günstige magnetische Stationen bezeichnet: Neu-Holland, Ceylon, die Insel Mauritius, das Kap der Guten Hoffnung (von Neuem veranschaulicht durch die Arbeiten von Sir John Herschel), die Insel St. Helena einen Punkt [S. 16] auf der Ostküste Südamerikas und Quebec. Bereits im vergangenen Jahrhundert, 1794 und 1796, hatte ein englischer Reisender, Herr MacDonald, neue und wichtige Beobachtungen über den täglichen Verlauf der Nadel in Sumatra und in St. Helena gemacht, Beobachtungen, die auf den wissenschaftlichen Expeditionen der Kapitäne Freycinet und Duperrey bestätigt und auf einen großen Maßstab ausgedehnt worden sind. Der eine befehligte (1817–1820) die Korvette „Uranie“, der andere, der sechsmal den magnetischen Äquator geschnitten hat, befehligte (1822–1825) die Korvette „Coquille“. Um schnell die Theorie der Erscheinungen des Erdmagnetismus voranzubringen oder um wenigstens mit mehr Genauigkeit empirische Gesetze aufzustellen, wäre es nötig, zugleich die Linien von korrespondierenden Beobachtungen zu verlängern und zu variieren, bei den Beobachtungen von stündlichen Änderungen zu unterscheiden, was dem Einfluss der Jahreszeiten geschuldet ist, dem heiteren Wetter und dem bedeckten Wetter, und dem von reichlichen Regengüssen, den Tag- und Nachtstunden, der wahren Zeit jedes Ortes, d.h. dem Einfluss der Sonne und was unter den verschiedenen Meridianen isochron ist: Man müsste mit diesen Beobachtungen der stündlichen Deklination diejenigen des jährlichen Verlaufes der absoluten Deklination, der Inklination der Nadel und der Intensität der [S. 17] magnetischen Kräfte verbinden, deren Anwachsen vom magnetischen Äquator zu den Polen auf der amerikanischen, westlichen Halbkugel und auf der asiatischen östlichen Halbkugel verschieden ist. Alle diese Daten, unverzichtbare Grundlagen einer künftigen Theorie, können an Wichtigkeit und an Sicherheit nur mittels Einrichtungen gewinnen, die ständig während einer großen Zahl an Jahren bleiben, physikalische Observatorien, in denen man die Erforschung der numerischen Elemente in vereinbarten Zeitabschnitten und durch gleiche Instrumente wiederholt. Die Reisenden, die ein Land in einer einzigen Richtung und in einem einzigen Zeitraum durchqueren, lassen nur eine Arbeit vorbereiten, die den vollständigen Verlauf der Linien ohne Deklination in gleichgroßen Abständen umfassen muss, die fortschreitende Versetzung der Knoten oder Schnittpunkte des magnetischen und terrestrischen Äquators, die Gestaltänderungen in den isogonen und isodynamischen Linien, den Einfluss, den zweifellos die Konfiguration und Gliederung der Kontinente auf den langsamen oder beschleunigten Verlauf dieser Kurven ausüben. Ein Glück, wenn die vereinzelten Versuche der Reisenden, deren Anliegen zu verteidigen mir obliegt, dazu beigetragen haben, eine Art von Forschungen zu beleben, die das Werk von Jahrhunderten ist, und die gleichzeitig die Mitwirkung von [S. 18] vielen Beobachtern erfordert, die nach einem reiflich erörterten Plan verteilt sind, und eine Leitung, die von mehreren großen wissenschaftlichen Zentren Europas ausgeht. Diese Leitung wird sich nicht einschließen und für immer in dem engen Kreis derselben Anweisungen; sie wird in der Lage sein, sie frei nach dem fortschreitenden Zustand der physikalischen Kenntnisse und den Vervollkommnungen zu verändern, die den Instrumenten und den Beobachtungsmethoden zuteil geworden sind.

Indem ich Eure Königliche Hoheit bitte zu geruhen, diesen Brief der berühmten Gesellschaft mitzuteilen, deren Vorsitz Sie inne haben, kommt es mir in keiner Weise zu zu prüfen, welche die magnetischen Stationen sind, die für den Augenblick den Vorrang verdienen und die örtlichen Umstände gestatten einzurichten. Es genügt mir, die Mitwirkung der Royal Society von London angemahnt zu haben, um ein neues Leben einer nützlichen Unternehmung und einer, mit der ich mich seit einer großen Zahl von Jahren beschäftige, zu verleihen. Ich wage einfach den Wunsch zu riskieren, dass in dem Fall, dass mein Vorschlag mit Nachsicht aufgenommen wurde, die Royal Society freundlicherweise unmittelbar in Mitteilungen mit der Königlichen Gesellschaft von Göttingen, dem Institut royal von Frankreich und der Kaiserlichen Akademie von Russland eintritt, um die geeignetsten Maße zu übernehmen, um das zu kombinieren, was man einzusetzen vorhat, mit dem, was bereits auf eine Ausdehnung von recht beträchtlicher Oberfläche existiert. Vielleicht [S. 19] möchte man sich auch im Voraus über die Weise abstimmen, einzelne Beobachtungen zu publizieren und (wenn die Rechnung nicht zu viel Zeit erfordert und zu sehr die Mitteilungen verzögert), über die Veröffentlichung der mittleren Ergebnisse. Es ist eine der glücklichen Wirkungen der Zivilisation und der Fortschritte der Vernunft, dass man, wenn man sich an wissenschaftliche Gesellschaften wendet, auf die allgemeine Mitwirkung der Willen zählen kann, sobald es sich um den Fortschritt der Wissenschaften oder der geistigen Entwicklung der Humanität handelt.

Arbeiten von einer überraschenden Genauigkeit sind seit einigen Jahren in einem magnetischen Pavillon der Sternwarte von Göttingen mit Apparaten einer ungewöhnlichen Kraft ausgeführt worden. Diese Arbeiten, sehr würdig die Aufmerksamkeit der Physiker zu fesseln, bieten eine genauere Methode die stündlichen Änderungen zu messen. Der Magnetstab hat eine noch viel größere Dimension als der Stab des magnetischen Fernrohrs von Prony: er ist an seinem Ende mit einem Spiegel versehen, in dem sich die Teilungen einer mehr oder weniger entfernten Nivellierlatte gemäß dem Winkelwert widerspiegeln, den man seinen Teilungen zu geben wünscht. Durch die Verwendung dieses vervollkommneten Mittels braucht sich der Beobachter nicht dem Magnetstab zu nähern und (indem er die Luftströmungen vermeidet, die die Nähe des menschlichen Körpers hervorrufen kann, oder während der Nacht diejenige einer [S. 20] Lampe) gelangt man dazu, in kleinsten Zeitabständen zu beobachten. Der große Geometer, Herr Gauß, dem wir diese Beobachtungsweise schulden, ebenso wie die Art, die Intensität der magnetischen Kraft an einem beliebigen Ort der Erde auf ein absolutes Maß zu reduzieren, und die geistreiche Erfindung eines Magnetometers, der durch einen Induktionsmultiplikator in Bewegung gesetzt ist, hat in den Jahren 1834 und 1835 Reihen gleichzeitiger Beobachtungen veröffentlicht, die alle 5 oder alle 10 Minuten angestellt wurden, mit den gleichen Apparaten in Göttingen, Kopenhagen, Altona, Braunschweig, Leipzig, Berlin, wo nahe der neuen Königlichen Sternwarte Herr Encke bereits ein sehr geräumiges, magnetisches Haus errichtet hat, Mailand und Rom. Die deutsche Ephemeride (Jahrbuch für 1836) von Herrn Schumacher beweist graphisch und durch den Parallelismus der kleinsten Biegungen der stündlichen Kurven die Gleichzeitigkeit der Störungen in Mailand und in Kopenhagen, zwei Städte, deren Breitenunterschied 10°13′ beträgt. Herr Gauß hat zunächst in den Zeiträumen beobachtet, die ich 1830 vorgeschlagen hatte. Aber daran interessiert, die Winkelmessungen der magnetischen Deklination auf die kleinsten Zeitintervalle zu beziehen (am 7. Februar 1834 entsprachen Änderungen von 6 Bogenminuten einer einzigen Zeitminute), hat Herr Gauß die 44 Stunden [S. 21] gleichzeitiger Beobachtungen auf die Dauer von 24 Stunden reduziert: er hat für die Stationen, die mit seinen neuen Apparaten versehen sind, sechs Zeiträume des Jahres vorgeschrieben, d.h. die letzten Samstage jedes Monats mit ungerade vielen Tagen. Unter den Magnetstäben, die er als Magnetometer verwendet, haben die kleinen ein Gewicht von 4 Pfund, die großen von 25 Pfund. Der sonderbare Induktionsapparat, der geeignet ist die Oszillationsbewegungen, die eine auf der bewundernswerten Entdeckung von Herrn Faraday gegründete Theorie voraussagt, wahrnehmbar und messbar zu machen, ist aus zwei verbundenen Stäben zusammengesetzt, jeder mit einem Gewicht von 25 Pfund. Ich habe an die schönen Arbeiten von Herrn Gauß erinnern müssen, damit diejenigen der Mitglieder der Royal Society von London, die am meisten das Studium des Erdmagnetismus vorangetrieben haben und die die Örtlichkeit der kolonialen Einrichtungen kennen, freundlicherweise berücksichtigen, ob man in dem neuen, zu errichtenden Stationen Stäbe mit einem großen

Gewicht verwenden muss, die mit einem Spiegel versehen und in einem sorgfältig verschlossenen Pavillon aufgehängt sind, oder ob man die [S. 22] Boussole von Gambey benutzen muss, deren man sich bisher einheitlich in unseren alten Stationen Europas und Asiens bedient hat. Wenn man diese Frage erörtert, wird man zweifellos die Vorteile würdigen, die im Apparat von Herrn Gauß aus der sehr geringen Beweglichkeit der Stäbe durch Luftströmungen wie aus der leichten und schnellen Ablesung der Winkelteilungen in sehr kleinen Zeitintervallen entstehen. Mein Wunsch ist, nur die Linien von magnetischen Stationen sich ausdehnen zu sehen, welche Mittel auch immer es sind, durch die man dazu gelangt, die Genauigkeit korrespondierender Beobachtungen zu erhalten. Ich muss auch daran erinnern, dass zwei gelehrte Reisende, die Herren Sartorius und Listing, versehen mit sehr tragbaren Instrumenten und solchen kleiner Dimensionen, mit viel Erfolgen die Methode des großen Geometers aus Göttingen in ihren Exkursionen nach Neapel und nach Sizilien angewendet haben.

Ich bitte Eure Königliche Hoheit, den Umfang der Darlegungen zu entschuldigen, den diese Zeilen einschließen. Ich habe gedacht, es sei nützlich, unter einem gleichen Gesichtspunkt das zu vereinigen, was in den verschiedenen Ländern getan oder vorbereitet wurde, um das Ziel einer großen gleichzeitigen Arbeit über die Gesetze des Erdmagnetismus zu erreichen.

Empfangen Sie, Eure Exzellenz, die Huldigung der tiefsten Hochachtung, mit der ich die Ehre habe,

der sehr untertänige, sehr gehorsame und sehr ergebene Diener
Eurer Königlichen Hoheit zu sein,
Baron Alexander von Humboldt.

Berlin, den 23. April 1836.

Anhang 2: Antwortschreiben von Samuel Hunter Christie und George Biddell Airy vom 9. Juni 1836

Transkription des Originalbriefes, der sich in der Royal Society befindet, Sign. AP 20 8.

To H. R. H. The President and Council of the Royal Society.

Report upon a letter addressed by M le Baron de Humboldt to H. R. H. The President of the Royal Society, and communicated by H. R. H. to the Council.

Previously to offering any opinion on the important communication on which we have been called upon to report, we feel that it will be proper to lay before the Council a full account of the communication itself. In this letter M de Humboldt developes a plan for the observation of the phenomena of terrestrial magnetism worthy of the great and philosophic mind whence it has been emanated, and one from which may anticipated the establishment of the theory of these phenomena.

After his return from the equinoctial regions of America M de Humboldt, in the years 1806 and 1807, entered upon a careful and minute examination of the course of the diurnal variation of the needle. He was struck, he informs us, in verifying the ordinary regularity of the nocturnal period, with the frequency of perturbations and, above all, of those oscillations, exceeding the divisions of his scale, which were repeated frequently at the same hours before sunrise. These excentricities of the needle, of which a certain periodicity has been confirmed by M. Kupffer, appeared to M de Humboldt to be the effect of a reaction from the interior towards the surface of the globe – he ventures to say, of "Magnetic storms" – which indicated a rapid change of tension. From that time he was anxious to [S. 2] establish to the east and to the west of the meridian of Berlin, apparatus similar to his own, in order to obtain corresponding observations, made at great distances at the same hours, but was, for a long period, prevented putting his plan into execution, by the disturbed state of Germany and his departure for France.

The Baron de Humboldt and M. M. Arago and Kupffer having, by the cooperation of many zealous observers, succeeded in establishing permanent magnetic stations extending from Paris to China, M de Humboldt solicits through H. R. H. the President the powerful influence of the Royal Society in extending the plan, by the establishment of new stations. The plan which he proposes and which has been successfully carried into execution over a large portion of the northeastern Continent, is that magnetical observations, whether of the direction of the horizontal and inclinal needles, or for the determ[in]ation of the variations of the magnetic force, should be made simultaneously at all stations, at short intervals of time, for a certain number of hours and at fixed periods of the year: precisely similar to that which[44] has been recommended and adopted by Sir John Herschel, with reference to observations of the Barometer and Thermometer.

Referring in terms of commendation to the magnetical observations which have originated in this country, M de Humboldt expresses his wish that such observations by the adoption[45] of an uniform plan, and by connecting them with the observations now in progress on the Continent of Europe and of Northern Asia, be rendered more proper for the manifestation of great physical laws. He then enters into an historical [S. 3] detail of the establishment of stations for magnetical observations, stating the important results obtained by MM Arago and Kupffer, by means of simultaneous observations, which appear to establish the isochronism of the perturbations of the needle at Paris and Kasan, stations separated by 47° of Longitude. Under the patronage of the governments of France, of Prussia, of Denmark and of Russia magnetical observations have been established at Paris, at Berlin, in the mines of Freyberg, at Copenhagen, in Iceland, at St Petersburg, Kasan, Moscow, Barn[a]oul at the port of the Altai chain, Nertschinsk near the frontier of China, even at Pekin, and Nicolajeff in Crimea.

M de Humboldt states that the lines representing the horary variations at Berlin, Freyberg, Petersburg and Nicolajeff affect parellelism, notwithstanding the great separation of the stations and the influence of extraordinary perturbations: that this

[44] Original: to that which. Druckversion: to the plan which.

[45] Original: that such observations by the adoption. Druckversion: that such observations may, by the adoption.

however is not invariable, since even at small distances, for example, at Berlin and in the mines of Freyberg, one of the needles may show considerable perturbations, while the other continues that regular course which is a function of the solar time of the place.

The epochs at which it had been proposed that simultaneous observations should be made at all stations were,

20th and 21st of March
4th and 5th of May
21st and 22nd of June
6th and 7th of August
23rd and 24th of September
5th and 6th of November
21st and 22nd of December

from 4^{h} [46] in the morning of the first day until midnight of the second, observing, at least, hourly, night and day, at each magnetic station: [S. 4] but as many observers have considered these as too near to each other, the observations most to be insisted upon are those at the times of the solstices and equinoxes.

England from times of Gilbert, Graham and Halley to the present, observes M de Humboldt, has afforded a copious collection of materials, adapted to the discovery of the physical laws which govern the changes of the variation, whether at the same place, according to the hours of the day and the seasons of the year, or at different distances from the magnetic equator and from the lines of no variation. After adverting to the continued observations of Gilpin and of Beaufoy, omitting however to mention the important ones by Canton, he observes that the arctic expeditions have furnished a rich harvest of important observations to Captains Sabine, Franklin, Parry, Foster, Beechey and James Ross, and Lieut^{t} Hood*; and that thus physical geography is indebted to the attempts which have been made to discover the north west passage, and also to the explorations of the icy coasts of Asia, by Wrangel, Lutke and Anjou, for a considerable accession of knowledge in terrestrial magnetism and meteorology. Excited, he observes, by the great discoveries of Oersted, Arago, Ampere, Seebeck and Faraday, MM Hansteen, Due and Adolphe Erman have explored, in the whole of the immense extent of Northern Asia, the course of isoclinal, isogonal, and isodynamic curves; and M. Adolphe Erman has had the advantage, during a long voyage from Kamtschatka round Cape Horn to Europe, of observing the three manifestations of terrestrial magnetism on the surface of the earth, with the same

* To this long list we may now add the name of Captn Back, nor ought the name of Mr Fisher to be omitted.

[46] Original: 4^{h}. Druckversion: 4 o'clock.

[S. 5] instruments and by the same methods which he had employed from Berlin to the mouth of the Obi and thence to the sea of Okhotsk.

M de Humboldt remarks that our epoch, marked by great discoveries in optics electricity and magnetism, is characterized by the possibility of connecting phaenomena, by the generalization of empyrical laws and by the mutual assistance rendered by sciences which had long remained isolated. Now, he observes, simple observations of horary variation or of magnetic intensity, made at places far distant from each other, reveal to us what passes at great depths in the interior of our planet or in the upper regions of our atmosphere: those luminous emanations, those polar explosions which accompany the "Magnetic Storm" appear to succeed the changes which the mean or ordinary tension of terrestrial magnetism undergoes.

M de Humboldt considers that it deeply interests the advancement of mathematical and physical sciences that, under the auspices of H. R. H. the President, the Royal Society should exert its influence in extending the line of simultaneous observations, and in establishing permanent magnetic stations in the tropical regions on both sides of the magnetic equator, in high southern latitudes and in Canada. He proposes this last station because the observations of horary variation in the vast extent of the United States are yet extremely rare. There at Salem, calculated by Mr Bowditch, and compared by Arago with the observations of Cassini, Gilpin [S. 6] and Beaufoy, may, he remarks, guide the observers in Canada, in examining whether there, contrary to what takes place in western Europe, the (diurnal?[)] variation does not decrease in the interval between the vernal equinox and the summer solstice.

In a Memoir published five years ago M Humboldt states that he has indicated as stations extremely favorable for the advancement of our knowledge, New Holland, Ceylon, the Mauritius, the cape of good Hope, the Island of St Helena, some point on the eastern coast of south america, and Quebec. In order, he observes, to advance rapidly the theory of the phaenomena of terrestrial magnetism at least to establish with more precision empyrical laws, we ought to extend and, at the same time, to vary the lines of corresponding observations; to distinguish, in the observations of the horary variations, what is due to the influence of the seasons, to a clear or a cloudy atmosphere, to abundant rains to the hour of the day or night solar time, that is to the influence of the sun, and what is isochronous under different meridians: we ought, in addition to these observations of the horary variation, to observe the annual course of the absolute variation, of the inclination of the needle, and of the intensity of the magnetic forces, of which the increase from the magnetic equator to the poles is unequal in the american or western, and in the asiatic or eastern hemisphere. All these data, the indispensable basis of a future theory can only acquire certainty and importance by means of fixed establishments, which are permanent for a great number of years, [S. 7] observatories in which are repeated, at settled intervals and with similar instruments, observations for the determination of numerical elements.

Travellers, remarks M de Humboldt, who traverse a country in a single direction and at a single epoch, only furnish[47] the first preparations for labours which ought to

[47] Original: only furnish. Druckversion: furnish only.

embrace the complete course of the lines of no variation; the progressive displacement of the nodes of the magnetic and terrestrial equators; the changes in the forms of the isogonal and isodynamic lines; and the influence which, unquestionably, the configuration and articulation of the continents exert upon the slow or rapid march of these curves. He will, he considers,[48] be fortunate if the isolated attempts of travellers, whose cause he has to plead, have contributed to vivify a species of research which must be the work of centuries, and which requires, at once the cooperation of many observers, distributed in accordance with a well digested plan, and a direction emanating from many great scientific centres of Europe. This direction, however, not being for ever restricted by the same instructions, but varying them according to the progressive state of physical knowledge and the improvements which may have been made in instruments and the methods of observation.

In begging H. R. H. the President to communicate this letter to the Royal Society, the Baron de Humboldt disclaims any intention of examining which are the magnetic stations that at the present time deserve the preference, and which local circumstances may admit of being established. It is sufficient that he has [S. 8] solicited the cooperation of the Royal Society, to give new life to a useful undertaking in which he has, for many years been engaged. Should the proposition meet with their concurrence, he begs that the Royal Society will enter into direct communication with the Royal Society of Gottingen, the Royal Institute of France and the Imperial Academy of Russia, to adopt the most proper measures to combine what is proposed to be established with what already exists: and adds that, perhaps, they would also previously concert upon the mode of publication of partial observations and of mean results.

M de Humboldt finally refers to the labo[u]rs and accurate observations of M. Gauss at the observatory of Gottingen. The methods, however, adopted by M. Gauss being already before the Royal Society in a memoir which has been communicated by him, renders it unnecessary here to enter into the explanation given of them by M. de Humboldt. He has referred to them in order that those members of the Royal Society who have most advanced the study of terrestrial magnetism, and who are acquainted with the localities of colonial establishments, may take into consideration, whether, in the new stations to be established, a bar of great weight furnished with a mirror should be employed, or whether Gambey's needle should be used: his wish is only to see the lines of magnetic stations extended, by whatever means the precision of the observations may be attained.

M de Humboldt concludes by begging H. R. H. to excuse the extent of his communication. He considered it would be advantageous to unite under a single point of view what has been done or prepared in different countries, towards attaining the object of great simultaneous operations for the discovery of the laws of terrestrial magnetism.

[S. 9] Having very fully laid before the Council the contents of M. de Humboldt's letter, we have now to offer our opinion upon the subject it embraces. There can, we

48 Original: con considers.

consider, be no question of the importance of the plan of observation which is here proposed for the investigation of the phaenomena of terrestrial magnetism, or of the prospect which such a plan holds out of the ultimate discovery of the laws by which those phaenomena are governed. Although the most striking of these phaenomena have now been known for two centuries, although careful observations of them have, within that period, been made, and that still more care and attention have been bestowed upon those more recently discovered; yet the accessions to our knowledge, not only regarding the cause of the phaenomena, but even with respect to the laws which connect them, bears a very small proportion to the mass of observations which have been made. This has arisen in a great measure, if not wholly from the imperfection of the data from which attempts have been made to draw conclusions. Whatever theories may have been advanced in explanation of these phaenomena, or attempts made to connect them by empyrical laws, still whenever comparisons have been instituted between the results of observation and such theories or laws, it has, in general, been doubtful whether the discrepancies which have been found might not, as justly, be attributed to errors in the observations as to fallacies in the theory, or incorrectness in the laws. Under these circumstances, the Royal Society, as a society for the promotion of natural knowledge, cannot but hail with satisfaction, a proposition for carrying on observations of phaenomena, most interesting in their nature and most obscure in their laws, in a manner that shall, not only, give greater precision to the observations, but, at the same time, [S. 10] render all the results strictly comparative.

These are however other grounds which such a proposition as that made by M de Humboldt should be most cordially received by the Royal Society. This Society is here called upon as a member of a great confederation, to cooperate with several other members, already in active cooperation, for the attainment of an object which ought to be common to all: and to such a call the Royal Society can never be deaf. Those who know best what has been done by cooperation on a well digested system, and what remains undone in many departments of science for the want of it, can best appreciate the benefits that would accrue to science, by the adoption of the extensive plan of cooperation advocated by M de Humboldt. Independently of our acquiring a knowledge of the laws which govern the phaenomena here proposed to be observed, we ought to look to the effect which the adoption of such a plan may have on other branches of science. The example being, thus, once set, of extensive cooperation in a single department of science, we may anticipate that it would be eagerly adopted in others, where, although our knowledge may be in a much more advanced state than it is regarding the phaenomena of terrestrial magnetism, still much remains to be accomplished, which can scarcely be effected by any other means. We might thus hope to see the united efforts of all the scientific societies in Europe directed to the prosecution of enquiry, in each department of science, according to the plan of cooperation best adapted for its development.

[S. 11] We must now, after these remarks on the general bearing of M de Humboldt's communication, go somewhat into detail on points connected with it. One point of view in which we consider the proposed plan of great importance, and to which M de Humboldt has not expressly referred is this. However defective ordinary dipping instruments may be considered to be, there are few persons, who have had opportunities either of making observations with the ordinary instruments for determining the variations of the needle, or of comparing those made by others, by the usual methods with such instruments, who will not admit, that these instruments and methods are fully as defective – possibly much more so. Thus however we may multiply the points on the earth's surface at which such observations may be made, still great uncertainty must always rest upon such determinations of these two important elements; and in all comparisons of such observations with laws, whether empyrical or deduced from theory, it will ever be doubtful whether the discordances, which may be found, are due to errors of observation or are indicative of the fallacy of these laws. This source of uncertainty must, in a great measure, if not wholly, be obviated by observations made at fixed stations, with instruments of similar construction, which have been carefully compared with each other: and we have no hesitation in stating our opinion that more would be done in determining the positions of the poles of convergence and of verticity on the earth's surface, and other points, most important towards the establishment of anything like a theory of terrestrial magnetism, by simultaneous observations made at a few well chosen fixed stations than by an almost indefinite multiplication of observations by the ordinary methods.

[S. 12] That a magnetic chart that should correctly exhibit the several lines of equal variation, Humboldt's "Isogonal lines" would be of the greatest advantage to Navigation, those who are best qualified to judge are most ready to admit. If to these lines were added the isoclinal lines, or lines of equal dip, the value of such a chart would, for the purposes of navigation in particular, be greatly enhanced. Whatever may be the magnitude of the influence of the iron in a ship on its compass needle the extent of the deviation of the horizontal needle due to that influence, on any bearing of the ship's head, is a function of that bearing and of the dip of the needle at the place of observation. The extent therefore of the horizontal deviations, in various bearings of the ship's head, having been ascertained at any port where the dip of the needle is known, their extent at any other place, however distant, at which the dip is also known, may readily be calculated. Consequently a chart which should correctly exhibit the isoclinal, in conjunction with the isogonal lines, would readily furnish the means of obtaining the correction to be applied to the ship's course by compass, both for the variation of the needle and for the deviation due to the ship's influence upon its compass. Whatever charts of this description may have already been constructed, and whatever materials may exist for the construction of more accurate ones, it is well known, that great discrepancies exist among the data requisite for such constructions. And it appears to us, that such a careful enquiry into the whole of the phaenomena of terrestrial magnetism as is proposed by M de Humboldt, is the means best adapted to ensure the accuracy which would be of such inestimable advantage in this most useful application of scientific knowledge.

Although our views with regard to the stations [S. 13] proper to be selected for permanent magnetical observations, in general accord with those expressed by M de Humboldt, we shall, we consider be only confirming to his wishes, if we point out those stations which, from particular circumstances of position, appear most desirable. We consider that it would be of the greatest advantage if two or more permanent magnetical observatories were established in the high latitudes of North America, on account of the proximity of stations, so situated, to the northern magnetic poles of convergence and verticity, whether these poles are two different points or one and the same: indeed continued observations at such stations would go far to decide this question, highly important in a theoretical point of view. M. de Humboldt has mentioned Quebec as a desirable station. To this place, and also to Montreal, we conceive that an objection exists of which, possibly, M de Humboldt is not aware: many of the houses in those cities are roofed with tinned iron. This objection may not, however, exist in some of the establishments in the vicinity of either of these cities. We consider that the most advantageous positions would be, one near the most northerly establishments in Hudson Bay, and another at or near the Fort Resolution, on great Slave Lake. As, however, observers in such positions would be placed almost beyond the pale of civilization, we fear that, for some time at least, it will be found quite impracticable to obtain regular observations at these important stations. It would likewise be desirable that there should be a station in Nova Scotia or New Foundland: the latter would be the preferable position.

If the government of the United States were to give their cordial cooperation to M de Humboldt's plan, by the establishment of three or more permanent [S. 14] magnetical observatories, in different longitudes, these with what we may expect to be undertaken by Russia in the extreme northwest, and our own establishments, would afford the means of obtaining a mass of more interesting magnetical observations than could, perhaps, be derived from any other portion of the earth's surface.

M de Humboldt mentions New Holland, Ceylon, the Mauritius, the Cape of good Hope, S[t] Helena and a point on the east coast of South America as desirable stations, and we fully concur in the propriety of the selection. Although Van Diemen's Land, from its greater proximity to the southern magnetic pole, would be a more advantageous position for magnetical observations than Paramatta, yet the circumstance alone of there being an astronomical observatory established at Paramatta renders it peculiarly adapted for a magnetical station. Possibly circumstances may hereafter, admit of magnetical observations being also made at Hobarts Town, in conformity, with the general plan which may be adopted.

The Island of Ascension, from its proximity to the Magnetic Equator, would possess peculiar advantages for a magnetical station, but these must, in a great degree be counterbalanced by the nature of its soil, which, being wholly volcanic, would exert an influence on the needle that would render observations made there of a doubtful character: indeed, the same objection applies to S[t] Helena and most of the islands of the Atlantic. Some recent observations, those of Lieut' Allen, R. N. in the expedition up the Niger, would point to the Bight of Benin as a desirable station, but the insalubrity of the climate and other circumstances prevent our [S. 15] recommending its adoption.[49]

M de Humboldt has not adverted to any other point besides Ceylon in our Indian possessions; yet, no doubt, he would, with us, consider it desirable that observatories should be established at different points on the continent of India; and it appears to us that Calcutta and Agra are in positions well adapted for the purpose. As, however, there is an astronomical observatory established at Madras, there would be greater facility in obtaining magnetical observations there than at places where no suit establishment exists. We feel assured that the East India Company, which has shown much zeal and liberality in the promotion of scientific enquiry, and such a desire for the advancement of scientific knowledge in the extensive possessions under its control, would afford its powerful assistance, in the establishment of observatories, for the investigation and determination of the laws of phaenomena intimately connected with navigation, and, consequently with the commercial prosperity of our Country.

We consider also that Gibraltar and some one of the Ionian Islands are very desirable stations for the establishment of permanent magnetical observatories: and to come nearer home, that such observatories should be established in the north of Scotland and in the west if Ireland.

M de Humboldt adverts to another very interesting class of magnetical observations: those in the Mines of Freyberg. The mines of Cornwall from their great depth, some being 1200 feet below the level of the sea, are peculiarly well adapted for observations of this description: and, from the spirit with which philosophical enquiry has been carried on in that part of England, we do not anticipate that much difficulty would occur in the establishment of a magnetical station in one of these mines.

[S. 16] Having enumerated the stations which, by their position appear best adapted to furnish valuable results, and having likewise pointed out the facilities which some afford for the execution of this plan of observation, immediately that the nature of the instruments to be employed has been determined upon, and that

[49] In der Druckversion wurde folgender Absatz eingefügt: „M. de Humboldt has not referred to any station in our West Indian colonies, but we consider that circumstances point to Jamaica as a station where it is very desirable that accurate magnetical observations should be made. It is generally considered that the variation there has, for a very long period, undergone but little change; and, on this account alone, it would be very desirable that accurate magnetical observations should be made. It is generally considered that the variation there has, for a very long period, undergone but little change; and, on this account alone, it would be very desirable to ascertain, with precision, the amount of the variation, so that hereafter the nature of the changes it may undergo may be accurately determined. Its position also, with reference to the magnetic equator, is one which would recommend it as a magnetical station.“*

[Fußnote*] „Mr. Pentland, who has been appointed Consul-General to the Republic of Bolivia, having, since the Baron de Humboldt's letter was referred to us, offered his earnest cooperation in the objects contemplated in that letter, we cannot hesitate, now that this has been communicated to us, to recommend that an offer so liberal should be made available to science. If accurate magnetical observations were made at some station on the elevated table-land of Mexico, and simultaneously at another not very distant station, nearly at the level of the sea, we consider that they would determine points relative to the influence of elevation on the diurnal variation, the dip and intensity, respecting which our information is at present, to say the least, extremely deficient.“

such instruments can be provided, it may be proper to advert to stations where, although the same facilities do not exist, we consider that zealous and able observers might be obtained without much difficulty. We conceive that such is the case in Newfoundland, in Canada, at Halifax, Gibraltar, in the Ionian Islands at St Helena and Ceylon; and we have authority for stating that there would be no difficulty in obtaining observers in the Mauritius and, even, at the colony on the Swan River, the latter a most desirable station. We have not alluded to the observatory at the Cape of good Hope: if however no such establishment existed, the presence of Sir John Herschel would ensure cooperation there, in any plan calculated to advance scientific knowledge. Thus, altogether, there might be formed a most extensive spread of stations, in which the principal expense would consist in the purchase of the requisite instruments; and the means of establishing stations, where the same facilities do not exist, might afterwards be taken into consideration, as it would be nécessary that, at all the stations, observations of the Barometer Thermometer and of atmospheric phaenomena should be made simultaneously with the magnetical observations, these would altogether form a mass of valuable meteorological information which it would be scarcely possible to collect by any other means.

There is one point in M de Humboldt's communication on which we have not yet touched: the nature of the instruments best calculated to attain the objects in view by the establishment of magnetical observatories. This is a subject on which it will be most proper to enter fully when their establishment has been determined upon; and we would recommend that, then, a committee should be appointed [S. 17] to investigate the subject and that this committee should report to the council of the R. S. what instruments they consider it would be most advisable to adopt at all the stations, and at the same time give us* an estimate of the expense that must be incurred for one complete set of such instruments.[50] We may however, in the mean time, offer a remark on one apparatus referred to by M de Humboldt: that of M. Gauss. However well adapted,[51] we may consider this apparatus to be adapted for the determination of the course of the regular diurnal variation and also for some other important deals[52] yet we apprehend that the great weight of the needles employed would prevent their recording the sudden and extraordinary changes in the direction of the magnetic forces, which are probably, due to atmospheric changes. Another, and we conceive a very serious objection to this apparatus is, that bars of the magnitude employed must have an influence so widely extended, that there would be great risk of the interference of one of these heavy needles with the direction of another, especially in places where the horizontal directive force is greatly

[50] Der ursprüngliche Text „and to report their opinion to the council" wurde durch „and that this committee should report to the council of the R. S. what instruments they consider it would be most advisable to adopt at all the stations, and at the same time give us* an estimate of the expense that must be incurred for one complete set of such instruments" ersetzt.

*Anstelle von „us" im Original steht in der Druckversion „in".

[51] Der Text „adapted," fehlt in der Druckversion.

[52] Der ergänzte Satzteil „and also for some other important deals" fehlt in der Druckversion.

diminished, unless the rooms for observation were placed at inconvenient distances from each other.

By referring to M de Humboldt's letter, it will be seen that the plan of observation so comprehensively conceived by him, has been most powerfully and liberally patronised by the governments of France, of Prussia, of Hanover, of Denmark and of Russia: indeed it is quite manifest that a plan, so extensive in its nature, must be far beyond the means of individuals, and even of scientific societies unaided by the governments under which they flourish. To suppose, even without the example thus held out, that the government of this the first maritime and commercial nation of the globe, should hesitate to patronise an undertaking, which independently of the accessions it must bring to science, is intimately connected with navigation, would imply that our government is not alive either to the interests or to the scientific character of the country, and would show that we had little attended to the history, even in our own times, of scientific research, which has been so liberally promoted [S. 18] by the government. Although the investigation of the phaenomena of terrestrial magnetism was not the primary object of the expeditions which have now, almost uninterruptedly, for twenty years been fitted out by government, – another of which, and one of the highest interest is on the point of departure – yet a greater accession of observations of those phaenomena has been derived from these expeditions, than from any other source, in the same period. We therefore feel assured,[53] when it shall have been represented to the government, that the plan of observation advocated by the Baron de Humboldt is eminently calculated to advance our knowledge of the laws which govern some of the most interesting phaenomena in physical science, that[54] it appears to be perhaps the only one by which we can hope ultimately to discover the cause of these phaenomena, and that, from it, results highly important to navigation may be anticipated – that the patronage to the undertaking which is so essential to its prosecution will be most readily accorded. We beg therefore, most respectfully but at the same time most earnestly to recommend to H. R. H. the President and the council, that such a representation he made to the government, in order that means may be ensured for the establishment, in the first instance, of magnetical observatories in those places which, from local or other causes, afford the greatest facilities for the early commencement of these observations.

9th June 1836

S. Hunter Christie.
G. B. Airy

Report on Baron
Humboldt on
Magnetic Observations
Read to the Council June 9, 1836

[53] Das ursprüngliche „concede" wurde durch „feel assured" ersetzt.

[54] Das Wort „that" fehlt in der Druckversion.

Anhang 3: Geographische und Personennamen im Brief von Alexander von Humboldt vom 23. April 1836 sowie im Antwortschreiben von Samuel Hunter Christie und George Biddell Airy vom 9. Juni 1836

3.1. Geographische Namen im Brief von Humboldt und im Antwortschreiben von Christie und Airy

Die geographischen Namen werden in der Schreibweise des jeweiligen Originals erwähnt, in Klammern wird gelegentlich die aktuelle deutsche Bezeichnung angegeben.

Brief von Humboldt	Antwortbrief von Christie und Airy
Afrique (Afrika)	
	Agra
Allemagne (Deutschland)	*siehe* Germany
Altai	Altai
Altona	
Amérique (Amerika)	America
Amérique du Sud (Südamerika)	
Amérique russe (Russisch-Amerika)	
Angleterre (England)	*siehe* England
Antioquia	
Arsentchewa	
Asie (Asien)	Asia
	Atlantic (Atlantik)
Baikal (Baikalsee)	
Barnaoul (Barnaul)	Barnaoul
Berlin	Berlin
	Bight of Benin
	Bolivia (Bolivien)
Brunsvic (Braunschweig)	
Bushy Heath	
	Calcutta
Canada (Kanada)	Canada
Cap de Bonne-Espérance (Kap der Guten Hoffnung)	Cape of good Hope
Cap Horn (Kap Horn)	Cape Horn
Caucase (Kaukasus)	
Ceylan (Ceylon)	Ceylon
Chili (Chile)	
Chine (China)	China

Copenhague (Kopenhagen)	Copenhagen
	Cornwall
siehe Krimmée	Crimea (Krim)
Cuba (Kuba)	
	Denmark (Dänemark)
Doskino	
Dsoungarie (Tsungarei)	
	England
Espagne (Spanien)	
États-Unis (Vereinigte Staaten)	*siehe* United States
Europe (Europa)	Europe
	Fort Resolution
France (Frankreich)	France
Freiberg	Freyberg (Freiberg)
siehe Allemagne	Germany (Deutschland)
	Gibraltar
Gottingue (Göttingen)	Gottingen
	Halifax
	Hanover (Hannover)
Havane (Havanna)	
	Hobarts Town
	Hudson Bay
Iles Britanniques (Britische Inseln)	
Ile St. Hélène (Insel St. Helena)	*siehe* St. Helena
	India (Indien)
	Ionian Islands (Ionische Inseln)
	Ireland (Irland)
	Island of Ascension
Islande (Island)	Iceland
	Jamaica
Kamtschatka	Kamtschatka
Kasan	Kasan
Krimmée (Krim)	*siehe* Crimea
Leipzig	
Londres (London)	
	Madras
Marmato	
Mauritius	Mauritius
Mer Caspienne (Kaspisches Meer)	
Méxique (Mexiko)	Mexico
Milan (Mailand)	

	Montreal
Moscou (Moskau)	Moscow
Naples (Neapel)	
Nertschinsk	Nertschinsk
	New Foundland (Neufundland)
Nicolajeff, Nicolaïeff (Nikolajew)	Nicolajeff
	Niger
siehe Passage du Nord-Ouest	North west passage (Nordwestpassage)
Nouvelle Hollande (Neu-Holland)	New Holland
	Nova Scotia
Obi (Ob)	Obi
Okhotsk	Okhotsk
Osablikowo	
Oural (Ural)	
	Paramatta
Paris	Paris
Passage du Nord-Ouest (Nordwestpassage)	*siehe* North west passage
Peking	Pekin (Peking)
	Prussia (Preußen)
Quebec	Quebec
Reikiawig (Reikiavik)	
Rome (Rom)	
Russie (Russland)	Russia
Salem	Salem
Saxe (Sachsen)	
	Scotland
Seine	
Sibérie (Sibirien)	
Sicilie (Sizilien)	
Sitka	
	Slave Lake (Sklavensee)
siehe Ile S[t]. Hélène	St. Helena (Insel St. Helena)
St. Petersbourg (St. Petersburg)	St. Petersburg
Sumatra	
	Swan River
siehe États-Unis	United States (Vereinigte Staaten)
Upsal (Uppsala)	
	Van Diemen's Land (Van-Diemens-Land)
	West Indies (westindische Inseln in der Karibik)
Wolga	

3.2. Die im Brief von Humboldt sowie im Antwortschreiben von Christie und Airy erwähnten Personen und deren Kurzbiographien

Brief von Humboldt	Antwortbrief von Christie und Airy
	Allen, William
Ampère, André-Marie	Ampère, André-Marie
Anjou/Anžu, Pëtr Fëdorovič	Anjou/Anžu, Pëtr Fëdorovič
Arago, Dominique François-Jean	Arago, Dominique François-Jean
	Back, Sir George
Barlow, Peter	
Beaufoy, Mark	Beaufoy, Mark
Beechey, Frederick William	Beechey, Frederick William
Blosseville, Jules Poret de	
Boussingault, Jean-Baptiste Joseph Dieudonné	
Bowditch, Nathaniel	Bowditch, Nathaniel
	Canton, John
Cassini, Jean Dominique Comte de	Cassini, Jean Dominique Comte de
Christie, Samuel Hunter	
Colomb/Columbus, Christoph	
Coulomb, Charles Augustin	
Dove, Heinrich Wilhelm	
Due, Christian	Due, Christian
Duperré, Victor Guy	
Duperrey, Louis Isidore	
Encke, Johann Franz	
Erman, Georg Adolf	Erman, Georg Adolf
Faraday, Michael	Faraday, Michael
	Fisher, George
Foster, Henry	Foster, Henry
Franklin, John	Franklin, John
Freycinet, Louis Claude Desaules de	
Fuss, Georg Albert	
Gambey, Henri Prudent	Gambey, Henri Prudent
Gauss, Carl Friedrich	Gauss, Carl Friedrich
Gay, Claude (Claudio)	
Gilbert, William	Gilbert, William
Gilpin, George	Gilpin, George
Graham, George	Graham, George
Greigh/Grejg, Aleksej Samuilovič	
Halley, Edmond	Halley, Edmond

Hansteen, Christopher	Hansteen Christopher
Herschel, John	Herschel, John
Hiorter, Olav (Olof) Peter	
Hood, Robert	Hood, Robert
Knorrc, Karl Friedrich	
[Kou Zongshi]	
Kowanko/Kovan'ko, Aleksej Ivanovič	
Kupffer, Adolph Theodor	Kupffer, Adolph Theodor
Laborde, Alexandre de	
Lana Terzi, Francesco	
Listing, Johann Benedict	
Lütke, Friedrich Benjamin/Litke, Fëdor Petrovič	Lütke, Friedrich Benjamin/Litke, Fëdor Petrovič
Macdonald, John	
[Nikolaj I.]	
Oersted, Hans Christian	Oersted, Hans Christian
Oltmanns, Jabbo	
Parry, William Edward	Parry, William Edward
	Pentland, Joseph Barclay
Prony, Gaspard-François-Clair-Marie Riche de	
Reich, Ferdinand	
Ross, James Clark	Ross, James Clark
Sabine, Edward	Sabine, Edward
Sartorius von Waltershausen, Wolfgang von	
Schumacher, Heinrich Christian	
Seebeck, Thomas	Seebeck, Thomas
Thomson, Thomas	
Wrangel, Ferdinand von	Wrangel, Ferdinand von

Kurzbiographien

Meistens sind die Artikel der einschlägigen Nationalbiographien die Grundlage für die Kurzbiographien, vor allem des „Oxford Dictionary of National Biography" und des „Dictionnaire de Biographie Française" sowie der „Allgemeinen" und der „Neuen Deutschen Biographie". In Einzelfällen wird auf spezielle biographische Literatur hingewiesen.

Allen, William (1792–1864), Royal Navy Officer, trat 1805 in die Marine ein, 1815 Lieutnant, 1836 Commandant und 1842 Kapitän. Er unternahm insgesamt drei Expeditionen nach Westafrika, seine erste fand im Jahre 1832 statt, die sog. Nigerexpedition.

Ampère, André-Marie (1775–1836), Mathematiker und Physiker, 1801 Professor für Physik und Chemie an der École Centrale in Bourg-en-Bresse, 1804 Répétiteur an der École Polytechnique in Paris, 1814 Mitglied des Institut national de France, 1820 Assistenzprofessor für Astronomie an der Sorbonne, 1824 Professor für Physik am Collège de France, 1830 Auswärtiges Ehrenmitglied der Kaiserlichen Akademie der Wissenschaften zu St. Petersburg.

Anjou/Anžu, Pëtr Fëdorovič (1796–1869), russischer Marineoffizier und Polarforscher. erkundete während einer Expedition, die von 1820 bis 1824 währte, die Küste Nordsibiriens und kartographierte diese erstmals. 1825/26 führten ihn kartographische Aufgaben zum Kaspischen Meer und zum Aralsee. Er war Kommandant mehrerer Kriegsschiffe, auch in der Ostsee, 1844 Konteradmiral, 1854 Vizeadmiral und 1866 Admiral.

Arago, Dominique François-Jean (1786–1853), Astronom und Physiker, studierte an der École Polytechnique in Paris, 1805 Sekretär des Bureau des Longitudes, 1809 Mitglied des Institut national de France, von 1809 bis 1830 als Nachfolger von Gaspard Monge Professor für Geodäsie und für Analytische Geometrie an der École Polytechnique, 1823 Vizepräsident der Académie des Sciences, 1824 Präsident, 1825 Auszeichnung mit der Copley-Medaille der Royal Society, 1830 Direktor des Observatoire de Paris, ebenso Secrétaire perpetuelle pour les sciences mathématiques der Académie; von 1816 bis 1840 zusammen mit Gay-Lussac Herausgeber der „Annales de chimie et de physique", 1829 Auswärtiges Ehrenmitglied der Kaiserlichen Akademie der Wissenschaften zu St. Petersburg, 1835 Auswärtiges Mitglied der Königlichen Societät der Wissenschaften in Göttingen. 1842 erhielt Arago den Preußischen Verdienstorden Pour le mérite für Wissenschaften und Künste (Friedensklasse).[55]

Back, Sir George (1796–1878), Royal Navy Officer, trat 1808 in die Marine ein, unter dem Kommando von John Franklin nahm er von 1818 bis 1821 an einer Arktis-Expeditionen teil, insbesondere in die Gegend von Spitzbergen. Die nächste Expedition brachte ihn in die Karibik. Vor allem seine abenteuerliche Expedition in den Jahren 1835/36 in der arktischen Region Nordkanadas ging in die Geschichte ein. Er wurde zum Kapitän befördert und 1836 zum Mitglied der Royal Geographical Society ernannt; danach nahm er aus gesundheitlichen Gründen an keinen größeren Expeditionen mehr teil und übernahm nur noch beratende Funktionen, 1857 Konteradmiral, 1863 Vizeadmiral und 1876 Admiral.

Barlow, Peter (1776–1862), englischer Mathematiker und Physiker, von 1801 bis 1847 wirkte er als Assistent an der Royal Military Academy in Woolwich, 1823 Fellow der Royal Society, 1825 wurde ihm die Copley-Medaille verliehen.

Beaufoy, Mark (1764–1827), britischer Astronom und Physiker, Bergsteiger und Armeeoffizier. Zunächst wurde er durch Bergbesteigungen in den Alpen bekannt. Er widmete sich vor allem nautischen Experimenten auf dem Greenland

---

[55] Die Friedensklasse des Ordens Pour le mérite wurde im Jahre 1842 auf Anregung von Alexander von Humboldt vom Preußischen König Friedrich Wilhelm IV. gestiftet. Die Vergabe dieser Auszeichnung oblag Humboldt, der bis zu seinem Lebensende Ordenskanzler war. Dies war die bedeutendste Auszeichnung, die einem Wissenschaftler in Preußen verliehen werden konnte.

Dock, 1791 Gründungsmitglied der Society for the Improvement of Naval Architecture, von 1799 bis 1814 Colonel in the first Royal Tower Hamlet militia. Im Rahmen der Royal Society beschäftigte er sich mit den Veränderungen des Magnetismus der Erde. 1815 wechselte er nach Bushey Heath, Hertfordshire, von 1818 bis 1826 führte er vor allem astronomische Beobachtungen durch.

Beechey, Frederick William (1796–1856), britischer Marineoffizier und Polarforscher, 1818 war er Teilnehmer an der ersten Polarexpedition von John Franklin, 1819 nahm Beechey an Parrys Expedition ins Nordmeer teil, 1821 erforschte er die Nordküste Afrikas. 1825 erhielt Beechey das Kommando über das Schiff Blossom: Die bis 1828 währende Expedition führte in den Nordpazifik; 1835/36 Erkundung der Küsten Südamerikas. Ab 1837 war Beechey mit hydrographischen Arbeiten im Irischen Kanal betraut, 1850 erhielt er die Leitung des Marinedepartements im britischen Handelsministerium. 1855 wurde er Präsident der Royal Geographical Society.

Blosseville, Jules Poret de (1802–1833), französischer Marineoffizier, seit 1818 bei der Marine. Er unternahm Expeditionen zu den Antillen, nach Cayenne und nach Indien und Burma, 1832 befehligte er das Schiff „La Lilloise", wobei man das Ziel verfolgte, erdmagnetische Beobachtungen in Island und in Grönland vorzunehmen. Das Schiff erreichte allerdings Grönland nicht, Blosseville und seine Mannschaft blieben verschollen.

Boussingault, Jean-Baptiste Joseph Dieudonné (1802–1887), französischer Chemiker, nach seinem Studium in Paris wirkte er seit 1821 als Bergbauingenieur bei einer englischen Firma in Südamerika. Alexander von Humboldt hatte ihn zu ausgedehnten Forschungsreisen ermuntert, wobei er sich vor allem der Geologie und der Meteorologie widmete; im Juni 1831 bestieg er den Chimborazo. 1832 Rückkehr nach Frankreich, wo er seit 1834 als Professor für Chemie in Lyon und ab 1839 als Professor für landwirtschaftliche und analytische Chemie am Conservatoire des arts et des métiers in Paris wirkte. 1839 Mitglied, 1848 Vizepräsident und 1849 Präsident der Académie des Sciences, 1878 Verleihung der Copley-Medaille, 1882 wurde Boussingault in den Preußischen Orden Pour le mérite (Friedensklasse) aufgenommen.

Bowditch, Nathaniel (1773–1838), Astronom, nahm zwischen 1795 und 1803 an mehreren Schiffsexpeditionen teil, die ihn nach Manila und Sumatra führten, von 1804 bis 1823 war er Präsident der Essex Fire and Marine Insurance Company in Salem, danach Präsident der Massachusetts Hospital Life Insurance Company in Boston. Er ist vor allem als der Übersetzer von Laplace's „Mécanique céleste" in die Geschichte eingegangen, die in vier Bänden in Boston erschien (1829, 1832, 1834, 1839).

Canton, John (1718–1772), englischer Physiker, 1738 wurde er Lehrer und wirkte an einer Londoner Privatschule, deren Leitung er 1745 übernahm. Als er der Royal Society seine Ergebnisse über künstliche Magneten vorstellte, wurde er 1750 deren Mitglied. 1751 wurde er mit der Copley-Medaille ausgezeichnet. In der Folgezeit beschäftigte er sich vor allem mit elektrischen und optischen Phänomenen und machte zahlreiche astronomische, meteorologische und erdmagnetische Beobachtungen.

Cassini, Jean Dominique Comte de (1748–1845) [= Cassini IV], französischer Astronom und Kartograph, wurde in der Pariser Sternwarte geboren, studierte am Collège de Plessis und am Collège in Juilly in Paris. 1768 unternahm er im Auftrag der Académie des Sciences eine Reise nach Amerika, Aufenthalt in England. Cassini komplettierte die Frankreichkarte seines Vaters, 1784 folgte er ihm als Direktor der Sternwarte nach. 1770 Adjunkt, 1785 Mitglied und von 1792 bis 1793 Vicesecrétaire perpetuelle der Académie des Sciences. 1794 verbrachte er mehrere Monate im Gefängnis, danach ging er nach Thury, 1798 wurde er Associé der Sektion Experimentalphysik am Institut National de France, 1799 auch wieder Mitglied der Sektion Astronomie, von 1800 bis 1818 Präsident des Conseil Général de l'Oise.

Christie, Samuel Hunter (1784–1865), englischer Mathematiker und Physiker, studierte Mathematik am Trinity College in Cambridge, 1806 Assistent an der Royal Military Academy in Woolwich, dort von 1838 bis 1854 Professor der Mathematik, 1826 Fellow der Royal Society. Sein wichtigstes Forschungsgebiet war der Erdmagnetismus.

Colomb/Columbus, Christoph (ca. 1451–1506), italienischer Seefahrer; entdeckte auf seiner ersten Seereise nach Westen in den Jahren 1492/93 die Neue Welt, zweite Reise von 1493 bis 1496, dritte Reise von 1498 bis 1500, vierte und letzte Reise von 1502 bis 1504.

Coulomb, Charles Augustin (1736–1806), französischer Physiker, studierte 1760/61 an der École de Génie militaire de Mézières, danach übernahm er im Staatsdienst an verschiedenen Orten Aufgaben als Bauingenieur und beim Festungsbau. Nachdem er 1781 mit dem großen Preis der Pariser Akademie ausgezeichnet wurde, zog er nach Paris, wo er als Berater wirkte. 1787 konnte er eine Studienreise nach London unternehmen. 1791 verließ er das Corps de Génie und zog aufs Land, 1795 kehrte er wieder nach Paris zurück, wo er von 1802 bis 1806 als Aufseher über das Unterrichtswesen wirkte.

Dove, Heinrich Wilhelm (1803–1879), Physiker und Meteorologe, Promotion und Habilitation an der Universität Königsberg, Dozent an verschiedenen Institutionen in Berlin, 1842 Korrespondierendes Mitglied der Kaiserlichen Akademie der Wissenschaften zu St. Petersburg, 1845 Professor für Physik an der Universität Berlin, 1849 Leiter des neugegründeten Königlich Preußischen Meteorologischen Instituts, 1853 Verleihung der Copley-Medaille, 1859 Korrespondierendes und 1864 Auswärtiges Mitglied der Königlichen Societät der Wissenschaften zu Göttingen. 1860 wurde Dove mit dem Preußischen Verdienstorden Pour le mérite für Wissenschaften und Künste (Friedensklasse) ausgezeichnet.

Due, Christian (1805–1893), norwegischer Offizier, Hydrograph und Maler, Teilnehmer an der Expedition von Christopher Hansteen nach Russland in den Jahren von 1828 bis 1830.

Duperré, Victor Guy (1775–1846), französischer Marineoffizier, 1792 trat er in die französische Kriegsmarine ein, wurde 1796 von der britischen Royal Navy gefangen genommen, aber 1799 ausgewechselt, danach wirkte er mit diversen Aufgaben betraut in der französischen Marine. 1811 Baron, Konteradmiral und Oberbefehlshaber der französischen und italienischen Flotte im Mittelmeer, 1830 Pair und Admiral sowie Präsident der Admiralität, 1834 bis 1836, 1839 bis 1840, sowie 1840 bis 1843 Minister der Marine und der Kolonien.

Duperrey, Louis Isidore (1786–1865), französischer Marineoffizier, Kartograph und Naturforscher, 1802 trat er in die Marine ein und wirkte von 1817 bis 1820 unter dem Kapitän Freycinet auf dem Schiff „Uranie“ als Hydrologe. Von 1822 bis 1825 kommandierte Duperrey das Schiff „La Coquille“, mit dem er um die Erde fuhr und insbesondere den Südpazifik erforschte. Er wirkte auch als Arzt und als Naturforscher. 1842 Mitglied der Académie des Sciences in der Sektion Geographie, 1849 Vizepräsident und 1850 Präsident.

Encke, Johann Franz (1791–1865), Astronom, studierte an der Universität Göttingen, Schüler von Carl Friedrich Gauß, 1816 Assistent und 1817 Direktor der Sternwarte in Seeberg bei Gotha als Nachfolger von Bernhard August von Lindenau, 1823 Korrespondierendes, 1825 Ordentliches Mitglied der Königlich Preußischen Akademie der Wissenschaften zu Berlin, 1825 Direktor der Berliner Sternwarte als Nachfolger von Johann Elert Bode, 1829 Auswärtiges Ehrenmitglied der Kaiserlichen Akademie der Wissenschaften zu St. Petersburg, ab 1828 Herausgeber des „Berliner Astronomischen Jahrbuchs“ (Band für 1830), 1830 Auswärtiges Mitglied der Königlichen Societät der Wissenschaften zu Göttingen, Mitarbeiter am Magnetischen Verein Humboldts sowie am Göttinger Magnetischen Verein. 1842 erhielt Encke den Preußischen Verdienstorden Pour le mérite für Wissenschaften und Künste (Friedensklasse).

Erman, Georg Adolf (1806–1877), Sohn des Physikers Paul Erman, Studium der Naturwissenschaften in Berlin und in Königsberg, 1828 Teilnahme an der Expedition von Christopher Hansteen nach Russland bzw. Sibirien, anschließend bis 1830 auf einer Weltreise, 1839 Außerordentlicher Professor für Physik an der Universität Berlin und Professor für Mathematik am Französischen Gymnasium ebenda, von 1841 bis 1867 Herausgeber des „Archivs für wissenschaftliche Kunde von Russland“.

Faraday, Michael (1791–1867), englischer Chemiker und Physiker, 1813 Assistent an der Royal Institution in London, 1824 Mitglied der Royal Society, 1825 Direktor des Laboratoriums und 1833 Professor für Chemie an der Royal Institution, 1829 bis 1852 gleichzeitig Professor der Chemie an der Royal Military Academy in Woolwich, entdeckte am 29.8.1831 die elektromagnetische Induktion, in den Jahren 1832 und 1838 mit der Copley-Medaille ausgezeichnet. 1823 Korrespondent in der Sektion Chemie (Pharmazie) und 1844 Auswärtiges Mitglied der Académie des Sciences, 1830 Auswärtiges Ehrenmitglied der Kaiserlichen Akademie der Wissenschaften zu St. Petersburg, 1835 Auswärtiges Mitglied der Königlichen Societät der Wissenschaften zu Göttingen, 1842 Mitglied der Königlich Preußischen Akademie der Wissenschaften zu Berlin. 1842 erhielt Faraday den Preußischen Verdienstorden Pour le mérite für Wissenschaften und Künste (Friedensklasse).

Fisher, George (1794–1873), englischer Astronom; studierte am St. Catherine's College in Cambridge, nahm 1818 an der arktischen Expedition von John Franklin in die Gegend von Spitzbergen teil, 1823 Teilnehmer an der von William Edward Parry geleiteten Expedition auf der Suche nach der Nordwestpassage sowie Teilnehmer an weiteren Expeditionen. 1825 Mitglied der Royal Society, 1827 Mitglied der Astronomical Society, deren Präsident er mehrfach war, 1830 Fellow der Royal Geographical Society, von 1834 bis 1863 Leiter der Greenwich Hospital School.

Foster, Henry (1796–1831), Marineoffizier und Polarforscher; trat 1812 in die Royal Navy ein, 1817 bis 1819 Vermessung der Mündung des Columbia River, 1819 Kartierung des Rio de la Plata; 1823 Kartierung eines Teils der grönländischen Küste, dabei Zusammenarbeit mit Edward Sabine. 1824 Mitglied der Royal Society. 1824/25 nahm Foster an der Parry-Expedition zur Erkundung der Nordwestpassage teil sowie 1827 an einer britischen Nordpol-Expedition. 1827 Verleihung der Copley-Medaille. In den Jahren von 1827 bis 1831 leitete Foster die erste wissenschaftliche britische Antarktisexpedition; er ertrank in Panama.

Franklin, John (1786–1847), Marineoffizier und Polarforscher; nahm an mehreren Seeschlachten teil. 1818 erste Polarexpedition, von 1819 bis 1822 zweite Polarexpedition im Norden Kanadas auf der Suche nach der Nordwestpassage, von 1825 bis 1827 abermals an den Küsten des Polarmeeres, von 1837 bis 1843 Lieutnant Governor in Hobarth Town (Van-Diemens-Land). Von seiner dritten Polarexpedition auf den Schiffen „Terror" und „Erebus", die 1845 begann, sollte Franklin nicht mehr zurückkehren, er und seine Besatzung gelten als verschollen.

Freycinet, Louis Claude Desaules de (1779–1842), französischer Marineoffizier und Entdecker, 1793 trat er in den Dienst der französischen Marine ein, von 1800 bis 1804 nahm er an der Baudin-Expedition nach Australien teil, danach war er als Schiffsleutnant beim Dépôt de la Marine für Karten und Pläne in Paris zuständig; 1813 Mitglied der Académie nationale, von 1817 bis 1820 Kapitän des Schiffes „Uranie", wobei besonders der Südpazifik erforscht wurde. Während der Reise hatte man auch mannigfache naturwissenschaftliche und sprachliche Studien betrieben. Mitglied des Bureau des longitudes.

Fuss/Fuß, Georg Albert (1806–1854), Sohn des Ständigen Sekretärs der Kaiserlichen Akademie der Wissenschaften zu St. Petersburg Nikolaus Fuß, Urenkel von Leonhard Euler, von 1830 bis 1832 zusammen mit Alexander Bunge auf einer Expedition in Sibirien und in China, 1836/37 Teilnehmer an der Expedition in den Kaukasus zur Ermittlung des Höhenunterschieds zwischen dem Schwarzen und dem Kaspischen Meer, 1839 Astronom an der russischen Kaiserlichen Hauptsternwarte in Pulkowo bei St. Petersburg, 1848 Direktor der Sternwarte in Wilna.

Gambey, Henri Prudent (1787–1847), Feinmechaniker und Instrumentenhersteller in Paris.

Gauss/Gauß, Carl Friedrich (1777–1855), Mathematiker, Astronom, Physiker, studierte von 1795 bis 1798 an der Universität Göttingen, von 1798 bis 1807 Privatgelehrter in Braunschweig, ab 1807 Professor für Astronomie an der Universität Göttingen und Direktor der Sternwarte. Ab 1831 Zusammenarbeit mit Wilhelm Weber, 1834 Gründung des Magnetischen Vereins, der bis 1843 existierte. Gauß war Mitglied mehrerer Akademien, 1842 wurde er mit dem Preußischen Verdienstorden Pour le mérite für Wissenschaften und Künste (Friedensklasse) ausgezeichnet.

Gay, Claude (Claudio) (1800–1873), französischer Botaniker, studierte nur kurze Zeit Medizin in Paris, 1828 Reise nach Chile, wo er Physik und Naturgeschichte an einem College in Santiago unterrichtete, von 1829 bis 1832 Forschungsreise durch Chile, Rückkehr nach Frankreich, von 1834 bis 1838 wieder in Chile, danach wieder für kurze Zeit in Paris, besuchte 1839 Peru, danach wieder in Chile. Er kam 1843, 1856 und 1860 nochmals nach Frankreich, von 1856 bis 1858 Reise durch Russland und Zentralasien, 1858 Reise in die USA, um das dortige Bergwerkswesen zu studieren, 1856 wurde er Mitglied der Académie des Sciences in der Sektion Botanik.

Gilbert, William (1544–1603), englischer Arzt und Physiker, studierte in Cambridge am St. John's College Medizin und wirkte seit 1573 in London als Arzt. Er widmete sich vor allem der Elektrizitätslehre und dem Magnetismus, sein fundamentales Werk „De magnete, magneticisque corporibus, et de magno magnete tellure" wurde 1600 in London veröffentlicht.

Gilpin, George († 1810), von 1776 bis 1781 Gehilfe von Nevil Maskelyne an der Sternwarte Greenwich, Schreiber bzw. Protokollführer bei der Royal Society (Clerk to the Royal Society), zwischen den Jahren 1786 bis 1805 stellte er in London in den Räumen der Royal Society magnetische Beobachtungen an.

Graham, George (ca. 1673–1751), Astronom und Hersteller von Uhren und Chronometern, kam 1688 nach London und lernte dort das Uhrmacherhandwerk. 1695 schloss er sich Thomas Tompion an, der zu den führenden Uhrmachern seiner Zeit gehörte. Nachdem Graham 1704 eine Nichte von Tompion geheiratet hatte, wurde er im Jahre 1711 dessen Geschäftspartner. Nach dem Tode von Tompion im November 1713 war Graham alleiniger Geschäftsinhaber und setzte Tompions Fabrikation zunächst nur fort. Ab 1720 jedoch sorgte er für Innovationen. 1721 wurde er Fellow der Royal Society. Graham hatte sich in den Jahren 1722/23 und von 1745 bis 1747 auch mit dem Erdmagnetismus beschäftigt. Doch wirkte Graham auch als Astronom, wobei er vor allem mit Edmond Halley zusammenarbeitete. Nach seinem Tode am 23. November 1751 wurde Graham im Grab von Thomas Tompion in Westminster Abbey beerdigt.

Greigh/Grejg, Aleksej Samuilovič (1775–1845), Admiral der russischen Marine, er erhielt seine Ausbildung in der British Royal Navy, 1797 trat er in russische Dienste, 1816 wurde er Kommandant der Schwarzmeer-Flotte. Greigh diente als Militärgouverneur in Sewastopol und in Nikolajew, 1820/21 wurde unter seiner Ägide in Nikolajew ein Astronomisches Marineobservatorium gegründet. 1833 wurde Greigh nach St. Petersburg berufen, wo er als Regierungsberater wirkte und den Bau des Observatoriums in Pulkowo beaufsichtigte.

Halley, Edmond (1656–1742), englischer Astronom, Mathematiker und Physiker, studierte in Oxford, wo er bereits mit astronomischen und magnetischen Beobachtungen begann, wissenschaftlicher Aufenthalt in St. Helena, 1679 in Danzig (Treffen mit Hevelius), von 1698 bis 1700 magnetische Beobachtungen im Atlantik auf dem Schiff „Paramore", 1703 Savillian Professor in Oxford als Nachfolger von John Wallis, seit 1720 zweiter Astronomer Royal und Direktor des Royal Greenwich Observatory.

Hansteen, Christopher (1784–1873), norwegischer Astronom und Physiker, studierte an der Universität Kopenhagen, 1812 erhielt er einen Preis der Königlich Dänischen Gesellschaft der Wissenschaften für die Darstellung seiner Theorie der Neigung und der Abweichung der Magnetnadel, 1814 Lektor und 1816 Professor für Astronomie und Angewandte Mathematik an der Universität Christiania, 1819 erschien seine monumentale Monographie „Untersuchungen über den Magnetismus der Erde", von 1828 bis 1830 Expedition nach Russland und durch Sibirien, teilweise zusammen mit Adolf Erman. Ab 1837 leitete er die Vermessung Norwegens, 1846 bis 1850 Aufsicht über die Meridianvermessung in Finnmarken von Fuglenaes bis Atijk (nördlichster Teil des Struve-Bogens). Mitglied der Akademien in St. Petersburg (1830), Paris (1833), London (1839), Göttingen (1840) sowie der 1857 neu gegründeten Norwegischen Akademie, 1866 Auszeichnung mit dem Preußischen Verdienstordens Pour le mérite für Wissenschaft und Künste (Friedensklasse).

Herschel, John (1792–1871), Mathematiker und Astronom, Sohn des Astronomen Friedrich Wilhelm Herschel, Studium am St. John's College in Cambridge, Mitbegründer der Astronomical Society, 1820-1827 deren Foreign Secretary und später mehrfach deren Präsident, 1821 und 1847 Verleihung der Copley-Medaille, von 1824 bis 1827 Secretary of the Royal Society, kandidierte 1830 für das Präsidentenamt, unterlag aber August Frederick Duke of Sussex, von 1833 bis 1838 am Kap der Guten Hoffnung in Südafrika, 1839 Präsident der mathematischen Sektion der British Association for the Advancement of Science und Präsident der Royal Astronomical Society, von 1850 bis 1855 Direktor der Königlichen Münze in London. 1815 Korrespondierendes und 1840 Auswärtiges Mitglied der Königlichen Societät der Wissenschaften zu Göttingen, 1836 Auswärtiges Ehrenmitglied der Kaiserlichen Akademie der Wissenschaften zu St. Petersburg, 1842 Verleihung des Preußischen Verdienstordens Pour le mérite für Wissenschaften und Künste (Friedensklasse).

Hiorter, Olav (Olof) Peter (1696–1750), schwedischer Astronom, studierte in den Niederlanden an der Universität Utrecht, 1732 Assistent an der Universität in Uppsala, Mitarbeiter von Anders Celsius, mit dem er die Abweichung der Magnetnadel bei Polarlichtern bemerkte, 1745 Mitglied der Königlich Schwedischen Akademie der Wissenschaften und Observator Regius.

Hood, Robert (1796–1821), Topograph, Kartograph, Marineoffizier. Im Jahre 1809 trat Hood als first class Volunteer in die Königliche Marine ein. Nach entsprechenden Erfolgen wurde er 1811 Midshipman. Als solcher wurde er im Jahre 1819 Teilnehmer an John Franklins zweiter Polarexpedition, die der Suche nach der Nordwestpassage gewidmet war. Diese Expedition, die zum Desaster wurde, überlebte Hood nicht.

Knorre, Karl Friedrich (1801–1883), geboren in Dorpat, Sohn des Astronomen Ernst Christoph Friedrich Knorre, Studium an der Universität Dorpat, Teilnehmer an der Vermessung Livlands, 1821 auf Empfehlung von Wilhelm Struve Direktor der Sternwarte in Nikolajew, die er über 40 Jahre lang leitete, um 1825 Reise nach Deutschland, dabei Besuch bei Gauß in Göttingen und bei Bessel in Königsberg. 1828 Auswärtiges Mitglied der Kaiserlichen Akademie der Wissenschaften zu St. Petersburg, 1871 Übersiedelung nach Berlin.

[**Kou Zongshi** 寇宗奭], Staatsdiener und Autor einer medizinischen Schrift. Von ihm ist lediglich bekannt, dass er im Jahre 1116 sein Werk Bencao yanyi 本草衍義 (Alexander von Humboldt: Penthsaoyani) vollendete, das 1119 veröffentlicht wurde (Unschuld 1986, S. 85).

Kowanko/Kovan'ko, Aleksej Ivanovič (1808–1870), Bergingenieur und Hüttenverwalter, Teilnehmer an der russischen Geistlichen Gesandtschaft nach Peking im Jahre 1830. Er blieb bis 1837 in Peking und machte dort magnetische Beobachtungen.

Kupffer, Adolph Theodor (1799–1865), Chemiker und Physiker, geboren in Mitau (Jelgava) in der russischen Ostseeprovinz Kurland, studierte an den Universitäten in Dorpat, Berlin und Göttingen, wo er Vorlesungen bei Carl Friedrich Gauß hörte und mit einer Arbeit über Kristallographie im Fach Chemie promovierte. 1823 Professor für Physik und Chemie der Universität Kasan, 1828 Ordentliches besoldetes Mitglied der Kaiserlichen Akademie der Wissenschaften zu St. Petersburg, 1834 Professor für Erdmagnetismus und Meteorologie an dem neugegründeten Normalen Observatorium beim Korps der Bergingenieure in St. Petersburg, Mitarbeiter am Göttinger Magnetischen Verein, 1840 Mitglied der Königlichen Societät der Wissenschaften zu Göttingen, 1849 erster Direktor des neugegründeten Physikalischen Hauptobservatoriums in St. Petersburg.

Laborde, Alexandre de (1773–1842), französischer Reiseschriftsteller, Politiker, Diplomat. Er trat in die österreichische Armee ein, wo er gegen Frankreich kämpfte und Karriere machte. 1800 wurde er französischer Botschafter in Madrid, wo er sich um die Edition spanischer Klassiker bemühte und selbst einige Werke über Spanien – das Land, dessen Geschichte und die Menschen – veröffentlichte. 1812 kehrte er nach Frankreich zurück und wurde Mitglied der Académie des inscriptions et belles lettres. Zu seinen Aufgaben gehörte die Reorganisation der Garde nationale. 1822 wurde er Député de la Seine und 1830 Préfet de la Seine. Diesen Posten gab er jedoch kurze Zeit später auf und wurde Conseiller d'État, wobei er ins Palais-Bourbon zurückkehrte. Er stand mit Alexander von Humboldt in Briefwechsel.

Lana Terzi, Francesco (1631–1687), geboren in Brescia, trat am 11. November 1647 in den Jesuitenorden ein, studierte ab 1650 am Collegio Romano in Rom, wobei er sich der Literatur und der Philosophie widmete. 1652 wurde er Assistent am berühmten Museum von Athanasius Kircher, der ihn in die experimentellen Wissenschaften einweihte. Die Jahre 1654 bis 1658 verbrachte er am Jesuitenkolleg in Terni. Auf einer Reise nach Venedig lernte er am Collegio di Macerata mechanische Experimente, vor allem mit Flüssigkeiten, kennen. Von 1658 bis 1662 widmete er sich theologischen Studien, von 1663 bis 1665 verbrachte er am Jesuitenkolleg in Brescia, wo er Logik und Physik unterrichtete. Er blieb in Brescia, wo er in der Folgezeit auch optische und barometrische Experimente entwickelte; von dort aus unterhielt er Kontakte zur Accademia del Cimento. 1670 erschien sein Werk „Prodromo", wo er sein immer noch berühmtes Luftschiff vorstellte und auch die elektrische und magnetische Anziehung beschrieb. Die Jahre 1675 bis 1679 unterrichtete er in Ferrara, kehrte aber wieder nach Brescia zurück. Dort gründete er 1686 zusammen mit anderen die Accademia dei Filesotici della natura e dell'arte (Preti 2004).

Listing, Johann Benedict (1808–1882), Physiker, studierte Mathematik und Naturwissenschaften an der Universität Göttingen, Promotion bei Carl Friedrich Gauß, von 1834 bis 1837 Mitarbeiter am Göttinger Magnetischen Verein, begleitete Wolfgang Sartorius von Waltershausen bei dessen erster Italienreise (1834 bis

1837), 1837 Lehrer für Maschinenkunde in Hannover, 1839 Außerordentlicher und 1849 Ordentlicher Professor der Physik an der Universität Göttingen, 1861 Ordentliches Mitglied der Königlichen Societät der Wissenschaften zu Göttingen, gehörte zum Freundeskreis von Gauß.

Lütke, Friedrich Benjamin/Litke, Fëdor Petrovič (1797–1882), Graf, deutschbaltischer Offizier, zunächst Freiwilliger in der britischen Marine, danach in russischen Diensten, von 1817 bis 1819 Weltumsegelung unter dem Kommando von Vasilij Michajlovič Golovnin, von 1821 bis 1824 Leiter einer Expedition zur Erkundung der russischen arktischen Küstengewässer und von Kamtschatka, weitere Expeditionen in den Norden Russlands, von 1826 bis 1829 Leiter einer weiteren russischen Weltumsegelung, 1843 Vizeadmiral, 1856 Admiral und Mitglied des Staatsrates, von 1864 bis 1882 Präsident der Kaiserlichen Akademie der Wissenschaften zu St. Petersburg. Lütke war einer der Gründer der Russischen Geographischen Gesellschaft, die am 6. August 1845 ins Leben gerufen wurde, er war von 1845 bis 1850 und von 1855 bis 1857 deren Vizepräsident.

MacDonald, John (ca. 1759–1831), schottischer Militäringenieur und Kartograph, erhielt seine Ausbildung in der Armee der East India Company, schloss sich der Bombay Infantry und den Bombay Engineers an, verließ 1782 die East India Company, 1784 Vermessung der Westküste Sumatras, Militär- und Zivilingenieur in Bencoolen, 1796 Rückkehr nach Schottland, 1798 Captain und 1799 Major in der Royal Edinburgh Volunteer Artillery, bis 1806 in militärischen Diensten.

[Nikolaj I.] (1796–1855), ab 1825 Kaiser von Russland.

Oersted auch **Ørsted, Hans Christian** (1777–1851), dänischer Physiker und Chemiker, studierte an der Universität Kopenhagen, wo er 1806 Professor für Chemie und Physik wurde. 1820 erkannte er den Zusammenhang der Elektrizität mit dem Magnetismus, Verleihung der Copley-Medaille. 1829 Gründung der Polytechnischen Lehranstalt in Kopenhagen, von 1834 bis 1841 einer der wichtigsten Mitarbeiter am Göttinger Magnetischen Verein. Oersted war Mitglied zahlreicher Akademien, 1842 wurde er mit dem Preußischen Verdienstorden Pour le mérite für Wissenschaften und Künste (Friedensklasse) ausgezeichnet.

Oltmanns, Jabbo (1783–1833), Astronom und Mathematiker, geboren und aufgewachsen in Ostfriesland, er wirkte von 1805 bis 1808 als astronomischer Rechner bei Johann Elert Bode in Berlin, wo er Alexander von Humboldt kennenlernte. Mit diesem verbrachte er die Jahre von 1808 bis 1811 in Paris, um die astronomischen Berechnungen von Humboldts Reisewerk durchzuführen. Den Ruf an die 1810 neugegründete Universität Berlin konnte er nicht annehmen, wirkte von 1811 bis 1824 in Ostfriesland, auch bei Vermessungsarbeiten und Ortsbestimmungen. 1810 Mitglied der Königlich Preußischen Akademie der Wissenschaften zu Berlin, 1811 Auszeichnung mit der Lalande-Medaille. Ab 1824 Professor für Angewandte Mathematik an der Universität in Berlin und ab 1825 Ordentliches Mitglied der Königlich Preußischen Akademie der Wissenschaften zu Berlin. Oltmanns war enger Mitarbeiter von Alexander von Humboldt, für den er die verschiedensten wissenschaftlichen Berechnungen durchführte (Folkerts 1987).

Parry, William Edward (1790–1855), britischer Admiral und Polarforscher, begann seine Karriere bei der Kanalflotte und bei der Blockade der französischen

Flotte in Brest. 1818 begleitete er John Ross bei der Erkundung der Nordwestpassage. Auf seiner ersten eigenen Fahrt von 1819 bis 1820 erforschte Parry die Inselwelt im Norden von Kanada, von 1821 bis 1823 weitere Arktisexpedition, ebenso führte seine dritte Expedition von 1824 bis 1825 in die Nordpolarregion. Später wirkte Parry in anderen Positionen, u. a. in Australien.

Pentland, Joseph Barclay (1797–1873), irischer Geograph und Naturforscher, studierte in Paris, wo er mit Georges Cuvier zusammenarbeitete, von 1826 bis 1828 Vermessung und Erforschung Boliviens, von 1836 bis 1839 britischer Generalkonsul in La Paz, lebte ab 1845 in Rom. Pentland korrespondierte mit Charles Darwin und William Buckland.

Prony, Gaspard-François-Clair-Marie Riche de (1755–1839), studierte von 1776 bis 1780 an der École des Ponts et Chaussées, wirkte in Paris als Ingenieur, 1791 Direktor des Vermessungsamtes, 1794 Professor für Analysis an der École Centrale des Travaux Publics (die spätere École Polytechnique), 1795 Mitglied des Institut de France, 1798 bis zu seinem Lebensende Direktor der École des Ponts et Chaussées.

Reich, Ferdinand (1799–1882), Chemiker und Physiker, studierte an der Universität Leipzig und an der Bergakademie in Freiberg, Studienaufenthalte in Göttingen und in Paris, wo er Alexander von Humboldt kennenlernte. 1824 Akademieinspektor in Freiberg, von 1827 bis 1860 Professor für Physik beim Freiberger Oberhüttenamt, 1860 Oberbergrat. Reich war Mitarbeiter am Magnetischen Verein von Alexander von Humboldt und am Göttinger Magnetischen Verein. 1864 Mitglied der Königlichen Gesellschaft der Wissenschaften zu Göttingen, 1866 Mitglied der Kaiserlichen Leopoldinisch-Carolinischen deutschen Akademie der Naturforscher (Leopoldina).

Ross, James Clark (1800–1862), Seefahrer und Entdecker, begann bereits in jungen Jahren eine Karriere bei der Royal Navy, nahm 1818 an der Expedition seines Onkels John Ross zur Erkundung der Nordwestpassage teil, von 1819 bis 1829 Teilnehmer an mehreren Polarexpeditionen unter der Leitung von William Edward Parry, ab 1827 Commander. Im Jahre 1829 begleitete er seinen Onkel auf einer Fahrt zum Nordpol, von 1835 bis 1838 Leiter der ersten systematischen erdmagnetischen Aufnahme der Britischen Inseln, von 1839 bis 1843 Erkundung der Südpolregion mit den Schiffen „Terror" und „Erebus", 1848 bis 1849 auf den Schiffen „Enterprise" und „Investigator" auf der Suche nach der 1845 begonnenen Franklin-Expedition, 1856 Konteradmiral.

Sabine, Edward (1788–1883), Astronom und Physiker, studierte an der Royal Military Academy in Woolwich, Teilnehmer an mehreren Expeditionen, 1821 Verleihung der Copley-Medaille, 1826 Fellow der Royal Society, sorgte ab 1830 zusammen mit Humphrey Lloyd für den Ausbau des britischen magnetischen Beobachtungsnetzes, 1839 Generalsekretär und 1852 Präsident der British Association for the Advancement of Science, 1845 Sekretär, 1850 Schatzmeister und von 1861 bis 1871 Präsident der Royal Society, 1823 Korrespondierendes und 1862 Auswärtiges Mitglied der Königlichen Societät der Wissenschaften zu Göttingen, 1826 Auswärtiges Ehrenmitglied der Kaiserlichen Akademie der Wissenschaften zu St. Petersburg. 1857 erhielt Sabine den Preußischen Verdienstorden Pour le mérite für Wissenschaften und Künste (Friedensklasse).

Sartorius von Waltershausen, Wolfgang von (1809–1876), Freiherr, Geologe und Mineraloge, studierte an der Universität Göttingen, Mitarbeiter am Göttinger Magnetischen Verein, Forschungsreisen nach Sizilien, Island und Großbritannien, 1847 Honorar- und 1848 Ordentlicher Professor für Geologie und Mineralogie an der Universität Göttingen sowie Direktor der mineralogisch-paläontologischen Sammlungen der Universität Göttingen, Mitglied der Kaiserlich-Russischen Mineralogischen Gesellschaft zu St. Petersburg. Sartorius von Waltershausen war enger Weggefährte von Carl Friedrich Gauß in dessen letzten Jahren.

Schumacher, Heinrich Christian (1780–1859), Astronom, studierte Jura an den Universitäten Kiel und Göttingen, 1805 Dozent für Rechtswissenschaften an der Universität Dorpat, 1806 Promotion in absentia an der Universität Göttingen, 1808 Studium der Astronomie bei Carl Friedrich Gauß, 1810 Außerordentlicher Professor für Astronomie in Kopenhagen, 1813 Hofastronom und Direktor der Sternwarte in Mannheim, 1821 Kauf eines Hauses in Altona, Einrichtung einer Privatsternwarte, 1823 Gründer und Herausgeber der „Astronomischen Nachrichten". Schumacher gehörte zum engen Freundeskreis von Gauß, Mitarbeiter im Göttinger Magnetischen Verein. 1824 Korrespondierendes Mitglied für Astronomie und Geodäsie der Kaiserlichen Akademie der Wissenschaften zu St. Petersburg, 1826 Korrespondierendes Mitglied der Königlich Preußischen Akademie der Wissenschaften zu Berlin, 1834 Korrespondierendes, 1846 Auswärtiges Mitglied der Bayerischen Akademie der Wissenschaften, 1835 Auswärtiges Mitglied der Königlichen Societät der Wissenschaften zu Göttingen.

Seebeck, Thomas (1770–1831), Physiker, studierte Medizin an den Universitäten Berlin und Göttingen, wirkte danach in Bayreuth und in Nürnberg, 1818 ließ er sich in Berlin nieder, wo er sich mit dem Magnetismus beschäftigte. Seine bedeutendste Entdeckung gelang ihm 1822, nämlich der Thermoelektrische Effekt (Seebeck-Effekt).

Thomson, Thomas (1773–1852), britischer Chemiker, studierte in St. Andrews, von 1791 bis 1795 Lehrer in der Nähe von Edinburgh, von 1794 bis 1799 Medizinstudium, von 1800 bis 1811 Privatlehrer für Chemie in Edinburgh, 1805 Mitglied der Royal Society of Edinburgh, gründete 1813 die Zeitschrift „Annals of Philosophy", die er bis 1821 herausgab, ab 1818 Professor der Chemie an der Universität Glasgow.

Wrangel, Ferdinand von (1796–1870), Baron, Marineoffizier, Absolvent des Seekadettenkorps in St. Petersburg, studierte an der Universität Dorpat bei Wilhelm Struve, von 1817 bis 1819 Teilnehmer an der Weltumsegelung unter dem Kommando von Vasilij Michajlovič Golovnin, von 1820 bis 1824 Erkundung der Nordostküste Sibiriens und des Eismeeres, von 1825 bis 1827 Weltumsegelung auf der Fregatte „Krotkij", 1827 Auswärtiges und 1855 Ehrenmitglied der Kaiserlichern Akademie der Wissenschaften zu St. Petersburg, von 1830 bis 1835 Gouverneur von Russisch-Amerika, von 1838 bis 1849 Direktor der russisch-amerikanischen Kompagnie in Alaska, ab 1837 gleichzeitig am Marineministerium in St. Petersburg als Leiter des Departements für Schiffsbauwälder tätig, 1836 Konteradmiral, 1847 Vice-Admiral, 1856 Admiral.

Anhang 4: John Herschel, Report 1839

Vorlage: Herschel, John F. W.: Report of a Joint Committee of Physics and Meteorology referred to, by the Council of the Royal Society, for an opinion on the propriety of recommending the establishment of fixed magnetic observatories, and the equipment of a naval expedition for magnetic observations in the Antarctic Seas, to Her Majesty's Government, and to report generally on the subject: together with the Resolutions adopted on that Report, by the Council of the Royal Society. London: Richard John E. Taylor. 1839.

Vorhanden in: Royal Society reference: Tracts RS11/6.

Veröffentlicht in: The London and Edinburgh Philosophical Magazine and Journal of Science (January – June, 1839) 14, 1839, S. 137–141; The Mechanics' Magazine, Museum, Register, Journal, and Gazette (April 6th, – September 28th, 1839) 31, 1839, S. 254–256 sowie in: Ross James 1847: 1, S. VIII–XVI.

Report

The subject of terrestrial magnetism has recently received some very important accessions which have materially affected not only the point of view in which henceforward it will be theoretically contemplated, but also the modes of observation which will require to be adopted for completing our knowledge of the actual state of the magnetic phenomena, and furnishing accurate data for the construction and verification of theoretical systems. It was for a long time supposed that the changes in the position assumed by the needle at any particular point on the earth's surface might be conceived as resulting from regular laws of periodicity, having for their arguments, 1st, a great magnetic cycle of several centuries, depending on unknown, and perhaps internal movements or relations; and 2ndly, on the periodic alternations of heat and cold depending on the annual and diurnal movements of the sun. The discovery of the affection of the needle by the aurora borealis, and of the existence of minute and irregular movements, which might be referred either to unperceived auroras or to other local and temporary causes, sufficed to show that the laws of terrestrial magnetism are not so simple as to admit of this summary form of expression; and the important discovery, first announced, we believe, by Baron Von Humboldt, that those temporary changes take place simultaneously at great distances in point of locality, a discovery which has since been remarkably confirmed and extended to very great intervals of distance, so as to include the whole extent of the European continent, by Gauss and Weber, and their coadjutors of the German Magnetic Association, has sufficed to show that the gist of the inquiry lies deeper, and depends upon relations far more complex, while at the same time the dominion of what might previously have been regarded as local agency, would require, in the new views consequent on the establishment of these facts, to be extended far beyond what ordinary usage would authorize as a just application of that epithet.

For a long time in the history of terrestrial magnetism the variation alone was attended to. The consideration of the dip was the superadded; but the observations of this element being more difficult and delicate, our knowledge of the actual and past state of the dip over the earth's surface is lamentably deficient. It has lately appeared, however, that this element can be observed with considerable approximation, though not with nicety, at sea, so that no reason subsists why materials for a chart of the dip analogous to that of variation should not be systematically collected. Lastly, the intensity has come to be added to the list of observanda; and from the great facility and exactness with which it can be determined, this branch of magnetic knowledge has in fact made most rapid progress.

These three elements, the Horizontal Direction, the Dip, and the Intensity, require to be precisely ascertained before the magnetic state of any given station on the globe can be said to be fully determined. Nor can either of them theoretically speaking, be said to be more important than the others, though the direction, on account of its immediate use to navigators, has hitherto had the greatest stress laid upon it, and been reduced into elaborate charts. A chart of the lines of total intensity has been recently constructed by Major Sabine.[56]

All these elements are, at each point, now ascertained to be in a constant state of fluctuation, and affected by those transient and irregular changes which are above alluded to; and the investigation of the laws, extent, and mutual relations of these changes is[57] now become essential to the successful prosecution of magnetic discovery, for the following reasons.

1st. That the progressive and periodical being mixed up with the transitory changes, it is impossible to separate them so as to obtain a correct knowledge and analysis of the former, without

[S. 2] taking express account of an eliminating the latter, any more than it would be practicable to obtain measures of the sea-level available for an inquiry into the tides, without destroying the irregular fluctuation produced by waves.

2ndly. That the secular magnetic changes cannot be concluded from comparatively short series of observations without giving to those observations extreme nicety, so as to determine with perfect precision the mean state of the elements of the two extremes of the period embraced, which, as already observed, presupposes a knowledge of the casual deviations.

3rdly. It seems very probable that discordances found to exist between results obtained by different observers, or by the same at different times, may be, in fact, *not* owing to error of observation, but may be due to the influence of these transitory fluctuations in the elements themselves.

[56] „Report on the Variations of the Magnetic Intensity observed at different Points of the Earth's Surface“ von Edward Sabine (Sabine 1838). Dieser Beitrag wurde von mehreren Karten begleitet, darunter befindet sich eine Karte für die ganze Intensität. Diese Karte zog Gauß heran, als er die Qualität seiner berechneten Karten überprüfen wollte, siehe Gauß 1839, § 25 sowie Gauß/Weber 1840, § 42.

[57] Korrekt: has.

4thly and lastly. Because the theory of these transitory changes is in itself one of the most interesting and important points to which the attention of magnetic inquirers can be turned, as they are no doubt intimately connected with the general causes of terrestrial magnetism, and will probably lead us to a much more perfect knowledge of those causes than we now possess.

Actuated by these impressions, on the occasion of a letter addressed by Baron Von Humboldt to His Royal Highness the Duke of Sussex, P. R. S., the Council of this Society, on April 13, 1837 resolved to apply to Government for aid in prosecuting, in conjunction with the German Magnetic Association, a series of simultaneous observations; and in consequence of an application founded on such their resolution, a grant of money was obtained for the purchase of instruments for that purpose. By reason, however, of the details and manipulations of the methods then recently introduced into magnetic observations by Gauss being at that time neither completely perfected, nor their superiority over the old methods fully established by general practice, the precise apparatus to be employed in these operations was not at the time agreed upon, and was still under discussion, subject to the report of the Astronomer Royal on the performance of an instrument on Gauss's principle established at the time when the subject in its present more extended form was referred by the Council to this Joint Committee, so that the grant in question has not, in point of fact, been employed or called for. The Committee consider this as in some respects fortunate, as in consequence of the delay time has been given for a much maturer consideration of the whole subject; and should it now be taken up as a matter of public concern, they consider that it will be necessary to provide for a more continuous and systematic series of observations, by observers regularly appointed for the purpose, and provided with instruments and means considerably more costly than those contemplated on the occasion in question.

On the general advisableness of calling for public assistance in the prosecution of the extensive subject of terrestrial magnetism, in both the modes referred to them for their consideration, (viz. by magnetic observatories established at several stations properly selected on land, and by a naval expedition expressly directed to such observations in the Antarctic Seas,) your Committee are fully agreed. They consider the subject to have now attained a degree of theoretical as well as of practical importance, and to afford a scope for the application of exact inquiry which it has never before enjoyed, and which are such as fully to justify its recommendation by the Royal Society to a revival of that national support to which we are indebted for the first chart of variations constructed by our illustrious countryman Halley in A. D. 1701, on the basis of observations collected in a voyage of discovery expressly equipped for that purpose by the British Government.

As regards the first branch of the question referred to their consideration, they are of opinion that the stations which have been suggested to them, viz. Canada, St. Helena; the Cape, Van Diemen's Land, and Ceylon (or Madras), are well selected, and perhaps as numerous as they could venture to recommend, considering the expense which would require to be incurred at each, and that in each of these stations it would be desirable, 1st, That regular hourly observations should be made (at least during the daytime) of the fluctuations of the three elements of variation, dip and intensity, or their equivalents, with magnetometers on the more improved construction, during a period of three years from their commencement.

2ndly. That on days, and on a plan appointed, agreed on in concert with one another, and with European observatories, the fluctuations of the same elements should be observed during twenty-four successive hours, strictly simultaneous with one another, and at intervals of not more than five minutes.

3rdly. That the absolute values of the same elements shall be determined at each station, in reference to the fluctuating values above mentioned, with all possible care and precision, at several epochs comprehended within the period allowed.

[S. 3] 4thly. That in the event of a naval expedition of magnetic discovery being dispatched, observations be also instituted at each fixed station, in correspondence with, and on a plan concerted with the Commander of, such Expedition.

As regards the second branch of the subject referred to them, viz. the proposal of an Antarctic voyage of magnetic research, they are of opinion, as already generally expressed, that such a voyage would be, in present state of the subject, productive of results of the highest importance and value; and they ground this opinion on the following reasons:

1st. That great and notorious deficiencies exist in our knowledge of the course of the variation lines generally, but especially in the Antarctic seas, and that the true position of the southern magnetic pole or poles can scarcely be conjectured with any probability from the data already known.

2ndly. That our knowledge of the dip throughout those regions, and the whole southern hemisphere, is even yet more defective, and that even such observations of this element as could be procured at sea, still more by landing in ice, &c., would have especial value.

3rdly. That the intensity lines in those regions rest on observations far too few to justify any sure reliance on their courses over a large part of their extent, and over the rest are altogether conjectural. Nevertheless that there is good reason to believe in the existence and accessibility of two points of maximum intensity in the southern as in the northern hemisphere, the attainment of which would be highly interesting and important.

4thly. That a correct knowledge of the courses of these lines, especially where they approach their respective poles, is to be regarded as a first and, indeed, indispensable preliminary step to the construction of a rigorous and complete theory of terrestrial magnetism.

5thly. That during the progress of such an expedition, opportunities would of necessity occur (and should be expressly sought) to observe the transitory fluctuations of the magnetic elements in simultaneous conjunction with observations at fixed stations and in Europe, and so to furnish data for the investigation of these changes in localities very unlikely to be revisited for any purposes except those connected with scientific inquiries.

Your Committee, in making this Report, think it unnecessary to go into any minute details relative to the instruments or other materiel required for the proposed operations, still less into those of the conduct of the operations themselves. Should such be required from them, it will then be time to enter further into these and other points, when the Committee will most readily devote themselves to the fullest consideration of the subject.

	J. F. W. Herschel, Chairman of the Joint Physical and Meteorological Committee.

Anhang 5: Circular der Königlichen Societät zu London vom 1. Juli 1839

Vorlage: Veröffentlichung in: Resultate aus den Beobachtungen des magnetischen Vereins im Jahre 1838. Leipzig 1839, S. 149–150.

Teilpublikation in: Schaefer 1924–1927, S. 50–52.

Deutsche Übersetzung in: Lamont, Johann (Hrsg.): Jahrbuch der Königlichen Sternwarte bei München für 1840, S. 241–245.

Royal Society 1st July, 1839

SIR,

In pursuance of the directions of the President and Council of the Royal Society of London I have the honour to forward you the annexed papers, being copies of a Report made by the Joint Committee of Physics and Meteorology of the Society to the Council on the subject of an extended system of Magnetic Observation, and of the Resolution of the Council taken thereon; and to acquaint you that, in consequence of the representations made, Her Majesty's Government[58] has ordered the equipment (now in progress of a naval expedition of discovery, consisting of two ships under the command of Captain James C. Ross, to proceed to the Antarctic Seas for purposes of magnetic research, and also the establishment of fixed magnetic observatories at St. Helena, Montreal, the Cape of Good Hope, and Van Diemen's Land, having for their object the execution of a series of corresponding magnetic observations during a period of three years, in consonance with the views expressed in that Report. The Court of Directors of the Honourable East India Company have also, in compliance with the suggestions of the Royal Society, resolved to establish similar observatories at Madras, Bombay, and at a station in the Himalaya Mountains.

As it is manifestly of high importance to the advancement of the science of terrestrial Magnetism that every advantage should be taken of so distinguished an opportunity for executing a concerted system of magnetic observations on the most extended scale, the Royal Society, – on whom the arrangement of the proceedings of the fixed observatories has devolved, and to whom the scientific objects of the naval expedition have been referred by the Lords Commissioners of the admirality, and un-

[58] Victoria (1819–1901), ab 1837 Königin des Vereinigten Königreichs und Irlands.

der whose direction the construction of the instruments to be used in these operations is actually proceeding, – is earnestly solicitous that observations corresponding to those intended to be prosecuted in the observatories should be made at every practicable station; and in forwarding to you the papers alluded to, I am directed at the same time to express their hope that[59] ... cooperation... will be afforded in executing, or procuring to be executed, such observations, and communicating their results and details to the Royal Society, through the medium of their Foreign Secretary.

The general tenor of these observations is sufficiently indicated in the Report annexed, but a more particular programme of them will be forwarded to you as soon as the details are sufficiently matured to admit of its printing and circulation: but it may here be noticed that one essential feature of them will consist in observations to be made at each station, in conformity with the system (in so far as applicable) and at the times already agreed on by the German Magnetic Association, either as they now stand or as (on communication) they shall, by mutual consent, be modified.

A series of meteorological observations subordinate to, and in connexion and coextensive with, the magnetic observations, will be made at each station.

The following is a list of the instruments intended to form the essential equipment of each observatory:

LIST (with estimated Prices).

Instrumental equipment for one fixed magnetic observatory:

1 Declination Magnetometer	Grubb, Dublin[60]	lb 73 10
1 Horizontal Force Magnetometer	" "	" "
1 Vertical Force Magnetometer	Robinson[61]	21 0
1 Dipping Needle	Robinson	24 0
1 Azimuthal Transit	Simms[62]	50 0
2 Reading Telescopes	Simms	6 6
2 Chronometers		100 0

The above are all the instruments required for magnetical purposes.

The declination and horizontal force magnetometers are similar, with slight modifications, to those devised by M. Gauss, and already in extensive use; so that the observations made with the latter instruments with those specified above will be strictly comparable.

[59] Die beiden Textlücken sind bereits in der gedruckten Vorlage vorhanden und lassen sich nicht beheben.

[60] Thomas Grubb (1800–1878), irischer Instrumentenhersteller; er gründete 1833 die „Grubb Telescope Company".

[61] Thomas Charles Robinson (1792–1841), Instrumentenhersteller, wirkte in London.

[62] Simms, William (1793–1860), Feinmechaniker und Instrumentenhersteller in London, seit 1826 Partner von Edward Troughton (1783–1835), nach dessen Tode alleiniger Eigentümer der Firma Troughton & Simms.

The observatories will be also each furnished with the following meteorological instruments:

1 Barometer	Newman.[63]
1 Mountain ditto	"
1 Standard Thermometer	"
1 Osler's Anemometer	
Wet and Dry Bulb Thermometers	Adie, Liverpool.[64]
Maximum and Minimum Thermometers	" "
Daniell's Hygrometer.	
An apparatus for atmospherical electricity.	

I have the honour to be

W. H. Smyth, foreign Secr.[65]

[63] John Frederick Newman (1816–1862), Instrumentenhersteller in London.

[64] Alexander Adie (1775–1858), Instrumentenhersteller in Edinburgh, sein Sohn Richard Adie (1810–1881) war Instrumentenhersteller in Liverpool.

[65] William Henry Smyth (1788–1865), Seeoffizier und Geodät, er ging 1804 zur See und wirkte u. a. für die East India Company und auf Kriegsschiffen, 1813 wurde er Lieutnant und 1815 Commander, er vermaß u. a. die Küste von Sizilien, Italiens, Griechenlands und von Nordafrika. 1824 wurde er zum Captain ernannt und quittierte den Dienst. 1821 wurde er Fellow der Royal Astronomical Society und 1826 Fellow der Royal Society. Smyth gehörte zu den Mitbegründern der Royal Geographical Society of London im Jahre 1830, deren Präsident er von 1849 bis 1850 war. Er hatte zahlreiche Ämter inne und war ein sehr eifriger Schriftsteller.

Literaturverzeichnis

Abstracts 1843 Abstracts of the Papers printed in the Philosophical Transactions of the Royal Society of London. From 1837 to 1843 inclusive. Bd. 4. London 1843.

Airy 1843 Airy, George Biddell: Magnetical and Meteorological Observations made at the Royal Observatory, Greenwich, in the years 1840 and 1841. London 1843 (GB 951).

Anonymus 1840 Terrestrial Magnetism. The Quarterly Review. Bd. 66. London 1840, S. 271–312.

Anonymus 1843 Der Tod des Herzogs von Sussex. Illustrirte Zeitung vom 15. Juli 1843 (Nr. 3), S. 3–5.

Anonymus 1936 Humboldt's Plan in 1836 for a World Magnetic Survey. Nature 138 (November 21), 1936, S. 894–895.

Arago 1821 Arago, François: Sur les variations annuelles de l'aiguille aimantée, et sur son mouvement actuellement rétrograde. Annales de chimie et de physique 16, 1821, S. 54–67.

Arago 1825 Arago, François: Aurores boréales en 1825 August. Annales de chimie et de physique 30, 1825, S. 423–427.

Arago 1828 Arago, François: Sur les influences magnétiques exercées par les aurores boréales, et sur la prétendue découverte que M. Brewster annonce avoir faite à ce sujet. Annales de chimie et physiques 39, 1828, S. 369–390.

Arago 2003 François Arago & l'Observatoire de Paris. [Exposition, 4 octobre – 6 décembre 2003, réd. du cat. par L. Bobis, J. Lequeux]. Paris 2003.

Arago–Werke 1854–1860 Franz Arago's sämmtliche Werke. Mit einem Vorwort von Alexander von Humboldt. Deutsche Original = Ausgabe. Herausgegeben von Dr. W. G. Hankel. 16 Bde. Leipzig 1854–1860.

Augustus Frederick 1836 Address delivered at the Anniversary Meeting of The Royal Society on Wednesday, November 30, 1836 by His Royal Highness the Duke of Sussex, K. G. & c. & c. & c. & c. the president. London 1836 (GB 741).

Bache 1847 Bache, Alexander Dallas: Observations at the magnetic and meteorological observatory, at the Girard College, Philadelphia. 1840 to 1845. Washington 1847.

Balmer 1956 Balmer, Heinz: Beiträge zur Geschichte der Erkenntnis des Erdmagnetismus. (= Veröffentlichungen der Schweizerischen Gesellschaft für Geschichte der Medizin und der Naturwissenschaften; 20). Aarau 1956.

Barlow 1833 Barlow, Peter: On the present Situation of the Magnetic Lines of equal variation, and their Changes on the Terrestrial surface. Philosophical Transactions of the Royal Society of London for the year 1833, Bd. 123, Part 2, London 1833, S. 667–673.

Barral 1879 Barral, Jean-Augustin: Éloge biographique de M. Antoine-César Becquerel. [...] lu 20 avril 1879. Mémoires publiés par la Société centrale d'agriculture de France 125, 1879, S. 33–53. Sonderdruck. Paris 1879.

K. Reich et al., *Alexander von Humboldts Geniestreich*,
DOI 10.1007/978-3-662-48164-6

Beaufoy 1813a Beaufoy, Mark: Description of a Compass for accurate Observations on the Magnetic Variation. Annals of Philosophy 2, 1813, S. 96–98.

Beaufoy 1813b Beaufoy, Mark: Magnetical observations at Hackney Wick. Annals of Philosophy 2, 1813, S. 301–302.

Beaufoy 1816 Beaufoy, Mark: [Magnetical observations]. Annals of Philosophy 7, 1816, S. 14–16.

Beaufoy 1819 Beaufoy, Mark: Observations on the Magnetic Needle. Annals of Philosophy 13, 1819, S. 332–335.

Beaufoy 1820 Beaufoy, Mark: On the retrograde Variation of the compass. Annals of Philosophy 15, 1820, S. 338–340.

Becquerel 1834–1840 Becquerel, Antoine César: Traité experimental de l'éléctricité et du magnétisme, et de leurs rapports avec les phénomènes naturels. Bd. 1. Paris 1834; Bd. 2. Paris 1934; Bd. 3. Paris 1835; Bd. 4. Paris 1836; Bd. 5. Paris 1837; Bd. 6. Paris 1840. Atlas (= Bd. 7). Paris 1840. Bemerkung: Im Bd. 6 wurden veröffentlicht: Brief von Humboldt an den Herzog von Sussex, S. 435–449 sowie Instruction de la Société royale de Londres pour l'expédition scientifique envoyée aux regions antarctiques, S. 449–467.

Berghaus 1845 Berghaus, Heinrich: Physikalischer Atlas oder Sammlung von Karten, auf denen die hauptsächlichsten Erscheinungen der anorganischen und organischen Natur nach ihrer geographischen Verbreitung und Vertheilung bildlich dargestellt sind. Bd. 1,4: Tellurischer Magnetismus. Gotha 1845.

Biermann 1963 Biermann, Kurt-R.: Aus der Vorgeschichte der Aufforderung Alexander von Humboldts von 1836 an den Präsidenten der Royal Society zur Errichtung geomagnetischer Stationen (Dokumente zu den Beziehungen zwischen A. v. Humboldt und C. F. Gauß). Wissenschaftliche Zeitschrift der Humboldt-Universität zu Berlin, mathematisch-naturwissenschaftliche Reihe 12, 1963, S. 209–227. Ebenfalls veröffentlicht in: HiN – Alexander von Humboldt im Netz. Open Access Journal der Universität Potsdam und der Alexander-von-Humboldt-Forschungsstelle an der Berlin-Brandenburgischen Akademie der Wissenschaften VI, 11, 2005. Online-Ressource: http://www.uni-potdam.de/u/romanistik/humboldt/hin/hin11/biermann.htm.

Biermann 1977 Biermann, Kurt-R.: C. F. Gauß in seinem Verhältnis zur britischen Wissenschaft und Literatur. NTM-Schriftenreihe Geschichte der Naturwissenschaften, der Technik und Medizin 14, 1977, S. 7–15.

Biermann 1978 Biermann, Kurt-R.: Alexander von Humboldt als Initiator und Organisator internationaler Zusammenarbeit auf geophysikalischem Gebiet. In: Human Implications of Scientific Advance. Hrsg. von E. G. Forbes. Edinburgh 1978, S. 130–132.

Bombay 1910 Magnetic observations made at the Government Observatory Bombay, 1846–1905. Bombay 1910.

Bowditch 1809 Bowditch, Nathaniel: On the Variation of the Magnetic Needle. Memoirs of the American Academy of Arts and Sciences 3, 1809, S. 337–343.

Brand 2002 Brand, Friedrich L.: Alexander von Humboldts physikalische Meßinstrumente und Meßmethoden. (= Berliner Manuskripte zur Alexander-von-Humboldt-Forschung, Alexander-von-Humboldt-Forschungsstelle; 18). 2. Aufl. Berlin 2002.

Bravo 1992 Bravo, Michael Trevor: Science and discovery in the Admirality voyages to the Arctic regions in search of a north-west passage (1815–25). Cambridge 1992.

Brescius 2015 Brescius, Moritz von: Humboldt'scher Forscherdrang und britische Kolonialinteressen. Die Indien- und Hochasien-Reise der Brüder Schlagintweit (1854–1858). In: Über den Himalaya. Die Expedition der Brüder Schlagintweit nach Indien und Zentralasien 1854 bis 1858. Hrsg. von M. von Brescius, F. Kaiser, St. Kleidt. Köln, Weimar, Wien 2015, S. 31–88.

Brewster 1831 Brewster, David: Library of useful knowledge: Magnetism. London 1831 (GB 1241).

Brewster 1837 Brewster, David: Treatise on Magnetism, forming the article under that head in the seventh edition of the Encyclopaedia Britannica. Edinburgh 1837.

Briefwechsel Gauß–Gerling 1927 Briefwechsel zwischen Carl Friedrich Gauß und Christian Ludwig Gerling. Hrsg. von C. Schäfer. (= Schriften der Gesellschaft zur Beförderung der gesammten Naturwissenschaften zu Marburg; 15). Berlin 1927. Nachdruck Hildesheim, New York 1975 (= Gauß–Werke, Ergänzungsreihe III).

Briefwechsel Gauß–Olbers 1909/1910 Briefwechsel zwischen Olbers und Gauß. Hrsg. von C. Schilling. 2 Bde. Berlin 1909, 1910. Nachdruck Hildesheim, New York 1976. (= Gauß–Werke, Ergänzungsreihe IV).

Briefwechsel Gauß–Schumacher 1860–1865 Briefwechsel zwischen C. F. Gauß und H. C. Schumacher. Hrsg. von C. A. F. Peters. 6 Bde. Altona 1860–1865. Nachdruck Hildesheim, New York 1975 (= Gauß–Werke, Ergänzungsreihe V).

Briefwechsel Humboldt–Boussingault 2014 Alexander von Humboldt – Jean-Baptiste Boussingault: Briefwechsel. Hrsg. von Ulrich Päßler und Thomas Schmuck unter Mitarbeit von Eberhard Knobloch. (= Beiträge zur Alexander-von-Humboldt-Forschung; 41). Berlin 2014.

Briefwechsel Humboldt–Encke 2013 Alexander von Humboldt, Johann Franz Encke. Briefwechsel. Hrsg. von Oliver Schwarz und Ingo Schwarz unter Mitarbeit von Eberhard Knobloch. (= Beiträge zur Alexander-von-Humboldt-Forschung; 37). Berlin 2013.

Briefwechsel Humboldt–Gauß 1977 Briefwechsel zwischen Alexander von Humboldt und Carl Friedrich Gauß: zum 200. Geburtstag von C. F. Gauß. Hrsg. von Kurt-R. Biermann. (= Beiträge zur Alexander-von-Humboldt-Forschung; 4). Berlin 1977.

Briefwechsel Humboldt–Russland 2009 Alexander von Humboldt. Briefe aus Russland 1829. Hrsg. von Eberhard Knobloch, Ingo Schwarz und Christian Suckow. Mit einem einleitenden Essay von Ottmar Ette. (= Beiträge zur Alexander-von-Humboldt-Forschung; 30). Berlin 2009.

Briefwechsel Humboldt–Schumacher 1979 Briefwechsel zwischen Alexander von Humboldt und Heinrich Christian Schumacher. Zum 200. Geburtstag von H. C. Schumacher herausgegeben von Kurt-R. Biermann. (= Beiträge zur Alexander-von-Humboldt-Forschung; 6). Berlin 1979.

Broun 1874 Broun, John Allan: Observations of magnetic declination made at Trevandrum and Augustia Malley 1852–1869. London 1874.

Cawood 1977 Cawood, John: Terrestrial Magnetism and the Development of International Collaboration in the Early 19th Century. Annals of Science 34, 1977, S. 551–587.

Cawood 1979 Cawood, John: The Magnetic Crusade: Science and Politics in Early Victorian Britain. Isis 70, 1979, S. 492–518.

Chapman 1962 Chapman, Sydney: Alexander von Humboldt and Geomagnetic Science. Archive for History of Exact Sciences 2, 1962, S. 41–51.

Chapman/Bartels 1940 Chapman, Sydney; Bartels, Julius: Geomagnetism. Bd. 2: Analysis of data, and physical theories. Oxford 1940.

Christie 1834 Christie, Samuel Hunter: Report on the State of our Knowledge respecting the Magnetism of the Earth. In: Report of the third meeting of the British Association for the advancement of Science; held at Cambridge in 1833. Bd. 4. London 1834, S. 105–130.

Christie/Airy 1837 Christie, Samuel Hunter; Airy, George: Report upon a Letter addressed by M. le Baron de Humboldt to His Royal Highness the President of the Royal Society, and communicated by His Royal Highness to the Council. (= Abstracts of the papers printed in the Philosophical Transactions of the Royal Society of London. From 1830 to 1837 inclusive). Proceedings of the Royal Society 3, 1837, S. 418–428. Auch als Sonderdruck erschienen: s.a. [1836].

Clerke/McConnell 2004 Clerke, A. M.; McConnell, Anita: Jacob, William Stephen (1813–1862). Oxford Dictionary of National Biography. Oxford University Press 2004. Online-Ressource: http://www.oxforddnb.com/view/article/14576.

Collier 2013 Collier, Peter: Edward Sabine and the Magnetic Crusade. In: History of Cartography. International Symposium of the ICA, 2012. Hrsg. von Elri Liebenberg, Peter Collier, Zsolt Török. Heidelberg 2013, S. 309–324.

Dove 1830 Dove, Wilhelm: Correspondirende Beobachtungen über die regelmäßigen stündlichen Veränderungen und über die Perturbationen der magnetischen Abweichung im mittleren und östlichen Europa, gesammelt und verglichen von H. W. Dove, mit einem Vorwort von Alexander von Humboldt. Annalen der Physik und Chemie 19 [= 95], 1830, S. 357–391.

Duden 2000 Duden, Wörterbuch geographischer Namen des Baltikums und der Gemeinschaft Unabhängiger Staaten (GUS) mit Angaben zu Schreibweise, Aussprache und Verwendung der Namen im Deutschen, zusammengestellt und bearbeitet von Hans Zikmund. Mannheim [u. a.] 2000.

Duperrey 1826–1830 Duperrey, Louis Isidore: Voyage autour du monde: executé par ordre du roi sur la corvette de sa Majesté, La Coquille pendant les années 1822, 1823, 1824 et 1825. 4 Bde. Paris 1826–1830.

Elliot 1850 Elliot, Charles Morgan: Meteorological Observations made at the Honourable East India Company's Magnetical Observatory at Singapore; in the years 1841–1845. Madras 1850.

Elliot 1851a Elliot, Charles Morgan: Magnetical Observations Made at the Honorable East India Company's Magnetical Observatory at Singapore; in the years 1841–1845. Madras 1851.

Elliot 1851b Elliot, Charles Morgan: Magnetic Survey of the Eastern Archipelago. Philosophical Transactions of the Royal Society of London for the year 1851. Bd. 141, Part I. London 1851, S. 287–331.

Encyclopedia 2007 Encyclopedia of Geomagnetism and Paleomagnetism. Ed. by David Gubbins and Emilio Herrero-Bervera. Dordrecht 2007.

Enebakk 2014 Enebakk, Vidar: Hansteen's magnetometer and the origin of the magnetic crusade. The British Journal for the History of Science 47, 2014, S. 587–608.

Erman 1829 Vorläufiger Bericht über die Resultate der vom Dr. G. A. Erman auf seiner gegenwärtigen Reise durch Russland, in Bezug auf den Erdmagnetismus, angestellten Beobachtungen. Annalen der Physik und Chemie 16 [= 92], 1829, S. 139–157.

Erman 1833–1848 Erman, Georg Adolph: Reise um die Erde durch Nord-Asien und die beiden Oceane in den Jahren 1828, 1829 und 1830. 1. Abtheilung: Historischer Bericht. 3 Bde. Berlin 1833, 1838, 1848. 2. Abtheilung: Physikalische Beobachtungen. 2 Bde. Berlin 1835, 1841.

Federhofer 2014 Federhofer, Marie-Theres: „Magnetische Ungewitter" und „Erdlichter". Alexander von Humboldt und das Nordlicht. Zeitschrift für Germanistik, Neue Folge, 24, 2014, S. 267–281.

Folkerts 1987 Folkerts, Menso: Jabbo Oltmanns (1783–1833), ein fast vergessener angewandter Mathematiker. Jahrbuch der Gesellschaft für bildende Kunst und vaterländische Altertümer zu Emden 67, 1987, S. 72–180.

Franklin 1823 Franklin, John: Narrative of a journey to the shores of the Polar Sea, in the years 1819–20–21–22. With an appendix on various subjects relating to science and natural history. London 1823. Deutsche Übersetzung: Reise an die Küsten des Polarmeeres in den Jahren 1819, 1820, 1821 und 1822. Abth. 1. Weimar 1823. Abth. 2. Weimar 1824.

Franklin 1828 Franklin, John: Narrative of a second expedition to the shores of the Polar Sea in the years 1825, 1826, and 1827. London 1828. Deutsche Übersetzung: Zweite Reise des Capit. John Franklin an die Küsten des Polarmeeres in den Jahren 1825, 1826 und 1827. Weimar 1829.

Freycinet 1824–1844 Freycinet, Louis: Voyage autour du monde: fait par ordre du roi, sur les corvettes de Sa Majesté l'Uranie et la Physicienne, pendant les années 1817, 1818, 1819 et 1820. 8 Textbände und 4 Atlasbände. Paris 1824–1844.

Fuß 1834 Fuß, Georg: Ueber das System westlicher Abweichungen der Magnetnadel in Asien. Astronomische Nachrichten 11, 1834, Sp. 213–222, Nr. 253.

Fuß 1838 Fuß, Georg: Geographische, magnetische und hypsometrische Bestimmungen, abgeleitet aus den Beobachtungen auf einer Reise, die in den Jahren 1830, 1831 und 1832 nach Sibirien und dem chinesischen Reiche, auf Kosten der Kaiserl. Akademie der Wissenschaften, unternommen wurde. Mémoires de l'Académie Impériale des Sciences de St. Pétersbourg (Sér. 6), sciences mathématiques, physiques et naturelles 3, sciences mathématiques et physiques 1, 1838, S. 59–128.

Garland 1979 Garland, George David: The Contributions of Carl Friedrich Gauss to Geomagnetism. Historia Mathematica 6, 1979, S. 5–29.

Gauß 1820 [Gauß, Carl Friedrich: Göttingen. Geschenke des Herzogs von Clarence und des Herzogs von Sussex]. Göttingische Gelehrte Anzeigen 1820, S. 1865–1866 (20. November, 187. Stück). In: Gauß–Werke: 6, S. 435.

Gauß 1832 Gauß, Carl Friedrich: Anzeige der „Intensitas vis magneticae terrestris ad mensuram absolutam revocata". Göttingische Gelehrte Anzeigen 1832, S. 2041–2048 (24. December, 205. Stück und 27. December, 206. und 207. Stück). In: Gauß–Werke: 5, S. 293–304. Verbesserte Version in: Astronomische Nachrichten 10, 1833, Sp. 349–360, Nr. 238.

Gauß 1833a Gauß, Carl Friedrich: Die Intensität der erdmagnetischen Kraft, zurückgeführt auf absolutes Maaß. Übersetzung [Gauß 1841b] von Johann Christian Poggendorff. Annalen der Physik und Chemie 28 [= 104], 1833, S. 241–272, 591–615.

Gauß 1833b Gauß, Carl Friedrich, [Abstract of the paper] Intensitas vis magneticae terrestris ad mensuram absolutam revocata [in englischer Übersetzung]. The London and Edinburgh Philosophical Magazine and Journal of Science 2, 1833, S. 291–299.

Gauß 1834a Gauß, Carl Friedrich: Beobachtungen der magnetischen Variation in Göttingen und Leipzig am 1. und 2. Oktober 1834. Annalen der Physik und Chemie 33 [= 109], 1834, S. 426–433. Gekürzte Fassung in: Gauß–Werke: 5, S. 525–528.

Gauß 1834b Gauß, Carl Friedrich: Ein eigenes für die magnetischen Beobachtungen und Messungen errichtetes Observatorium. Göttingische Gelehrte Anzeigen 1834, S. 1265–1274 (9. August, 128. Stück). In: Gauß–Werke: 5, S. 519–525. Gekürzte Fassung unter dem Titel: Vorläufiger Bericht über verschiedene, in Göttingen angestellte magnetische Beobachtungen. Annalen der Physik und Chemie 32 [= 108], 1834, S. 562–569, mit einem Zusatz S. 569–572.

Gauß 1835a Gauß, Carl Friedrich: [Fortsetzung zu „Ein eignes für die magnetischen Beobachtungen und Messungen errichtetes Observatorium (= Gauß 1834b) sowie Bericht über Messungen im Magnetischen Observatorium]. Göttingische Gelehrte Anzeigen 1835, S. 345–357 (7. März, 36. Stück). Unter dem Titel: Bericht von neuerlich in Göttingen angestellten magnetischen Beobachtungen. Annalen der Physik und Chemie 34 [= 110], 1835, S. 546–556. In: Gauß–Werke: 5, S. 528–536.

Gauß 1835b Gauß, Carl Friedrich: Beobachtungen der magnetischen Variation am 1. April 1835, von fünf Oertern. Annalen der Physik und Chemie 35 [= 111], 1835, S. 480–481 [Dieser Beitrag fehlt in Gauß–Werken].

Gauß 1835c Gauß, Carl Friedrich: Beobachtungen der Variationen der Magnetnadel in Copenhagen und Mailand am 5. und 6. November 1834. Astronomische Nachrichten 12, 1835, Sp. 185–188, Nr. 276. In: Gauß–Werke: 5, S. 537–540 [In Gauß -Werken wurde die graphische Darstellung der korrespondierenden Beobachtungen weggelassen].

Gauß 1836 Gauß, Carl Friedrich: Erdmagnetismus und Magnetometer. Jahrbuch für 1836, hrsg. von H. C. Schumacher. Stuttgart, Tübingen 1836, S. 1–47. In: Gauß–Werke: 5, S. 315–344 [Dort wurde die 1835 von Gauß veröffentlichte Tafel der Variationen der Magnetnadel in Copenhagen und Mailand am 5. und 6. November 1834 (Gauß 1835b) nochmals abgedruckt, diese Tafel fehlt in Gauß -Werken].

Gauß 1837a Gauß, Carl Friedrich: Berichtigung [zu Humboldts Brief an den Duke of Sussex]. Astronomische Nachrichten 14, 1837, Sp. 54–55, Nr. 316.

Gauß 1837b Gauß, Carl Friedrich: Erläuterungen zu den Terminszeichnungen und den Beobachtungszahlen. Resultate aus den Beobachtungen des magnetischen Vereins im Jahre 1836. Göttingen 1837, S. 90–103.

Gauß 1838 Gauß, Carl Friedrich: Erläuterungen zu den Terminszeichnungen und den Beobachtungszahlen. Resultate aus den Beobachtungen des magnetischen Vereins im Jahre 1837. Göttingen 1838, S. 130–137.

Gauß 1839 Gauß, Carl Friedrich: Allgemeine Theorie des Erdmagnetismus. Resultate aus den Beobachtungen des magnetischen Vereins im Jahre 1838. Leipzig 1839, S. 1–57. In: Gauß–Werke: 5, S. 119–175 [Die Tafeln, die Gauß' „Allgemeine Theorie des Erdmagnetismus" begleiteten (Gauß 1839), wurden in Gauß -Werken nicht veröffentlicht].

Gauß 1841a Gauß, Carl Friedrich: [Nachricht, dass der Amerikanische Marine-Capitain Wilkes dem magnetischen Südpole ziemlich nahe gekommen sei.] Astronomische Nachrichten 19, 1841, Sp. 143, 144, Nr. 417. In: Gauß–Werke: 5, S. 580.

Gauß 1841b Gauß, Carl Friedrich: Intensitas vis magneticae terrestris ad mensuram absolutam revocata. Commentationes societatis regiae scientiarum Gottingensis recentiores 8 (1832–1837), 1841, Commentationes classis mathematicae, S. 3–44. In: Gauß–Werke: 5, S. 79–118.

Gauß 1841c Gauß, Carl Friedrich: General Theory of Terrestrial Magnetism. Translated by Mrs. Sabine, and revised by Sir John Herschel. In: Scientific Memoirs selected from the transactions of foreign academies of science and learned societies and from journals, ed. by Richard Taylor. Bd. 2. London 1841, S. 184–235.

Gauß/Weber 1840 Atlas des Erdmagnetismus nach den Elementen der Theorie entworfen: Supplement zu den Resultaten aus den Beobachtungen des Magnetischen Vereins unter Mitwirkung von C. W. B. Goldschmidt herausgegeben von Carl Friedrich Gauß und Wilhelm Weber. Leipzig 1840. In: Gauß–Werke: 12, S. 335–408.

Gauß–Werke Gauß, Carl Friedrich: Werke. 1. Aufl., hrsg. von Ernst Schering: Bde. 1–2. Göttingen 1863; Bd. 3. Göttingen 1866; Bd. 4. Göttingen 1873; Bd. 5. Göttingen 1867; Bd. 6. Göttingen 1874; Bd. 7. Gotha 1871. 2. Aufl., hrsg. von Ernst Schering: Bde. 1–5. Göttingen 1870–1880; ferner unter der Ägide von Felix Klein: Bd. 6. Göttingen 1907–1910 (anastatischer Wiederabdruck); Bd. 7. 2. Aufl. Gotha 1906; Bde. 8–12. Göttingen 1900–1933. Nachdruck Olms: Bde. 1–12. 1. Reprint Hildesheim 1973 und 2. Reprint Hildesheim 1981, und zwar Bde. 1–6: Nachdruck der 1. Aufl.; Bd. 7: Nachdruck der 2. Aufl.; Bde. 8–12: Nachdruck der Ausgabe von 1900–1933. Es sei ferner darauf hingewiesen, dass im Jahre 2011 ein Reprint der Werke von Gauß in Cambridge bei Cambridge University Press erschienen ist.

Gay 1835 Sur les variations diurnes de l'aiguille aimantée. M. Gay écrit, du Chili, à M. Arago. Comptes rendus hebdomadaires des séances de l'Académie des sciences 1, 1835, S. 147–148.

Gay 1836 Gay, Claude: Marche de l'aiguille aimantée, sur la côte occidentale de l'Amérique du sud. Comptes rendus hebdomadaires des séances de l'Académie des sciences 2, 1836, S. 330–331.

Gilpin 1806 Gilpin, George: Observations on the Variation, and on the Dip of the Magnetic Needle, Made at the Apartments of the Royal Society, between the Years 1786 and 1805 Inclusive. Philosophical Transactions of the Royal Society of London 96, 1806, S. 385–419.

Good 1991 Good, Gregory: Follow the needle seeking the magnetic poles. The History of Earth Sciences Society 10, 1991, S. 154–167.

Good 2007 Good, Gregory: History of Instrumentation. In: Encyclopedia of Geomagnetism and Paleomagnetism. Ed. by David Gubbins and Emilio Herrero-Bervera. Dordrecht 2007, S. 434–439.

Good 2008 Good, Gregory: Between Data, Mathematical Analysis and Physical Theory: Research on Earth's Magnetism in the 19th Century. Centaurus 50, 2008, S. 290–304.

Graham 1724–1725a Graham, George: An Account of Observations Made of the Variation of the Horizontal Needle at London, in the Latter Part of the year 1722 and Beginning of 1723. Philosophical Transactions of the Royal Society of London 33, 1724–1725, S. 96–107.

Graham 1724–1725b Graham, George: Observations of the Dipping Needle, Made at London, in the Beginning of the Year 1723. Philosophical Transactions of the Royal Society of London 33, 1724–1725, S. 332–339.

Graham 1748 Graham, George: Some Observations, made during the Last Three Years, of the Quantity of the Variation of the Magnetic Horizontal Needle to the Westward. Philosophical Transactions of the Royal Society of London 45, 1748, S. 279–280.

Günther 1883 Günther, Siegmund: Kreil, Karl. Allgemeine Deutsche Biographie 17, 1883, S. 101–102.

Häfner/Soffel 2006 Häfner, Reinhold; Soffel, Heinrich: Johann von Lamont. Leben und Werk. Festschrift anlässlich seines 200. Geburtstages. München 2006.

Hansteen 1854 Hansteen, Christopher: Reise-Erinnerungen aus Sibirien. Deutsch von Dr. H. Sebald. Leipzig 1854. 2. Aufl. 1867. 3. Aufl. 1874.

Hellmann 1895 Hellmann, Gustav: E. Halley, W. Whiston, J. C. Wilcke, A. von Humboldt, C. Hansteen. Die ältesten Karten der Isogonen, Isoklinen, Isodynamen 1701, 1721, 1768, 1804, 1825, 1826. (= Neudrucke von Schriften und Karten über Meteorologie und Erdmagnetismus; 4). Berlin 1895.

Henderson 2004 Henderson, F. T.: Augustus Frederick, Prince, duke of Sussex (1773–1843). Oxford Dictionary of National Biography 2, 2004, S. 950–951. Online-Ressource: http://www.oxforddnb.com/view/article/900.

Hiorter 1747 Hiorter, Olav Peter: Om magnet-nålens Åtskillige åndringar, som af framledne Professoren Herr And. Celsius blifvit i akt tagne och sedan vidare observerade, samt nu framgifne. Kongl. Svenska Vetenskaps Akademiens Hanglingar, För År 1747, Bd. 8, S. 27–43.

Hiorter 1753 Hiorter, Olav Peter: Von der Magnetnadel mannigfaltigen Veränderungen, welche durch den verstorbenen Professor Celsius sind in acht genommen und nachgehends weiter beobachtet worden. In: Der Königl Schwedischen Akademie der Wissenschaften Abhandlungen, aus der Naturlehre, Haushaltungskunst und Mechanik, auf das Jahr 1747. Aus dem Schwedischen übersetzt von Abraham Gotthelf Kästner. Bd. 9. Hamburg 1753, S. 30–44.

Hogg 1900 Hogg, E. G.: The Magnetic Survey of Tasmania. Papers and Proceedings of the Royal Society of Tasmania 1900, S. 81–88.

Honigmann 1982 Honigmann, Peter: Über A. v. Humboldts geophysikalische Instrumente auf seiner russisch-sibirischen Reise. Gerlands Beiträge zur Geophysik 91, 1982, S. 185–199.

Honigmann 1984 Honigmann, Peter: Entstehung und Schicksal von Humboldts Magnetischen ‚Verein' (1829–1834) im Zusammenhang mit seiner Rußlandreise. Annals of Science 41, 1984, S. 57–86. Online-Ressource: http://www.tandfonline.com/doi/pdf/10.1080/00033798400200121.

Humboldt 1796 Humboldt, Alexander von: Neue Entdeckung. Anzeige für Physiker und Geognosten. Intelligenzblatt der Allgemeinen Literatur-Zeitung 1796, 1447–1448.

Humboldt 1826 Humboldt, Alexander von: Essai politique sur l'île de Cuba. 2 Bde. Paris 1826.

Humboldt 1829 Humboldt, Alexander von: Ueber die Mittel, die Ergründung einiger Phänomene des tellurischen Magnetismus zu erleichtern. (Auszug aus einer am 2. April 1829 vor der K. Academie der Wissenschaften zu Berlin gehaltenen Vorlesung). Annalen der Physik und Chemie 15 [= 91], 1829, S. 319–336.

Humboldt 1831 Humboldt, Alexander von: Fragmens de géologie et de climatologie asiatiques. Tome 2. Paris 1831.

Humboldt 1836a Humboldt, Alexander von: Ueber die Mittel den Erdmagnetismus durch permanente Anstalten und correspondirende Beobachtungen zu erforschen. Astronomische Nachrichten 13, 1836, Sp. 281–292, Nr. 306.

Humboldt 1836b Letter from Baron von Humboldt to His Royal Highness the Duke of Sussex, K. G. President of the Royal Society of London, on the Advancement of the Knowledge of Terrestrial Magnetism, by the Establishment of Magnetic Stations and corresponding Observations. The London and Edinburgh Philosophical Magazine and Journal of Science (July – December 1836) 9, 1836, S. 42–53.

Humboldt 1845–1862 Humboldt, Alexander von: Kosmos. Entwurf einer physischen Weltbeschreibung. 5 Bde. Stuttgart 1845, 1847, 1850, 1858, 1862. Neuedition von Ottmar Ette und Oliver Lubrich. Frankfurt am Main 2004. Zitiert wird nach der Originalausgabe.

Humboldt/Biot 1804 Humboldt, Alexander von; Biot, Jean-Baptiste: Sur les variations du magnétisme terrestre à différentes latitudes. Journal de physique, de chimie, d'histoire naturelle et des arts 59, 1804, S. 429–450.

Jacob 1884 Magnetical Observations made at the Honorable East India Company's Observatory at Madras Under the Superintendence of W. S. Jacob, in the years 1851–1855. Madras 1884.

Jahrbücher Österreich Jahrbücher der K. K. Central-Anstalt für Meteorologie und Erdmagnetismus. 1. Folge: Bd. 1 (1848/49). Wien 1854 bis Bd. 8. (1856). Wien 1861. Neue Folge: Bd. 9 (1864). Wien 1866 bis Bd. 48 (1903). Wien 1905.

James 2004 James, Frank A. J. L.: Christie, Samuel Hunter (1784–1865). Oxford Dictionary of National Biography 11, 2004, S. 542–543. Online-Ressource: http://www.oxforddnb.com/view/article/5364.

Joost 2004 Joost, Ulrich (Hrsg.): Georg Christoph Lichtenberg: Briefwechsel. Bd. V,1: Personenregister, Nachträge, Besserungen. München 2004.

Kautzleben 1986 Kautzleben, Heinz: Die Förderung von Geodäsie und Geophysik durch Alexander von Humboldt und seine Wirkung bis in die Gegenwart. In: Alexander-von-Humboldt-Ehrung in der DDR. Festakt und Wissenschaftliche Konferenz aus Anlaß des 125. Todestages Alexander von Humboldts 3. und 4. Mai 1984 in Berlin, bearb. von Dr. H. Heikenroth und Dr. I. Deters. (= Abhandlungen der Akademie der Wissenschaften der DDR, Abteilung Mathematik – Naturwissenschaften – Technik, Jahrgang 1985; 2), Berlin 1986, S. 71–76.

Kay 1842a Kay, Joseph Henry: Terrestrial Magnetism. H. M. S. Terror, Magnetic Observatory, Hobart. The Tasmanian Journal of Natural Science, Agriculture, Statistics, & c. Bd. 1. Tasmania and London 1842, S. 124–135.

Kay 1842b Kay, Joseph Henry: Description of the Instruments employed in the Magnetical Observatory [in Hobart Town]. The Tasmanian Journal of Natural Science, Agriculture, Statistics, & c. Bd. 1. Tasmania und London 1842, S. 207–224.

Klaproth 1834 Klaproth, Julius: Lettre à M. Le Baron A. de Humboldt sur l'invention de la boussole. Paris 1834.

Knobloch 2003 Knobloch, Eberhard: „Es wäre mir unmöglich nur ein halbes Jahr so zu leben wie er": Encke, Humboldt und was wir schon immer über die neue Berliner Sternwarte wissen wollten. In: J. Hamel, E. Knobloch, H. Pieper (Hrsg.): Alexander von Humboldt in Berlin. Sein Einfluss auf die Entwicklung der Wissenschaften. (= Algorismus; 41). Augsburg 2003, S. 27–57.

Knobloch 2010 Knobloch, Eberhard: Alexander von Humboldt und Carl Friedrich Gauß – im Roman und in Wirklichkeit. Mitteilungen der Gauß-Gesellschaft 47, 2010, S. 9–25.

Körber 1959 Körber, Hans-Günther: Alexander von Humboldts meteorologische und geomagnetische Forschungen. In: Alexander von Humboldt, Gesellschaft zur Verbreitung wissenschaftlicher Kenntnisse. Berlin 1959, S. 51–68.

Kupffer 1827 Kupffer, Adolph Theodor: Untersuchungen über die Variationen in der mittleren Dauer der horizontalen Schwingung der Magnetnadel zu Kasan und über verschiedene andere Punkte des Erdmagnetismus. Annalen der Physik und Chemie 10 [= 86], 1827, S. 545–562.

Kupffer 1829 Kupffer, Adolph Theodor: Ueber die unregelmäßigen Bewegungen im täglichen Gange der horizontalen Magnetnadel. Annalen der Physik und Chemie 16 [= 92], 1829, S. 131–138.

Kupffer 1830 Kupffer, Adolph Theodor: Voyage dans les environs du mont Elbrouz dans le Caucase, entrepris par ordre de Sa Majesté l'Empereur; en 1829. Rapport fait à l'Académie Impériale des Sciences de St. Pétersbourg. St.-Pétersbourg 1830. Deutsche Übersetzung: Reise in die Umgegend des Berges Elbrous im Kaukasus. St. Petersburg 1830.

Kupffer 1837–1846 Annuaire magnétique et météorologique du corps des ingénieurs des mines de Russie ou Recueil d'observations magnétiques et météorologiques faites dans l'étendue de l'Empire de Russie et publiées […] par A. T. Kupffer. 10 Bde. St. Pétersbourg 1837 (1839) – 1846 (1849). In der Gauß-Bibliothek sind Bde. 1, 2, 3, 4 vorhanden (GB 742).

Kupffer 1837a Recueil d'observations magnétiques faites à St. Pétersbourg et sur d'autres points de l'Empire de Russie par A.–T. Kupffer, membre de l'académie des sciences et ses collaborateurs. St. Pétersbourg 1837 (GB 892).

Kupffer 1837b Observations météorologiques et magnétiques faites dans l'étendue de Russie, rédigée par A. T. Kupffer. Tome 1–2. St. Pétersbourg 1837 (GB 890).

Kupffer 1840 Kupffer, Adolph Theodor: Sur les observatoires magnétiques fondés, par ordre des gouvernemens d'Angleterre et de Russie, sur plusieurs points de la surface terrestre. (Lu le 1 mai 1840). Bulletin scientifique publié par l'académie impériale des sciences de Saint-Pétersbourg 7, 1840, Sp. 169–176. Ebenso in: Recueil des actes de la séance publique de l'académie impériale des sciences de Saint-Pétersbourg tenue le 29 décembre 1839. St. Pétersbourg 1840, S. 115–127. Auch als Sonderdruck, Petersburg 1840 veröffentlicht, dieser ist vorhanden in der (GB 742).

Kupffer 1843 Kupffer, Adolph Theodor: Über magnetische und meteorologische Observatorien in Russland. Amtlicher Bericht über die zwanzigste Versammlung der Gesellschaft deutscher Naturforscher und Aerzte zu Mainz im September 1842. Mainz 1843, S. 71–76.

La Roquette 1869 La Roquette, Jean B. M. A. de Dezos: Œuvres d'Alexandre de Humboldt. Correspondance inédite scientifique et littéraire recueillie et publiée avec deux portraits de Humboldt, une représentation de sa statue et des fac-simile de son écriture. Paris 1869 [= 2. partie].

Lamont 1840 Lamont, Johann: Jahrbuch der Königlichen Sternwarte bei München, für 1840. Dritter Jahrgang, München 1840.

Limouzin-Lamothe 1967 Limouzin-Lamothe, R.: Dezos de La Roquette (Jean-Bernard-Marie-Alexandre). Dictionnaire de Biographie Française. Tome 11. Paris 1967, Sp. 238.

Lloyd 1842 Lloyd, Humphrey: Account of the Magnetical Observatory and of the Instruments and Methods of Observation Employed there. Dublin 1842.

Lloyd 1843 Lloyd, Humphrey: Die Einrichtung und die Instrumente des magnetischen Observatoriums in Dublin. Resultate aus den Beobachtungen des magnetischen Vereins im Jahre 1841. Leipzig 1843, S. 71–78.

Lottin 1838 Lottin, Victor: Physique. In: Gaimard, Paul (Ed.): Voyage en Islande et au Groënland exécuté pendant les années 1835 et 1836 sur la corvette La Recherche commandée par M. Tréhouart Lieutenenat de Vaisseau dans le but de découvrir les traces de La Lilloise. Publié par ordre du Roi sous la direction de M. Paul Gaimard, Président de la commission scientifique d'Islande et de Groënland. Paris 1838. Erster Teil ist in der Gauß-Bibliothek vorhanden (GB 835).

Lovering 1846 Lovering, Joseph: An Account of the Magnetic Observations made at the Observatory of Harvard University, Cambridge. Memoirs of the American Academy of Arts and Sciences 2 (2), 1846, S. 85–160. Sonderdruck ist in der Gauß-Bibliothek vorhanden (GB 1243).

Lovering/Bond 1842 Lovering, Joseph; Bond, William Cranch: An Account of the Magnetic Observations made at Harvard University, Cambridge. The Annals of Electricity, Magnetism and Chemistry and Guardian of Experimental Science 8, London 1842, S. 27–49.

Lovering/Bond 1846 Lovering, Joseph: Bond, William Cranch: An Account of the Magnetic Observations made at the Observatory of Harvard University, Cambridge. Memoirs of the American Academy of Arts and Sciences 2 (2), 1846, S. 1–84. Sonderdruck ist in der Gauß-Bibliothek vorhanden (GB 1243). Ein weiterer Sonderdruck: [Boston 1841] (GB 954).

Lütke 1835/1836 Lutké, Frédéric: Voyage autour du monde, exécuté par ordre de Sa Majesté L'Impereur Nicolas Ier, Sur la Corvette le Séniavine, dans les années 1826, 1827, 1828 et 1829. 3 Bde., Atlas Histoire, Atlas Nautique. Paris 1835, 1836. Nachdruck Amsterdam 1971.

MacDonald 1796 MacDonald, John: On the Diurnal Variation of the Magnetic Needle at Fort Marlborough, in the Island of Sumatra. Philosophical Transactions of the Royal Society of London 86, 1796, S. 340–349.

MacDonald 1798 MacDonald, John: Observations of the Diurnal Variation of the Magnetic Needle, in the Island of St. Helena; With a Continuation of the Observations at Fort Marlborough, in the Island of Sumatra. Philosophical Transactions of the Royal Society of London 88, 1798, S. 397–402.

Malin/Barraclough 1991 Malin, S. R. C.; Barraclough, D. R.: Humboldt and the Earth's Magnetic Field. Quarterly Journal of the Royal Astronomical Society 32, 1991, 279–293.

Mandea/Korte/Soloviev/Gvishiani 2010 Mandea, M.; Korte, M.; Soloviev, A.; Gvishiani, A.: Alexander von Humboldt's charts of the Earth's magnetic field: an assessment based on modern models. History of Geo- and Space Sciences 1, 2010, 63–76.

Mawer 2006 Mawer, Granville Allan: South by Northwest: The Magnetic Crusade and the Contest for Antarctica. Kent Town, South Australia 2006.

Mayr 2007 Mayr, Helmut: Schlagintweit, Emil. Neue Deutsche Biographie 23, 2007, S. 24–25.

McConnell 2004 McConnell, Anita: Caldecott, John (1800–1849). Oxford Dictionary of National Biography. Oxford University Press 2004. Online-Ressource: http://www.oxforddnb.com/view/article/4364.

Morrison-Low 2004 Morrison-Low, A. D.: Brewster, Sir David (1781–1868). Oxford Dictionary of National Biography. Oxford University Press 2004. Online-Ressource: http://www.oxforddnb.com/view/article/3371.

Mountaine/Dodson 1744/1756 Mountaine, William; Dodson, James: A correct chart of the terraqueous globe, on which are described Line's shewing the variation of the magnetic needle in the most frequented seas. London 1744. Überarbeitete Ausgabe: London 1756.

Multhauf/Good 1987 Multhauf, Robert P.; Good, Gregory: A brief history of geomagnetism and a catalog of the collections of the National Museum of American History. (= Smithsonian Studies in History and Technology; 48). Washington D.C. 1987.

Mundt/Kühn 1984 Mundt, Wolfgang; Kühn, Peter: Alexander von Humboldts Beitrag zum Geomagnetismus und zur Geothermie. In: Mielke, Klaus (Hrsg.): Präsidium der Urania, Sektion Geowissenschaften. Schriftenreihe für den Referenten, Heft 9. Berlin 1984, S. 4–34.

O'Hara 1983 O'Hara, James Gabriel: Gauss and the Royal Society: the reception of his ideas on magnetism in Britain (1832–1842). Notes and Records of the Royal Society of London 38, 1983, S. 17–78.

O'Hara 1984 O'Hara, James Gabriel: Gauß' Method for Measuring the Terrestrial Magnetic Force in Absolute Merasure: Its Invention and Introduction in Geomagnetic Research. Centaurus 27, 1984, S. 121–147.

Observations: Cape of Good Hope Observations made at the Magnetical and Meteorological Observatory at the Cape of Good Hope. Printed by order of her Majesty's Governement, under the superintendence of Edward Sabine. Bd. 1: Magnetical observations 1841 to 1846 with abstracts of the observations from 1841 to 1850 inclusive. London 1851 (GB 1431).

Observations: Dublin Observations made at the magnetical and meteorological observatory at Trinity College, Dublin. Under the direction of the Rev. Humphrey Lloyd. Bd. 1: 1840–1843. Dublin 1865. Bd. 2: 1844–1850. Dublin 1869.

Observations: Hobarton Observations made at the magnetical and meteorological observatory at Hobarton in van Diemen Island and by the antarctic naval expedition. Printed under the superintendence of Edward Sabine. Bd. 1: 1841, 1842, with abstracts of the observations from 1841 to 1848 inclusive. London 1850. Bd. 2: 1843–1848, with abstracts of the observations from 1843 to 1850. London 1852. Bd. 3: from January 1846 to Sept. 1848 inclusive. London 1853. (GB 1430).

Observations: Makerstoun Observations in Magnetism and Meteorology made at Makerstoun in Scotland. Bd. 1, ed. by Thomas Brisbane 1841 and 1842. Edinburgh 1845 (= Transactions of the Royal Society of Edinburgh 17, Part I) Bd. 2: Magnetical and Meteorological Observations for 1843, ed. by Thomas Brisbane, Allan Broun. Edinburgh 1847 (= Transactions of the Royal Society of Edinburgh 17, Part II). Bd. 3: Observations in Magnetism and meteorology, in 1844, ed. by Thomas Brisbane, Allan Broun. Edinburgh 1848 (= Transactions of the Royal Society of Edinburgh 18). Bd. 4: Makerstoun Magnetical and Meteorological Observations for 1845 and 1846. Part I and Part II, ed. by Thomas Brisbane, Allan Broun. Edinburgh 1849 und 1850 (= Transactions of the Royal Society of Edinburgh 19, Part I and Part II) (GB 1024).

Observations: St. Helena Observations made at the Magnetical and Meteorological Observatory at St. Helena. Printed by order of her Majesty's Governement, under the superintendence of Edward Sabine. Bd. 1: 1840, 1841, 1842, and 1843, with abstracts of the observations from 1840 to 1845 inclusive. London 1847 (GB 1432). Bd. 2: 1844 to 1849. London 1860.

Observations: Toronto Observations made at the magnetical and meteorological observatory at Toronto in Canada. Printed by order of Her Majesty's Government, under the superintendence of Edward Sabine. Bd. 1: 1840, 1841, 1842. London 1845. Bd. 2: 1843, 1844, 1845. London 1853 (GB 1433).

Orlebar 1846 Observations made at the magnetical and meteorological observatory of Bombay April – Dec 1845 and printed by order of the H. East-India Company, under the superintendence of Arthur Bedford Orlebar. Bombay 1846 (GB 953).

Orlebar 1849 Observations made at the magnetical and meteorological observatory at Bombay in the year 1846. Bombay 1849.

Parry 1819 Parry William Edward: Journal of a voyage of discovery to the Arctic regions [...] 1818, in His Majesty's ship Alexander. London 1819. Deutsche Übersetzung: Tagebuch einer Entdeckungsreise nach den nördlichen Polargegenden im Jahr 1818 in dem königlichen Schiffe Alexander. Übersetzt von Alexander Fisher. Hamburg 1819.

Parry 1821 Parry, William Edward: Journal of a voyage for the discovery of a north-west passage from the Atlantic to the Pacific: performed in the years 1819–20, in His Majesty's ships Hecla and Griper; with an appendix, containing the scientific and other observations. London 1821. Deutsche Übersetzung: Zweite Reise zur Entdeckung einer nordwestlichen Durchfahrt aus dem Atlantischen in das Stille Meer in den Jahren 1819 und 1820 in den königlichen Schiffen Hekla und Griper; nebst einem Anhange über wissenschaftliche und andere Gegenstände. Hamburg 1822.

Parry 1824 Journal of a second voyage for the discovery of a North-West passage from the Atlantic to the Pacific; performed in the years 1821–22 – 23 in His Majesty's ships Fury and Hecla. London 1824. Nachdruck New York 1969.

Parry 1826 Parry, William Edward: Journal of a third voyage for the discovery of a north-west passage from the Atlantic to the Pacific: Performed in the years 1824–25, in His Majesty's ships Hecla and Fury. London 1826.

Pettigrew 1827 Pettigrew, Thomas Joseph (Ed.): Bibliotheca Sussexiana. A Descriptive Catalogue, accompanied by Historical and Biographical Notices, of the Manuscripts and Printed Books contained in the Library of His Royal Highness the Duke of Sussex […] in Kensington Palace. Bd. 1,1. London 1827.

Poggendorff 1826 Poggendorff, Johann Christian: Ein Vorschlag zum Messen der magnetischen Abweichung. Annalen der Physik und Chemie 7 [= 83], 1826, S. 121–130.

Preti 2004 Preti, C.: Lana Terzi, Francesco. Dizionario biografico degli italiani. Bd. 63. Rom 2004, S. 293–296.

Reich 2005 Reich, Karin: Gauss' geistige Väter: nicht nur „summus Newton", sondern auch „summus Euler". In: „Wie der Blitz einschlägt, hat sich das Räthsel gelöst": Carl Friedrich Gauß in Göttingen. Ausstellungskatalog, hrsg. von Elmar Mittler, Silke Glitsch und Helmut Rohlfing. (= Göttinger Bibliotheksschriften; 30). Göttingen 2005, S. 105–117.

Reich 2009 Reich, Karin: A. T. Kupffers Preisschrift über den Einfluß der Wärme auf die Elastizität der Metalle (1852, 1855). Mitteilungen der Gauß-Gesellschaft 46, 2009, S. 35–55.

Reich 2011a Reich, Karin: Alexander von Humboldt und Carl Friedrich Gauß als Wegbereiter der neuen Disziplin Erdmagnetismus. HiN – Alexander von Humboldt im Netz. Open Access Journal der Universität Potsdam und der Alexander-von-Humboldt-Forschungsstelle an der Berlin-Brandenburgischen Akademie der Wissenschaften XII, 22, 2011, S. 35–55. Online-Ressource: http://www.uni-potdam.de/u/romanistik/humboldt/hin/hin22/reich.htm.

Reich 2011b Reich, Karin: Gauß und Island. Mitteilungen der Gauß-Gesellschaft 48, 2011, S. 23–36.

Reich 2012 Reich, Karin: Der Briefwechsel von Carl Friedrich Gauß mit Wolfgang Sartorius von Waltershausen und ergänzende Materialien, vor allem aus dem Gauß-Nachlass. (= Abhandlungen der Akademie der Wissenschaften zu Göttingen. Neue Folge; 17). Berlin [u. a.] 2012, S. 226–335.

Reich 2013 Reich, Karin: Die Beziehungen zwischen Kopenhagen und Göttingen auf dem Gebiete des Erdmagnetismus: Ergebnisse einer Analyse der Briefe, die Hans Christian Oersted mit Carl Friedrich Gauß und Wilhelm Weber wechselte. Sudhoffs Archiv 97, 2013, S. 21–38.

Reich 2015 Reich, Karin: Göttinger Beiträge zum Erdmagnetismus und Gauß' „Dioptrische Untersuchungen" in englischer Übersetzung (1841, 1843). Mitteilungen der Gauß-Gesellschaft 52, 2015, S. 83–94.

Reich F. 1830 Reich, Ferdinand: Beobachtungen über die tägliche Veränderung der Intensität des horizontalen Theils der magnetischen Kraft. Annalen der Physik und Chemie 18 [= 94], 1830, S. 57–63.

Reich F. 1835 Reich, Ferdinand: Die in den Gruben des Sächsischen Erzgebirges angestellten Beobachtungen über die Zunahme der Temperatur mit der Tiefe, und Notiz über die niedrige Temperatur innerhalb einer Halde. Annalen der Physik und Chemie 36 [= 112], 1835, S. 310–315.

Reich/Roussanova 2011 Reich, Karin; Roussanova, Elena: Carl Friedrich Gauß und Russland. Sein Briefwechsel mit in Russland wirkenden Wissenschaftlern. Unter Mitwirkung und mit einem Beitrag von Werner Lehfeldt. (= Abhandlungen der Akademie der Wissenschaften zu Göttingen. Neue Folge; 16). Berlin [u. a.] 2011.

Reich/Roussanova 2012 Reich, Karin; Roussanova, Elena: Meilensteine in der Darstellung von erdmagnetischen Beobachtungen in der Zeit von 1701 bis 1849 unter besonderer Berücksichtigung des Beitrages von Russland. In: Kästner, Ingrid; Kiefer, Jürgen (Hrsg.): Beschreibung, Vermessung und Visualisierung der Welt. Beiträge der Tagung vom 6. bis 8. Mai 2011 an der Akademie gemeinnütziger Wissenschaften zu Erfurt. (= Europäische Wissenschaftsbeziehungen; 4). Aachen 2012, S. 137–160.

Reich/Roussanova 2012/2013 Reich, Karin; Roussanova, Elena: Visualising geomagnetic data by means of corresponding observations. Alexander von Humboldt, Carl Friedrich Gauß and Adolph Theodor Kupffer [Part 1]. GEM – International Journal on Geomathematics 3 (2012), 1, S. 1–16. Online-Ressource: http://www.springerlink.com/content/x807664661171577. [Part 2]. GEM – International Journal on Geomathematics 4 (2013), 1. S. 1–25. Online-Ressource: http://link.springer.com/content/pdf/10.1007/s13137-012-0043-4.

Reich/Roussanova 2014a Reich, Karin; Roussanova, Elena: Carl Friedrich Gauß und seine Beziehungen zu Carl August Steinheil. Mitteilungen der Gauß-Gesellschaft 51, 2014, S. 87–116.

Reich/Roussanova 2014b Reich, Karin; Roussanova, Elena: Gauss' and Weber's „Atlas of Geomagnetism" (1840) was not the first: the History of the Geomagnetic Atlases. Handbook Geomathematics. Bd. 2, 32 S. Online-Ressource: http://link.springer.com/referenceworkentry/10.1007%2F978-3-642-27793-1_94-1(1.9.2014).

Reich/Roussanova 2015a Reich, Karin; Roussanova, Elena: Mit dem Magnetometer in den Himalaya. Der wissenschaftshistorische Kontext erdmagnetischer Beobachtungen der Brüder Schlagintweit. In: Brescius, M. von; Kaiser, F.; Kleidt, St. (Hrsg.): Über den Himalaya. Die Expedition der Brüder Schlagintweit nach Indien und Zentralasien 1854 bis 1858. Köln, Weimar, Wien 2015, S. 193–208.

Reich/Roussanova 2015b Reich, Karin; Roussanova, Elena: Carl Friedrich Gauß und Christopher Hansteen. Der Briefwechsel beider Gelehrten im historischen Kontext. (= Abhandlungen der Akademie der Wissenschaften zu Göttingen. Neue Folge; 35). Berlin [u. a.] 2015.

Report 1835 Report of the fourth meeting of the British Association for the Advancement of Science; held at Edinburgh in 1834. [Bd. 3]. London 1835.

Report 1839 Report of the eighth Meeting of the British Association for the Aadvancement of Science; held at Newcastle in August 1838. Bd. 7. London 1839.

Report 1840a Report of the Committee of Physics and Meteorology of the Royal Society relative to the observations to be made in the Antarctic Expedition and in the Magnetic Observatories. London 1840 (GB 613).

Report 1840b Report of the Committee of Physics, including Meteorology, on the objects of scientific inquiry in those sciences. Royal Society, approved by the President and Council. London 1840.

Report 1846 Report of the fifteenth Meeting of the British Association for the Advancement of Science; held at Cambridge in June 1845. London 1846. Sonderdruck aus dem aus dem Report 1846, S. 14–67 ist unter dem Titel „Correspondence of the Magnetical and Meteorological Committee of the British Association for the Advancement of Science" in London 1845 erschienen (55 S.). Der Sonderdruck ist in der Gauß-Bibliothek vorhanden (GB 1152).

Rico 1858 Rico y Sinobas, Manuel: Estudios meteorológicos y topogáfico-médicos en España, en el siglo XVIII. [Madrid 1858].

Ross James 1834 Ross, James Clark: On the Position of the North Magnetic Pole. Philosophical Transactions of the Royal Society of London 124, 1834, S. 47–52.

Ross James 1847 Ross, James Clark: Voyage of the discovery and research in the southern and Antarctic regions during the years 1839–1843. 2 Bde. London 1847. Reprint Newton Abbot 1969.

Ross John 1819 Ross, John: A voyage of discovery, made under the orders of the Admirality in His Majesty's ships Isabella and Alexander, for the purpose of exploring Baffin's Bay, and inquiring into the probability of a North-West Passage. London 1819. Deutsche Übersetzung: Entdeckungsreise der Königlichen Schiffe Isabella und Alexander nach der Baffins-Bay; zur Untersuchung der Möglichkeit einer Nord-West-Durchfahrt. Jena 1819.

Ross John 1835 Ross, John: Narrative of a second voyage of a North-West Passage, and of a residence in the artic regions during the years 1829, 1830, 1832, 1833. London 1835. Deutsche Übersetzung: Zweite Entdeckungsreise nach den Gegenden des Nordpols 1829–1833. Aus dem Englischen von Julius Graf von Gröben, Lieutnant im Königl. Preuß. Regiment Garde du Corps. Berlin 1835.

Roussanova 2010 Roussanova, Elena: „Il est vrai que le génie pressent l'avenir": Briefberichte von Adolph Theodor Kupffer über Carl Friedrich Gauß und internationale Zusammenarbeit auf dem Gebiet des Erdmagnetismus aus dem Jahre 1839. Mitteilungen der Gauß-Gesellschaft 47, 2010, S. 89–104.

Roussanova 2011a Roussanova, Elena: Russland ist seit jeher das gelobte Land für Magnetismus gewesen: Alexander von Humboldt, Carl Friedrich Gauß und die Erforschung des Erdmagnetismus in Russland. HiN – Alexander von Humboldt im Netz. Open Access Journal der Universität Potsdam und der Alexander-von-Humboldt-Forschungsstelle an der Berlin-Brandenburgischen Akademie der Wissenschaften XII, 22, 2011, S. 56–83. Online-Ressource: http://www.uni-potsdam.de/u/romanistik/humboldt/hin/hin22/roussanova.htm.

Roussanova 2011b Roussanova, Elena: Die erste Übersetzung einer Abhandlung von Carl Friedrich Gauß ins Russische: Aleksandr Drašusov und die „Intensitas vis magneticae terrestris ad mensuram absolutam revocata". Mitteilungen der Gauß-Gesellschaft 47, 2011, S. 41–56.

Royal Society 1839 Instructions for the Scientific Expedition to the Antarctic Regions, prepared by the President and Council of the Royal Society. The London and Edinburgh Philosophical Magazine and Journal of Science 15 (3), 1839, S. 177–241. Diese Schrift ist 1839 in London auch als Sonderdruck unter dem Titel „Report of the President and Council of the Royal Society on the instructions to be prepared for the scientific Expedition to the Antarctic Regions" (79 S.) erschienen. Der Sonderdruck befindet sich in der Gauß-Bibliothek (GB 1303).

Rykačev 1900 Rykatchew, M.: Histoire de l'observatoire physique central pour les premières 50 années de son existence 1849–1899. Partie 1. St. Pétersbourg 1900. Das Werk hat zwei Paginierungen, * bezieht sich auf die Paginierung im Anhang.

Sabine 1838 Sabine, Edward: Report on the Variations of the Magnetic Intensity observed at different Points of the Earth's Surface. In: Report of the seventh meeting of the British Association for the advancement of Science; held at Liverpool in September 1837. Bd. 7. London 1838, S. 1–85 (GB 632); Note S. 497–499.

Sabine 1839 Sabine, Edward: A Memoir on the Magnetic Isoclinal and Isodynamic Lines in the British Islands, from Observations by Professors Humphrey Lloyd and John Phillips, Robert Were Fax, Esqu, Captain James Clark Ross R. N. and Major Edward Sabine, R. A. In: Report of the eighth meeting of the British Association for the advancement of Science; held at Newcastle in September 1838. Bd. 8. London 1839, S. 49–196 (GB 631).

Sabine 1843/1851 Sabine, Edward (Ed.): Observations on days of unusual magnetic disturbance, made at the British Colonial magnetic observatories under the departments of the ordnance and admirality. Bd. 1. Part I: 1840–1841. London 1843 (GB 950). Part II: 1842–1844. London 1851.

Schaefer 1924–1929 Schaefer, Clemens: Über Gauß' physikalische Arbeiten (Magnetismus, Elektrodynamik, Optik). In: Gauß–Werke: 11,2. Göttingen 1924–1929, Abhandlung 2, 217 S.

Schering 1877 Schering, Ernst: Carl Friedrich Gauss' Geburtstag nach hundertjähriger Wiederkehr. Festrede. Vorgetragen in der öffentlichen Sitzung der Königlichen Gesellschaft der Wissenschaften zu Göttingen am 30. April 1877. (= Abhandlungen der Königlichen Gesellschaft der Wissenschaften zu Göttingen. Mathematische Classe; 22). Göttingen 1877, S. 1–40. Auch als Sonderdruck erschienen: Göttingen 1877.

Schering 1887 Schering, Ernst: Carl Friedrich Gauss und die Erforschung des Erdmagnetismus. (= Abhandlungen der Königlichen Gesellschaft der Wissenschaften zu Göttingen. Mathematische Classe; 34). [Titelzusatz:] Der Georgia Augusta zur Feier ihres einhundertundfünfzigjährigen Bestehens dargebracht und überreicht am 8. August 1887. Göttingen 1887, S. 1–79. Auch als Sonderdruck erschienen: Göttingen 1887.

Schlagintweit 1861 Schlagintweit, Hermann; Schlagintweit, Adolphe; Schlagintweit, Robert: Results of a scientific mission to India and High Asia: undertaken between the years 1854 and 1858; by order of the court of directors of the honourable East India Company. Bd. 1. Leipzig; London 1861. Insgesamt sind 4 Bde. und Atlas erschienen.

Schlote 2004 Schlote, Karl-Heinz: Zu den Wechselbeziehungen zwischen Mathematik und Physik an der Universität Leipzig in der Zeit von 1830 bis 1904/05. (= Abhandlungen der Sächsischen Akademie der Wissenschaften zu Leipzig, Mathematisch-naturwissenschaftliche Klasse; 63,1). Stuttgart; Leipzig 2004.

Schröder/Wiederkehr 2001 Schröder, Wilfried; Wiederkehr, Karl Heinrich: Geomagnetic research in the 19th century: a case study of the German contribution. Journal of Atmospheric and Solar-Terrestrial Physics 63, 2001, S. 1649–1660.

Selle 1937 Selle, Götz von (Hrsg.): Die Matrikel der Georg-August-Universität zu Göttingen 1734-1837. Hildesheim und Leipzig 1937.

Taylor 1837 Taylor, Thomas Glanville: Observations of the Magnetic Dip and Intensity at Madras. Journal of the Asiatic Society of Bengal. Bd. 6, Part I, 1837, S. 374–377.

Taylor/Caldecott 1839a Taylor, Thomas Glanville; Caldecott, John: Observations on the Direction and Intensity of the Terrestrial Magnetic Force in Southern India. Madras 1839.

Taylor/Caldecott 1839b Taylor, Thomas Glanville; Caldecott, John: Observations on the Direction and Intensity of the Terrestrial Magnetic Force in Southern India. The Madras Journal of Literature and Science 9, 1839, S. 221–272.

Thiessen 1940 Thiessen, A. D.: The Founding of the Toronto Magnetic Observatory and the Canadian meteorological service. Journal of the Royal Astronomical Society of Canada 40, 1940, S. 308–348.

Unschuld 1973 Unschuld, Paul Ulrich: Pen-Ts'ao 2000 Jahre traditionelle pharmazeutische Literatur Chinas. München 1973.

Unschuld 1986 Unschuld, Paul Ulrich: Medicine in China. A History of Pharmaceutics. Berkeley, Los Angeles, London 1986.

Weber 1837 Weber, Wilhelm: Beschreibung eines kleinen Apparats zur Messung des Erdmagnetismus nach absolutem Maaß für Reisende. Resultate aus den Beobachtungen des magnetischen Vereins im Jahre 1836. Göttingen 1837, S. 63–89. In: Weber–Werke: 2, S. 20–42.

Weber 1839a Weber, Wilhelm: Das transportable Magnetometer. Resultate aus den Beobachtungen des magnetischen Vereins im Jahre 1838. Leipzig 1839, S. 68–85. In: Weber–Werke: 2, S. 89–104.

Weber 1839b Weber, Wilhelm: Der Inductor zum Magnetometer. Resultate aus den Beobachtungen des magnetischen Vereins im Jahre 1838, Leipzig 1839, S. 86–101. In: Weber–Werke: 2, S. 105–118.

Weber 1839c Weber, Wilhelm: Der Rotationsinductor. Resultate aus den Beobachtungen des magnetischen Vereins im Jahre 1838. Leipzig 1839, S. 102–117. In: Weber–Werke: 2, S. 119–131.

Weber 1839d Weber, Wilhelm: Erläuterungen zu den Terminszeichnungen und den Beobachtungszahlen. Resultate aus den Beobachtungen des magnetischen Vereins im Jahre 1838. Leipzig 1839, S. 135–145. Gekürzt in: Weber–Werke: 2, S. 146–152.

Weber 1840 Weber, Wilhelm: Erläuterungen zu den Terminszeichnungen und den Beobachtungszahlen. Resultate aus den Beobachtungen des magnetischen Vereins im Jahre 1839. Leipzig 1840, S. 120–130. Gekürzt in: Weber–Werke: 2, S. 182–189.

Weber 1841a Weber, Wilhelm: Erläuterungen zu den Terminszeichnungen und den Beobachtungszahlen. Resultate aus den Beobachtungen des magnetischen Vereins im Jahre 1840. Leipzig 1841, S. 162–174. Stark gekürzt in: Weber–Werke: 2, S. 218–221.

Weber 1841b Weber, Wilhelm: A Transportable Magnetometer. Scientific Memoirs, selected from the transactions of foreign academies of science and learned societies and from journals, ed. by Richard Taylor. Bd. 2. London 1841, S. 565–587; dazu am Ende des Bandes: Plate XXV mit 9 Figuren.

Weber 1843 Weber, Wilhelm: Erläuterungen zu den Terminszeichnungen und den Beobachtungszahlen. Resultate aus den Beobachtungen des magnetischen Vereins im Jahre 1841. Leipzig 1843, S. 112–143. Stark gekürzt in: Weber–Werke: 2, S. 240–241.

Weber H. 1893 Weber, Heinrich: Wilhelm Weber. Eine Lebensskizze. Breslau 1893.

Weber–Werke Wilhelm Weber's Werke, hrsg. von der Königlichen Gesellschaft der Wissenschaften zu Göttingen. 6 Bde. Berlin 1892–1894.

Wiederkehr 1964 Wiederkehr, Karl Heinrich: Aus der Geschichte des Göttinger Magnetischen Vereins und seiner Resultate. (= Nachrichten der Akademie der Wissenschaften in Göttingen, math.-phys. Klasse; 14). Göttingen 1964, S. 165–205.

Wiederkehr 1967 Wiederkehr, Karl Heinrich: Wilhelm Eduard Weber. Erforscher der Wellenbewegung und der Elektrizität 1804–1891. (= Große Naturforscher; 32). Stuttgart 1967.

Wiederkehr 1982 Wiederkehr, Karl Heinrich: Über die Verleihung der Copley-Medaille an Gauß und die Mitarbeit Englands im Göttinger Magnetischen Verein. Mitteilungen der Gauß-Gesellschaft 19, 1982, S. 15–35.

Wiederkehr 1983/1984 Wiederkehr, Karl Heinrich: Über die Auffindung des nördlichen und südlichen Magnetpols der Erde, die Antarktisexpedition von James Clark Ross (1839–1843) und die Verbindung zu Göttingen. Mitteilungen der Gauß-Gesellschaft 20/21, 1983/1984, S. 7–38.

Wiederkehr 1992 Wiederkehr, Karl Heinrich: Wilhelm Weber und die Entwicklung in der Geomagnetik und Elektrodynamik. Mitteilungen der Gauß-Gesellschaft 29, 1992, S. 63–72.

Wittmann 2009 Wittmann, Axel: Ernst Christian Julius Schering (1833–1897). Ein Göttinger Sternwartendirektor aus Bleckede. Mitteilungen der Gauß-Gesellschaft 46, 2009, S. 81–89.

Wittmann/Schielicke 2013 Wittmann, Axel; Schielicke, Reinhard: Richard und John Parish, Förderer der Astronomie zur Zeit von Gauß, und die Sonnenfinsternis-Daguerreotypie von Julius Berkowski (1851). Mitteilungen der Gauß-Gesellschaft 50, 2013, S. 37–54.

Wittstein 1885 Wittstein, Armin (Hrsg.): Julius Klaproth's Schreiben an Alexander von Humboldt über die Erfindung des Kompasses. Aus dem französischen Original im Auszuge mitgetheilt. Leipzig 1885.

Zentralanstalt Österreich 2001 Die Zentralanstalt für Meteorologie und Geodynamik 1851–2001: 150 Jahre Meteorologie und Geophysik in Österreich. Hrsg. von Hammerl, Christa; Lenhardt, Wolfgang; Steinacker, Reinhold; Steinhauser, Peter. Graz 2001.

Personenverzeichnis

K. Reich et al., *Alexander von Humboldts Geniestreich*,
DOI 10.1007/978-3-662-48164-6

Printed in the United States
By Bookmasters